建筑安装工程施工工艺标准系列丛书

# 混凝土和钢-混凝土组合结构工程施工工艺

山西建设投资集团有限公司　组织编写

张太清　霍瑞琴　主编

U0274679

中国建筑工业出版社

图书在版编目(CIP)数据

混凝土和钢-混凝土组合结构工程施工工艺/山西建
设投资集团有限公司组织编写. —北京：中国建筑
工业出版社，2018.12
　（建筑安装工程施工工艺标准系列丛书）
　ISBN 978-7-112-22774-7

　Ⅰ.①混…　Ⅱ.①山…　Ⅲ.①钢筋混凝土结构-工
程施工　Ⅳ.①TU755

中国版本图书馆 CIP 数据核字(2018)第 232127 号

　　　　本书是《建筑安装工程施工工艺标准系列丛书》之一，经广泛调查研究，
认真总结工程实践经验，参考有关国家、行业及地方标准规范修订而成。
　　　　该书编制过程中主要参考了《建筑工程施工质量验收统一标准》GB 50300—
2013、《混凝土结构工程施工质量验收规范》GB 50204—2015、《钢结构工程施
工质量验收规范》GB 50205—2001、《混凝土结构工程施工规范》GB 50666—
2011、《钢结构工程施工规范》GB 50755—2012 等标准规范。每项标准按引用
标准、术语、施工准备、操作工艺、质量标准、成品保护、注意事项、质量记
录八个方面进行编写。
　　　　本书可作为混凝土结构工程和钢-混凝土组合结构工程施工生产操作的技
术依据，也可作为编制施工方案和技术交底的蓝本。在实施工艺标准过程中，
若国家标准或行业标准有更新版本时，应按国家或行业现行标准执行。

　　　　责任编辑：张　　磊
　　　　责任校对：张　　颖

建筑安装工程施工工艺标准系列丛书
## 混凝土和钢-混凝土组合结构工程施工工艺
山西建设投资集团有限公司　组织编写
张太清　霍瑞琴　主编

\*

中国建筑工业出版社出版、发行（北京海淀三里河路 9 号）
各地新华书店、建筑书店经销
北京科地亚盟排版公司制版
北京圣夫亚美印刷有限公司印刷

\*

开本：787×960 毫米　1/16　印张：21¾　字数：421 千字
2019 年 3 月第一版　　2019 年 3 月第一次印刷
定价：**60.00** 元
ISBN 978-7-112-22774-7
（32917）

# 发 布 令

为进一步提高山西建设投资集团有限公司的施工技术水平，保证工程质量和安全，规范施工工艺，由集团公司统一策划组织，系统内所有骨干企业共同参与编制，形成了新版《建筑安装工程施工工艺标准》（简称"施工工艺标准"）。

本施工工艺标准是集团公司各企业施工过程中操作工艺的高度凝练，也是多年来施工技术经验的总结和升华，更是集团实现"强基固本，精益求精"管理理念的重要举措。

本施工工艺标准经集团科技专家委员会专家审查通过，现予以发布，自2019年1月1日起执行，集团公司所有工程施工工艺均应严格执行本"施工工艺标准"。

山西建设投资集团有限公司

党委书记：

董事长：

2018 年 8 月 1 日

4

# 序

　　企业技术标准是企业发展的源泉，也是企业生产、经营、管理的技术依据。随着国家标准体系改革步伐日益加快，企业技术标准在市场竞争中会发挥越来越重要的作用，并将成为其进入市场参与竞争的通行证。

　　山西建设投资集团有限公司前身为山西建筑工程（集团）总公司，2017年经改制后更名为山西建设投资集团有限公司。集团公司自成立以来，十分重视企业标准化工作。20世纪70年代就曾编制了《建筑安装工程施工工艺标准》；2001年国家质量验收规范修订后，集团公司遵循"验评分离，强化验收，完善手段，过程控制"的十六字方针，于2004年编制出版了《建筑安装工程施工工艺标准》（土建、安装分册）；2007年组织修订出版了《地基与基础工程施工工艺标准》、《主体结构工程施工工艺标准》、《建筑装饰装修施工工艺标准》、《建筑屋面工程施工工艺标准》、《建筑电气工程施工工艺标准》、《通风与空调工程施工工艺标准》、《电梯与智能建筑工程施工工艺标准》、《建筑给水排水及采暖工程施工工艺标准》共8本标准。

　　为加强推动企业标准管理体系的实施和持续改进，充分发挥标准化工作在促进企业长远发展中的重要作用，集团公司在2004年版及2007年版的基础上，组织编制了新版的施工工艺标准，修订后的标准增加到18个分册，不仅增加了许多新的施工工艺，而且内容涵盖范围也更加广泛，不仅从多方面对企业施工活动做出了规范性指导，同时也是企业施工活动的重要依据和实施标准。

　　新版施工工艺标准是集团公司多年来实践经验的总结，凝结了若干代山西建投人的心血，是集团公司技术系统全体员工精心编制、认真总结的成果。在此，我代表集团公司对在本次编制过程中辛勤付出的编著者致以诚挚的谢意。本标准的出版，必将为集团工程标准化体系的建设起到重要推动作用。今后，我们要抓住契机，坚持不懈地开展技术标准体系研究。这既是企业提升管理水平和技术优势的重要载体，也是保证工程质量和安全的工具，更是提高企业经济效益和社会效益的手段。

　　在本标准编制过程中，得到了住建厅有关领导的大力支持，许多专家也对该标准进行了精心的审定，在此，对以上领导、专家以及编辑、出版人员所付出的辛勤劳动，表示衷心的感谢。

在实施本标准过程中，若有低于国家标准和行业标准之处，应按国家和行业现行标准规范执行。由于编者水平有限，本标准如有不妥之处，恳请大家提出宝贵意见，以便今后修订。

山西建设投资集团有限公司

总经理：

2018 年 8 月 1 日

# 前　　言

本书是山西建设投资集团有限公司《建筑安装工程施工工艺标准系列丛书》之一。该标准经广泛调查研究，认真总结工程实践经验，参考有关国家、行业及地方标准规范，在 2007 版基础上经广泛征求意见后修订而成。

该书编制过程中主要参考了《建筑工程施工质量验收统一标准》GB 50300—2013、《混凝土结构工程施工质量验收规范》GB 50204—2015、《钢结构工程施工质量验收规范》GB 50205—2001、《混凝土结构工程施工规范》GB 50666—2011、《钢结构工程施工规范》GB 50755—2012 等标准规范。每项标准按引用标准、术语、施工准备、操作工艺、质量标准、成品保护、注意事项、质量记录八个方面进行编写。

本标准修订的主要内容是：

1　增加了清水混凝土；将泵送、高强混凝土合并到混凝土配合比设计与试配，并在该项中增加了自密实混凝土的内容。

2　增加了铝合金模板安装与拆除、筒仓倒模、液压爬升模板（爬模）、BDF 现浇混凝土空心楼盖等；取消了钢筋锥螺纹连接。

3　取消了预应力圆孔板制作、预制框架结构安装、预应力整间大楼板安装、预制楼梯阳台雨棚安装、预制外墙安装等，将结合装配式混凝土建筑技术的发展另行组织编制。

4　增加了钢-混凝土组合结构工程钢构件加工、安装、混凝土浇筑、钢管混凝土柱施工和楼承板施工。

本书可作为混凝土结构工程和钢-混凝土组合结构工程施工生产操作的技术依据，也可作为编制施工方案和技术交底的蓝本。在实施工艺标准过程中，若国家标准或行业标准有更新版本时，应按国家或行业现行标准执行。

本书在编制过程中，限于技术水平，有不妥之处，恳请提出宝贵意见，以便今后修订完善。随时可将意见反馈至山西建设投资集团公司技术中心（太原市新建路 9 号，邮政编码 030002）。

# 目　　录

# 第1篇 混凝土结构工程

## 第1章 定型组合钢模板安装与拆除

本工艺标准适用于工业与民用建筑现浇钢筋混凝土框架、剪力墙结构、钢筋混凝土构筑物的模板施工。

### 1 引用标准

《混凝土结构工程施工规范》GB 50666—2011
《组合钢模板技术规范》GB/T 50214—2013
《建筑施工扣件式钢管脚手架安全技术规范》JGJ 130—2011
《建筑施工承插型盘扣式钢管支架安全技术规程》JGJ 231—2010
《建筑工程施工质量验收统一标准》GB 50300—2013
《混凝土结构工程施工质量验收规范》GB 50204—2015
《建筑施工安全检查标准》JGJ 59—2011
《建筑施工模板安全技术规范》JGJ 162—2008

### 2 术语

**2.0.1** 现浇结构：系现浇混凝土结构的简称，是在现场原位支模并整体浇筑而成的混凝土结构。

**2.0.2** 定型组合钢模板：一种用于定型的组合式钢模板，由定型钢模板和配件两部分组成。

### 3 施工准备

#### 3.1 作业条件

**3.1.1** 模板工程应根据工程结构形式、特点及现场施工条件进行模板及支架设计，确定模板平面布置位置、纵横龙骨规格、数量、排列尺寸和穿墙螺栓的位置和规格、柱箍选用的形式及间距和支撑系统的形式、间距和布置，连接节点大样。选择具有代表性和受力较大的梁、板、柱、墙单元体的支撑系统进行设计

1

计算，保证具有足够的强度和稳定性，绘制支撑系统图和节点大样图。施工前应编制专项施工方案，高大模板支架工程（搭设高度 8m 及以上；搭设跨度 18m 及以上；施工总荷载 15kN/m² 及以上；集中线荷载 20kN/m 及以上）的专项施工方案应进行专家论证。

**3.1.2**　钢模板、连接配件和支撑系统按计划数量进场，按区段进行编号，并涂刷隔离剂，分规格堆放。

**3.1.3**　放好建筑轴线、模板边线及控制线、楼层 0.5m 标高控制线。

**3.1.4**　钢筋绑扎完毕后，水电管线、预埋件、预留洞口已安装，绑好钢筋保护层垫块，并办理完隐蔽验收记录。

**3.1.5**　模板及支撑系统采用垫板堆放，基土必须夯实，并有较好的排水措施，防止模板变形。

**3.1.6**　按图纸要求和施工方案、操作工艺标准向管理人员和班组进行安全和技术交底。

**3.2　材料及机具**

**3.2.1**　定型组合钢模板

**1**　钢模板：（由面板和肋条组成，采用 Q235 钢板制作。面板厚 2.3mm 或 2.5mm，肋条上设有 U 形卡孔，）长度为 450mm、600 mm、750 mm、900mm、1200mm、1500mm，宽度为 100mm、150mm、200mm、250mm、300mm；异形钢模板根据需要定制加工。

**2**　钢角模：阴角模板（150mm×150mm、100mm×150mm）、阳角模板、连接模板（50mm×50mm）。

**3**　连接配件：U 形卡、L 形插销、3 形扣件、蝶形扣件、对拉扁铁、钩头螺栓、（止水）对拉螺栓、紧固螺栓等。

**3.2.2**　支撑系统：柱箍、梁卡具、圈梁卡、钢管脚手架、门式脚手架、可调钢桁架、可调钢支柱等。

**3.2.3**　嵌缝材料：木条、橡皮条、海棉条等。

**3.2.4**　其他材料：方木、花篮螺丝、8～10 号铁丝、木楔、直径 8～12mm 定位钢筋、塑料套管、隔离剂等。

**3.2.5**　机具及仪器：电钻、经纬仪、水准仪、倒链、手锤、扳手、撬棍、斧子、千斤顶、力矩扳手、墨斗、线坠、钢卷尺、方尺、靠尺、铁水平尺、木锯等。

**3.2.6**　钢材应符合现行国家标准《碳素结构钢》GB/T 700 的规定，模板及配件制作质量应符合现行国家标准《组合钢模板技术规范》GB/T 50214 的规定。

## 4　操作工艺

### 4.1　基础模板安装

**4.1.1**　工艺流程如下：

$$\boxed{找平定位} \rightarrow \boxed{安装基础模板} \rightarrow \boxed{安装龙骨及支撑}$$

**4.1.2**　找平定位：基础模板底边抹好 1∶3 水泥砂浆找平层，根据放线位置，在离地 50～80mm 处放置定位支杆，定位支杆要固定牢固，从四周顶住模板，防止模板位移。

**4.1.3**　安装基础模板：按基础模板设计图安装模板，模板之间用 U 形卡连接卡紧，转角位置用连接角模连接两侧模板。

**4.1.4**　安装龙骨及支撑：模板四周采用木龙骨及支撑固定，并在模板内侧弹好基础标高线。安装阶梯形基础模板时，上部模板应控制底边标高，并采用钢筋马凳支垫固定。

### 4.2　柱模板安装

**4.2.1**　工艺流程

$$\boxed{找平定位} \rightarrow \boxed{安装柱模板} \rightarrow \boxed{安装柱箍} \rightarrow \boxed{安装拉杆或斜撑}$$

**4.2.2**　找平定位：柱模板底边抹好 1∶3 水泥砂浆找平层，按照放线位置，在离地 50～80mm 处的主筋上焊接定位支杆，从四周顶住模板，或采用柱盘定位方法，防止模板位移。

**4.2.3**　安装柱模板：按柱模板设计图从下向上安装模板，模板之间用 U 形卡连接卡紧，转角位置用连接角模连接两侧模板。通排柱先装两端柱，经校正、固定，拉通线校正中间各柱。

**4.2.4**　安装柱箍：柱箍可用钢管、型钢等制成，柱箍应根据柱模尺寸、侧压力大小等因素确定柱箍间距。柱边长大于或等于 800mm 时，宜增加对拉螺栓或对拉扁铁，以增强柱模刚度。

**4.2.5**　安装龙骨及支撑：柱模每边至少应设两根拉杆，如柱的截面较大，应根据模板设计确定拉杆的数量。拉杆与地面夹角宜为 45°，固定于预埋在楼板内的钢筋环上，用花篮螺栓调节校正。

柱模板也可采用方木斜撑的方法，一侧模板经校正后即用斜撑固定，斜撑与地面上木橛应连接牢固。

### 4.3　剪力墙模板安装

**4.3.1**　工艺流程如下：

$$\boxed{找平定位} \rightarrow \boxed{安装洞口模板} \rightarrow \boxed{安装一侧模板} \rightarrow \boxed{安装另一侧模板}$$

**4.3.2**　找平定位：墙模板底边抹好 1：3 水泥砂浆找平层，根据放线位置，在离地 50～80mm 处固定长度等于墙厚的定位支杆，或采用导墙定位方法，以防止模板位移。

**4.3.3**　安装洞口模板：按已弹好的线安装洞口模板，并用预埋件或木砖固定。洞口模板内侧支撑应采取加固措施，以防洞口变形。

**4.3.4**　安装一侧模板：按模板设计图先安装一侧模板，用靠尺和线坠校正，安装拉杆或斜撑。模板立直后，再安装塑料套管和对拉螺栓或对拉扁铁，其规格和间距应符合模板设计的要求。

**4.3.5**　安装另一侧模板：清扫墙内杂物后，再安装另一侧模板，调正拉杆或斜撑，使模板垂直后，拧紧对拉螺栓或固定对拉扁铁，使两面模板连成一体。

### 4.4　梁模板安装

**4.4.1**　工艺流程如下：

支立杆 → 安装梁底模板 → 绑扎梁钢筋 → 安装侧模

**4.4.2**　支立杆

**1**　立杆的基础应平整、坚实，并铺垫通长脚手板。楼层面支立杆前应垫方木。

**2**　安装立杆排列、间距应符合模板设计和施工方案的规定。当梁截面较大时，可采用双排或多排支柱，用扣件锁紧并加剪刀撑，水平拉杆离地 200～300mm 设一道，以上每隔 1.8m 设一道。一般情况下，设支柱间距以 600～1000mm 为宜。

**4.4.3**　安装梁底模：按设计标高调整支杆的标高，然后安装梁底模板和两边连接角模，并拉线找平。当梁的跨度等于或大于 4m 时，其模板应按设计要求起拱。当设计无要求时，起拱高度为梁跨度的 1/1000～3/1000。

**4.4.4**　绑扎梁钢筋：梁钢筋一般在底模板支好后绑扎，垫好保护层垫块，经检查合格办理隐检。

**4.4.5**　安装侧模板：安装梁侧模板，边安装边拉线、量尺，与底模用 U 形卡连接，并在模板内侧弹好梁标高线。

**1**　采用梁卡具时，固定梁侧模板的间距一般不大于 600mm，夹紧梁卡具，同时安放梁上口卡。当梁高超过 600mm 时，可加对拉螺栓或对拉扁铁加固。

**2**　安装框架单梁模板时，应加设斜撑与相邻梁模连接固定。安装梁板接头的模板时，在梁上口连接的阴角模应与板模拼接。

**3**　梁柱接头的模板应根据工程特点进行设计和加工。

### 4.5　楼板模板安装

**4.5.1**　工艺流程如下：

$$\boxed{支立杆、水平杆} \rightarrow \boxed{安装龙骨或钢桁架} \rightarrow \boxed{铺设模板} \rightarrow \boxed{校正标高}$$

**4.5.2**　支立杆：底层填土地面应夯实，并铺垫通长脚手板。支杆应垂直，按照预先确定的位置进行搭设，确保位置准确。

立杆搭设过程中，按照计算好的水平杆间距逐步加设水平拉杆，离地面200～300mm设第一道扫地杆，往上纵横方向按照计算的步距等间距设置，并应保证支撑完整牢固。必要时，还应根据实际情况增设剪刀撑。

**4.5.3**　安装龙骨或钢桁架：

**1**　从边跨一侧开始，先装第一排龙骨和支柱临时固定，再依此逐排进行。支柱与龙骨的排列和间距，应根据楼板的混凝土重量和施工荷载大小在模板设计中确定。一般支柱间距为800～1200mm，主龙骨间距为800～1200mm，次龙骨间距为300～500mm，最后拉通线调节立杆高度，将主龙骨找平。

**2**　也可采用钢桁架方法，即在梁、墙模板侧面通长的方木上，按标高先放钢桁架，桁架上放龙骨，龙骨间距一般为400～600mm，龙骨与桁架应做临时固定，防止滑移。最后拉通线调节桁架高度，将龙骨找平。

**4.5.4**　铺设模板：钢模板可以从一侧开始铺设，每两块模板间的边肋用U形卡连接，U形卡间距一般不大于300mm。对不够模数的模板和缝隙，可用木模板或特制尺寸的模板嵌补，但拼缝应严密。

**4.5.5**　校正标高：模板铺完后，用水平仪测量模板标高，并进行校正。当楼板跨度大于或等于4m时，应按设计要求起拱。

**4.6　模板拆除**

**4.6.1**　模板应优先考虑整体拆除。模板拆除的原则一般是：先拆非承重模板，后拆承重模板；先支的后拆，后支的先拆；从上向下拆除。

**4.6.2**　柱模板拆除：先拆掉拉杆或斜撑，卸掉柱箍，再把连接柱模板的U形卡拆掉，然后用撬棍轻轻撬动模板，使模板与混凝土脱离。

**4.6.3**　墙模板拆除：先拆除穿墙对拉扁铁等附件，再拆除拉杆或斜撑，用撬棍轻轻撬动模板，使模板离开墙体，将模板逐块拆下堆放或运走。

**4.6.4**　梁、板模板拆除：

**1**　应先拆梁侧模板，再拆除楼板模板。拆楼板模板时，应拆掉水平拉杆，然后拆除立柱，每根龙骨留1～2根支柱先不拆。

**2**　操作人员站在已拆除的空隙间，拆去近旁余下的支柱，使其龙骨自由坠落。

**3**　用钩子将模板勾下，等该段的模板全部脱模后，集中堆放或运走。

**4**　如有对拉扁铁，应先拆掉对拉扁铁和梁托架，再拆除梁底模。

**4.6.5**　侧模（包括墙柱模板）拆除时，混凝土强度应保证其表面及棱角不因拆除模板而损坏。

**4.6.6**　拆下的模板应及时清理粘结物，涂刷隔离剂；拆下的扣件和 U 形卡等应及时收集、集中管理。

**4.6.7**　拆模时严禁将模板直接从高处往下扔，以防模板变形损坏。

## 5　质量标准

### 5.1　主控项目

**5.1.1**　模板及其支撑脚手架应根据工程结构形式、荷载大小、地基类别、施工设备和材料供应等条件进行设计。模板及其支架应具有足够的强度、刚度和稳定性，能可靠地承受浇筑混凝土的重量、侧压力以及施工荷载。

**5.1.2**　在浇筑混凝土之前，应对模板工程进行验收。

模板安装和浇筑混凝土时，应对模板及其支架进行观察和维护。发生异常情况时，应按施工技术方案及时进行处理。

**5.1.3**　模板及支架拆除的顺序及安全措施应按施工技术方案执行。

**5.1.4**　安装现浇结构的上层模板及其支架时，下层楼板应具有承受上层荷载的承载能力，或加设支架；上、下层支架的立柱应对准，并铺设垫板。

**5.1.5**　在涂刷模板隔离剂时，不得沾污钢筋、预应力筋、预埋件和混凝土接茬处。

**5.1.6**　底模及其支架拆除的顺序和混凝土强度应符合设计要求；当设计无要求时，底模拆除时混凝土强度应符合表 1-1 的规定。

**底模拆除时的混凝土强度要求**　　　　　　　　　　　　表 1-1

| 构件类型 | 构件跨度（m） | 达到设计混凝土强度等级值的百分率（%） |
|---|---|---|
| 板 | ≤2 | ≥50 |
| | >2，≤8 | ≥75 |
| | >8 | ≥100 |
| 梁、拱、壳 | ≤8 | ≥75 |
| | >8 | ≥100 |
| 悬臂构件 | | ≥100 |

**5.1.7**　对后张法预应力混凝土结构构件，侧模宜在预应力筋张拉前拆除，底模及支架的拆除应按施工方案执行。当无具体要求时，不应在结构构件建立预应力前拆除。

**5.1.8**　后浇带模板拆除和支顶应按施工方案执行。

### 5.2　一般项目

**5.2.1**　模板接缝不应漏浆，钢模板接缝宽度不得大于 1.5mm。

**5.2.2** 模板与混凝土的接触面应清理干净并涂刷隔离剂，但不得采用影响结构性能或妨碍装饰工程施工的隔离剂。

**5.2.3** 浇筑混凝土前，模板内的杂物应清理干净。

**5.2.4** 固定在模板上的预埋件、预留孔和预留洞均不得遗漏，且应安装牢固。定型模板安装和预埋件、预留孔的允许偏差应符合表1-2的规定。

**5.2.5** 侧模板拆除时的混凝土强度应能保证其表面和棱角不受损伤。

**5.2.6** 模板拆除时，不应对楼层形成冲击荷载。拆除的模板和支架宜分散堆放并及时清运。

定型钢模安装和预埋件、预留孔洞的允许偏差（mm）　表1-2

| 项目 | | 允许偏差 | 项目 | | 允许偏差 |
|---|---|---|---|---|---|
| 预埋钢板中心位置 | | 3 | 轴线位置 | | 5 |
| 预埋管 预留孔中心线位置 | | 3 | 底模上表面标高 | | ±5 |
| 插筋 | 中心线位置 | 5 | 截面内部尺寸 | 基础 | ±10 |
| | 外露长度 | +10，0 | | 柱 墙 梁 | ±5 |
| 预埋螺栓 | 中心线位置 | 2 | 柱、墙垂直度 | 层高≤6m | 8 |
| | 外露长度 | +10，0 | | 层高＞6m | 10 |
| 预留洞 | 中心线位置 | 10 | 相邻两板表面高低差 | | 2 |
| | 尺寸 | +10，0 | 表面平整度 | | 5 |

注：检查方法：观察、尺量检查。检查轴线位置时，应沿纵横两个方向量测，并取其中偏差的较大值。

**5.2.7** 对跨度不小于4m的现浇钢筋混凝土梁、板，其模板应按设计要求起拱；当设计无具体要求时，起拱高度为跨度的1/1000～3/1000。

## 6 成品保护

**6.0.1** 钢模板安装时，不得随意割孔。必要时，可在两块钢模板之间夹55mm×55mm木龙骨用螺栓连接。

**6.0.2** 拆模时不得用大锤硬砸或用撬棍硬撬，以免损坏模板边框和混凝土结构。

**6.0.3** 拆除的模板严禁抛掷，严禁用钢模作其他非模板用途。

**6.0.4** 拆下的钢模板应逐块进行检查和清理，并及时涂刷隔离剂，分类堆放。当发现肋条损坏变形、表面不平时，应派人及时修理，拆下的零星配件应用箱或袋收集，设专人保管和维修。

**6.0.5** 操作和运输过程中，不得抛掷模板。

**6.0.6** 在模板面进行钢筋等焊接工作时，应用石棉板或薄钢板隔离。

**6.0.7** 钢模板宜存放在室内或棚内，板底支垫离地面100mm以上。露天堆放，地面应平整坚实，模板底支垫离地面 200mm 以上，端支点距模板端部长度不大于模板长度的 1/6，保持板面不变形，地面要有排水措施。

## 7　注意事项

### 7.1　应注意的质量问题

**7.1.1** 支柱模板前应按弹线做小方盘模板，保证底部位置准确；转角部位应采用连接角模以保证角度准确；柱箍形式、规格、间距应根据柱截面大小及高度进行设计确定；柱四角应做好拉杆及斜撑；梁柱接头模板应按大样图进行安装。

**7.1.2** 墙模板纵横龙骨的尺寸及间距、墙体的支撑方法、角模形式应根据墙体高度和厚度设计确定；模板上口应设拉结，防止上口尺寸偏大；墙梁交接处应设拉结；墙模板安装前，底边应做水泥砂浆找平层，以防露浆。

**7.1.3** 梁、板模板应通过设计确定龙骨、支柱的尺寸及间距。模板支柱的底部应支在坚实的地面上，垫通长脚手板，防止支柱下沉；梁、板模板跨度大于或等于 4m 时，如设计无要求应按规范规定起拱；梁模板上口应有拉杆锁紧，防止上口变形；大于 600mm 梁高的侧模板，宜加对拉螺栓或对拉扁铁。

### 7.2　应注意的安全问题

**7.2.1** 预制拼装模板的吊环位置必须符合设计要求。模板的堆放场地应夯实平整，模板立放时，应设临时支撑以防倾倒。

**7.2.2** 楼层高度超过 4m 或两层以上建筑物，安装和拆除组合钢模板时，应搭设脚手架，并在操作范围内设安全网或防护栏杆。

**7.2.3** 拆模时，操作人员应站在安全地方，防止下落的钢模伤人。现场操作人员必须佩戴安全帽，高空作业人员必须系好安全带。

**7.2.4** 在 4m 以上高空拆除模板时，不得让模板、材料下落，不得大面积同时撬落模板，操作时应注意下方人员的动向。

**7.2.5** U 形卡等零件应装在箱内，不得散放在脚手板上。工具应随手放入工具袋内，以免掉落伤人。

### 7.3　应注意的绿色施工问题

**7.3.1** 模板安装及拆除作业应采取控制噪声排放的措施。

**7.3.2** 模板使用的隔离剂不得在施工现场随意乱放以免污染环境。

## 8　质量记录

**8.0.1** 现浇结构模板安装工程检验批质量验收记录。

**8.0.2** 模板（后浇带）拆除工程检验批质量验收记录。

**8.0.3**　模板分项工程质量验收记录。

**8.0.4**　模架专项施工方案。

**8.0.5**　模板技术安全交底记录。

**8.0.6**　模板工程施工验收表。

**8.0.7**　拆模混凝土强度报告。

**8.0.8**　模板拆除申请表。

# 第2章 铝合金模板安装与拆除

本工艺标准适用于工业与民用建筑现浇钢筋混凝土框架、剪力墙结构、钢筋混凝土构筑物的铝合金模板施工。

## 1 引用标准

《建筑工程施工质量验收统一标准》GB 50300—2013

《混凝土结构工程施工质量验收规范》GB 50204—2015

《混凝土结构工程施工规范》GB 50666—2011

《组合铝合金模板工程技术规程》JGJ 386—2016

《建筑施工模板安全技术规范》JGJ 162—2008

《建筑施工扣件式钢管脚手架安全技术规范》JGJ 130—2011

《建筑施工承插型盘扣式钢管支架安全技术规程》JGJ 231—2010

《建筑施工安全检查标准》JGJ 59—2011

## 2 术语

**2.0.1** 铝合金模板：由铝合金材料制作而成的模板，包括平面和转角等。

**2.0.2** 平面模板：用于混凝土结构平面处的模板，包括楼板、墙柱、梁、承接模板等。

**2.0.3** 转角模板：用于混凝土结构转角处的模板，包括楼板阴角、梁底阴角、梁侧阴角、阴角转角、墙柱阴角模板及连接角模等。

**2.0.4** 承接模板：承接上层外墙、柱及电梯井道模板的平面模板，该铝合金模板与成型混凝土之间通过连接件可靠连接。

**2.0.5** 支撑：用于支撑铝合金模板、加强模板整体刚度、调整模板垂直度、承受模板传递的荷载的部件，包括可调钢支撑、斜撑、背楞、柱箍等。

**2.0.6** 早拆装置：由早拆头、早拆铝梁、快拆锁条等组成，安装在竖向支撑上、可将模板及早拆铝梁降下，实现先行拆除模板的装置。

**2.0.7** 早拆模板支撑系统：由早拆装置、可调钢支撑或其他支模架等组成的支撑系统。

**2.0.8** 配件：用于铝合金模板构件之间的拼接或连接、两竖向侧模板及背楞拉结的部件，包括销钉、削片、对拉螺栓、对拉螺栓垫片等。

**2.0.9**　铝合金模板体系：由铝合金模板、早拆装置、支撑及配件组成的模板体系。

**2.0.10**　铝梁：楼板铝合金面板的支撑构件，承受铝合金平面模板传来的荷载并传递给竖向构件。

**2.0.11**　整体组拼施工技术：由各种配件将同层的墙、柱、梁、板等构件的模板及支撑系统连成整体，进行整层浇筑混凝土的模板技术。

# 3　施工准备

## 3.1　作业条件

**3.1.1**　模板工程应根据工程结构形式、特点及现场施工条件进行模板及支架设计，确定模板平面布置位置、纵横龙骨规格、数量、排列尺寸和穿墙螺栓的位置、规格、柱箍选用的形式及间距和支撑系统的形式、间距和布置，连接节点大样。选择梁、板、柱、墙单元体的支撑系统进行设计计算，保证具有足够的强度和稳定性，绘制支撑系统图和节点大样图。

**3.1.2**　模板施工前应制定详细的施工方案，并经审批，需要论证的已完成论证。按照方案对施工班组进行技术交底，操作人员应熟悉模板施工方案、模板施工图、支撑系统设计图。

**3.1.3**　铝合金模板在工厂生产制作完成后应进行试拼装，验收完成后系统地编号，绘制拼装图。铝合金模板、配件和支撑系统按计划数量进场，按区段进行编号，并涂刷隔离剂，分规格堆放。

**3.1.4**　放好建筑轴线、模板边线及控制线、楼层 0.5m 标高控制线。

**3.1.5**　钢筋绑扎完毕后，水电管线、预埋件、预留洞口已安装，绑好钢筋保护层垫块，并办理完隐蔽验收记录。

**3.1.6**　模板及支撑系统采用垫板堆放，基土必须夯实，并有较好的排水措施，防止模板变形。

**3.1.7**　模板安装前表面必须涂刷脱模剂，且不得使用影响现浇混凝土结构性能或妨碍装饰工程施工的脱模剂。

**3.1.8**　根据工程规模配备适宜数量的操作工人，工人在上岗前应进行培训，考试合格后正式上岗作业。

## 3.2　材料及机具

**3.2.1**　铝合金模板所用挤压型材宜采用现行国家标准《一般工业用铝及铝合金挤压型材》GB/T 6892 中的 AL 6061-T6 或 AL 6082-T6，其外观质量符合要求。

**3.2.2**　铝合金材质应符合现行国家标准《变形铝及铝合金化学成分》GB/T

3190 的有关规定。

**3.2.3**　钢材应符合现行国家标准《碳素结构钢》GB/T 700 和《低合金高强度结构钢》GB/T 159 的有关规定；其物理性能指标、强度设计值应符合现行国家标准《钢结构设计规范》GB 50017 的有关规定。

**3.2.4**　配件应符合配套使用、装拆方便、操作安全的要求。对拉螺栓应采用粗牙螺纹，其规格和轴向受拉承载力符合《组合铝合金模板工程技术规程》JGJ 386 的有关规定。

**3.2.5**　焊接钢管应符合现行国家标准《直缝电焊钢管》GB/T 13793 或《低压流体输送用焊接钢管》GB/T 3091 中 Q235、Q345 普通钢管的有关规定。无缝钢管应符合现行国家标准《结构用无缝钢管》GB/T 8162 的有关规定。

**3.2.6**　脱模剂优先选用以水为介质的乳油性铝合金模板专用脱模剂。

**3.2.7**　机具：锤子、单头扳手、手电钻、锤钻、手提切割机、电弧焊机、锯铝机、撬棍、水准仪、激光垂准仪、水平尺、钢卷尺、靠尺等。

## 4　操作工艺

### 4.1　工艺流程

测量放线 → 绑扎墙柱钢筋及验收 → 支墙柱模板 → 支设梁板模板 →

绑扎梁板钢筋及验收 → 混凝土浇筑 → 拆模

### 4.2　测量放线

在楼层上弹好墙柱线及墙柱控制线、洞口线，其中墙柱控制线距墙边线 300mm，可检验模板是否偏位和方正；在柱纵筋上标好楼层标高控制点，标高控制点为楼层+0.50m，墙柱的四角及转角处均设置，以便检查楼板面标高。

### 4.3　绑扎墙柱钢筋及验收

绑扎墙柱钢筋，预埋水电盒、线管、预留洞口等，办理隐蔽工程验收手续。

### 4.4　支墙柱模板

**4.4.1**　按试拼装图纸编号依次拼装好墙柱铝模，封闭柱铝模之前，需在对拉螺杆上预先外套 PVC 管，同时要保证套管与墙两边模板面接触位置准确，以便浇筑后能收回对拉螺杆。墙柱模与楼面阴角连接时锁销的头部应尽可能地在楼面阴角内部，墙柱铝模间连接销上的锁片要从上往下插，以免在混凝土浇筑时脱落。墙柱模板背楞宜取用整根杆件。背楞搭接时，上下道背楞接头宜错开设置，错开位置不宜小于 400mm，接头长度不宜小于 200mm。当上下接头位置无法错开时，应采用具有足够承载力的连接件。

**4.4.2**　内墙模板安装时从阴角处（墙角）开始，按模板编号顺序向两边延伸，为防模板倒落，须加以临时的固定斜撑（用木方、钢管等），并保证每块模板涂刷适量的脱模剂。

**4.4.3**　竖向模板之间及其与竖向转角模板之间应用销钉锁紧，销钉间距不宜大于 300mm。模板顶端与转角模板或承接模板连接处、竖向模板拼接处，模板宽度大于 200mm 时，不宜少于 2 个销钉；宽度大于 400mm 时，不宜少于 3 个销钉。打插销时不可太用劲，模板接缝处无空隙即可。横向拼接的模板端部插销必须钉上，中间可间隔一个孔位钉上，并且是从上而下插入，避免振捣混凝土时震落。墙柱模板不宜竖向拼接，当配板确需拼接时，不宜超过一处，且应在拼接缝附近设置横向背楞。

**4.4.4**　安装另一侧墙模时，在对拉螺栓孔位置附近把尺寸相符的内撑钢筋垂直放置在剪力墙的钢筋上，检查对拉螺栓穿过是否有钢筋挡住（特别是墙、柱下部），如挡住，用撬棍或铁锤敲打，使钢筋移位，保证 PVC 导管的顺畅通过。

**4.4.5**　每面墙模板在封闭前，一定要调整两侧模板，使其垂直竖立在控制线位上，且两侧模板对拉螺栓孔位必须正对。

**4.4.6**　墙柱模板采用对拉螺栓连接时，最底层背楞距离地面、外墙最上层背楞距离顶不宜大于 300mm，内墙最上层背楞距离板顶不宜大于 700mm；除应满足计算要求外，背楞竖向间距不宜大于 800mm，对拉螺栓横向间距不宜大于 800mm。转角背楞及宽度小于 600mm 的柱箍（图 2-4）宜一体化，相邻墙肢模板宜通过背楞连成整体。背楞示意图见图 2-1～图 2-4。

**4.4.7**　当设置斜撑时，墙斜撑间距不宜大于 2000mm，长度大于等于 2000mm 的墙体斜撑不应少于两根，柱模板斜撑间距不应大于 700m；当柱截面尺寸大于 800mm 时，单边斜撑不宜少于两根。斜撑宜着力于竖向背楞。斜撑布置示意参见图 2-5。

### 4.5　支设梁板模板

**4.5.1**　按试拼装图编号依次拼装好梁底模、梁侧模、梁顶阴角及墙顶阴角模，用单支顶调节梁底标高，以便模板间连接，梁底单支顶应垂直、无松动。

**4.5.2**　安装梁底模板时须 2 人协同作业，一端一人托住梁底的两端，站在操作平台上，按规定的位置用插销把阴角模与墙板连接。如梁底过长，除两人装梁底外，另有一人安装梁底支撑，以免梁底模板超重下沉，使模板早拆头变形和影响作业安全。

**4.5.3**　用支撑把梁底调平后，可安装梁侧模板，所有横向连接的模板，插销必须由上而下插入，以免在浇混凝土捣振时插销震落，造成爆模和影响安全。

**4.5.4**　安装楼板模板：安装完墙顶、梁顶阴角后，安装楼面铝梁，然后按试拼装图编号从角部开始，依次拼装标准板模，直至铝模全部拼装完成。支撑

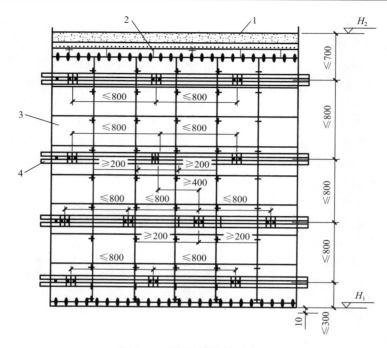

图 2-1  背楞接头搭接示意图

1—楼板；2—楼板阴角模板；3—内墙柱模板；4—背楞

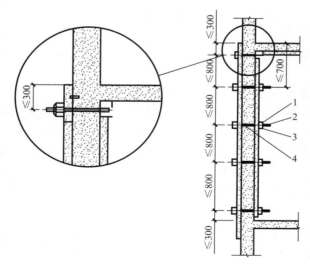

图 2-2  外墙背楞布置大样示意图

1—背楞；2—对拉螺栓；3—对拉螺栓垫片；4—对拉螺栓套管

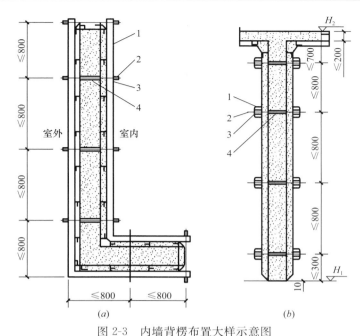

图 2-3　内墙背楞布置大样示意图

(a) 平面图；(b) 剖面图

1—背楞；2—对拉螺栓；3—对拉螺栓垫片；4—对拉螺栓套管

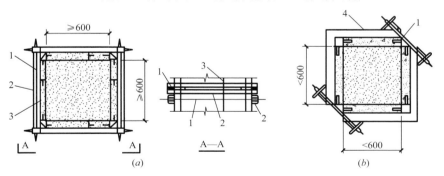

图 2-4　柱箍布置大样示意图

(a) 柱截面≥600mm 柱箍大样示意图；(b) 柱截面＜600mm 柱箍大样示意图

1—对拉螺栓；2—背楞；3—内墙柱模板；4—柱箍

楼面模板铝梁早拆头下的支撑杆应垂直、无松动。每间房的顶板安装完成后，须调整支撑杆到适当位置，以使板面平整（跨度 4m 以上的顶板，其模板应按设计要求起拱，如无具体要求，起拱高度宜为跨度的 1/1000～3/1000，铝合金模板起拱高度一般取下限 1/1000）。

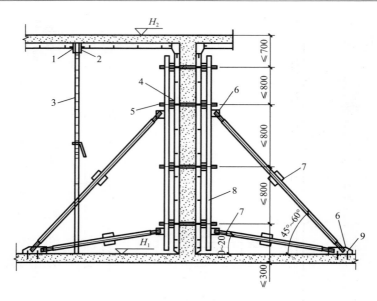

图 2-5　斜撑布置示意图

1—板底早拆头；2—快拆锁条；3—可调钢支撑；4—背楞；5—对拉螺栓；
6—斜撑码；7—斜撑；8—竖向背楞；9—固定螺栓

**4.5.5** 外围导墙板（承接模板）及阳台线条安装

在有连续垂直模板的地方，如电梯井、外墙面等，用导墙板将楼板围成封闭的一周并且作为上一层垂直模板的连接组件。

第一层浇注混凝土以后，二层导墙板必须安装，一个用以固定在前一层未拆的模板上，另一个固定在墙模的上部围成楼板的四周。浇筑完混凝土后保留上部导墙板，作为下层墙模的起始点。导墙板与墙模板连接：安装导墙板之前确保已进行完清洁和涂油工作。在浇筑期间为了防止销子脱落，销子必须从墙模下边框向下插入到导墙板的上边框。导墙板上开 26mm×16.5mm 的长形孔，浇筑之前，将 M16 的低碳螺栓安装在紧靠槽底部位置，这些螺栓将锚固在凝固的混凝土里。浇筑后，如果需要可以调整螺栓来调节导墙板的水平度，也可控制模板的垂直度。

**4.5.6** 模板加固：平板铝模拼装完成后进行墙柱铝模的加固，即安装背楞及对拉螺杆。安装背楞及对拉螺杆应两人在墙柱的两侧同时进行，背楞及对拉螺杆安装必须紧固牢靠，用力得当，不得过紧或过松，过紧会引起背楞弯曲变形，影响墙柱实测实量数据，过松在浇筑混凝土时会造成胀模。对拉螺杆的蝴蝶扣应竖直安装，不得倾斜。

**4.5.7** 模板验收：对铝模加固及校正完后进行检查，防止螺栓、锁销、锁片遗漏、松动；检查验收墙柱垂直度、板模平整度、墙柱及梁截面尺寸。如有降板位置的沉箱模板或框模，在梁板钢筋绑扎完毕后准确安装并固定。

### 4.6　绑扎梁板钢筋及验收

按照图纸绑扎，办理隐蔽工程验收记录。

### 4.7　混凝土浇筑

浇筑过程中设模板看护人员，如发现跑模、胀模、漏浆等问题及时处理。

### 4.8　拆模

模板的拆除期限应听从施工技术人员和班组长的安排，混凝土结构的强度符合现行国家标准《混凝土结构工程施工质量验收规范》GB 50204 的相关要求后方可拆模，不可盲目作业。铝合金模板拆除程序一般是墙、梁、板，先拆非承重部位，后拆承重部位，并做到不影响混凝土的结构安全和外观。

#### 4.8.1　吊模、飘窗、空调板等模板的拆除

**1**　卫生间、厨房、阳台等下沉部位的吊模（矩形钢或木方）拆除后应立即清理干净，按区域位置用铁丝捆扎好以备下层使用。

**2**　吊板拆除清理好后平放在原位置，板面朝上。

**3**　楼板面清扫干净，多余杂物（木方、短钢管等）堆放在不影响作业的地方（阳台）。

**4**　飘窗、空调板等部位的盖板、内侧模板及阴角模应趁早拆除，清理好放在原位置。

#### 4.8.2　墙模板拆除

**1**　拆除背楞时应把上面的水泥浆清理干净并堆放在本房间的中间，堆放距离至少离墙 500mm 以上，有些转角形的背楞应平放地上，不可使其尖角朝上，对拉螺栓规范放置，螺母、垫片放置在专用器皿中。

**2**　拆墙模板时先把所拆墙面的插销全部拆除，并放置在胶桶中，散落地面的插销及时收拾干净。

**3**　凹形墙面，凹槽内首块模板较难拆除，应用专用工具从墙中部拆除，后向两边延拆。严禁使用撬棍、铁锤狠撬猛砸，损坏模板。

**4**　每块模板拆除后应及时清理板面、背面，用钢刷清理模板的边框，按每面墙的区域摆放稳当，等待上传。

**5**　外墙模板不应长时间放置在脚手架上，宜随装随拆。外墙模板可用塔吊整体吊装。

#### 4.8.3　梁板模板拆除

**1**　墙模板上传后，即可进行梁模板的拆除。拆梁底模板时应有两人协同作业，撬松时两人托住梁底模板，轻放地上，不可让其自由落下使模板受损，梁底

支撑不可松动和拆除。

**2**　梁底模板拆除后清理干净放置在梁的下方，阴角模、梁底阳角模等小块模板如拆除或松动应及时连接牢固。

**3**　拆梁侧模或墙头板时，操作平台（铁凳）不可放置在模板的正下方，应偏离 200～300mm，撬动模板时，一只手抓住模板的中部，不使其落下损坏，拆下清理后放置在原位置的正下方，以免混杂。

**4.8.4**　顶板模板拆除

**1**　顶板模板拆除前先将背楞、对拉螺栓、梁板等上传，地面杂物清理堆放在墙边，不影响操作平台（铁凳）的移动。先拆顶板面积较大的房间。

**2**　拆顶板模板应从第一排的中部开始，先拆除与此块模板相连的龙骨组件，拆除其余三方插销，使用撬棍撬松拆除，再向两边延拆，需两人协作，不可让其自由落下受损。

**3**　拆顶板模板时严禁一次性拆除大面积模板的插销，应做到拆哪块板松动哪块板的连接插销，不允许撬落大面积模板。

**4**　拆除较难拆的第一块阴角模，可先用铁锤轻敲振动，使其与混凝土表面脱离，再用专用长撬棍插入阴角模孔内撬动。较难拆除的模板，在安装时要保证其表面清洁，均匀涂刷脱模剂，并控制好拆模时间。

**5**　顶板和梁的支撑严禁松动和拆除。宜配置 3 套支撑，安装所用支撑必须要到下下层去拆。

## 5　质量标准

### 5.1　主控项目

**5.1.1**　安装现浇结构的上层模板及其支架时，下层楼板应具有承受上层荷载的承载能力，或加设支架；上、下层支架的立柱应对准，并铺设垫板。

**5.1.2**　在涂刷脱模剂时，不得沾污钢筋和混凝土接槎处。

**5.1.3**　按照配模设计要求检查可调钢支撑等支架的规格、间距、垂直度、插销直径等。

**5.1.4**　按照《组合铝合金模板工程技术规程》JGJ 386 中第 5.3 节对销钉、背楞、对拉螺栓、定位撑条、承接模板和斜撑的预埋螺栓等的数量、位置进行检查。

**5.1.5**　后浇带处的模板及支架应独立设置。

**5.1.6**　支架竖杆或竖向模板安装在土层上时，应符合下列规定：

**1**　土层应坚实、平整，其承载力或密实度应符合施工方案的要求；

**2**　应有防水、排水措施；对冻胀性土，应有预防冻融措施；

**3**　支架竖杆下应有垫板。

## 5.2　一般项目

**5.2.1**　模板安装应做到模板接缝平整、严密，不应漏浆；模板内无杂物、积水或积雪，模板与混凝土的接触面应平整、清洁。

**5.2.2**　对跨度不小于 4m 的现浇钢筋混凝土梁、板，模板应按设计要求起拱；当设计无具体要求时，在混凝土楼板上支模起拱高度宜为跨度的 1‰，在夯实后基土上支模起拱高度宜为跨度的 3‰；起拱不得减小构件的截面高度。

**5.2.3**　固定在模板上的预埋件和预留孔洞均不得遗漏，规格、数量、位置正确，且应安装牢固。允许偏差符合表 2-1 的规定。

**预埋件、预留孔、预留洞允许偏差**　　　　表 2-1

| 项目 | | 允许偏差（mm） |
|---|---|---|
| 预埋管、预留孔中心线位置 | | 3 |
| 预埋螺栓 | 中心线位置 | 2 |
| | 外露长度 | +10，0 |
| 预留洞 | 中心线位置 | 10 |
| | 尺寸 | +10，0 |

**5.2.4**　模板安装垂直度、平整度、轴线位置等允许偏差及检验方法应符合表 2-2 的要求。早拆模板支撑系统的上下层竖向支撑的轴线偏差不应大于 15mm，支撑立柱垂直度偏差不应大于层高的 1/300。

**模板安装的允许偏差及检验方法**　　　　表 2-2

| 项目 | | 允许偏差（mm） | 检验方法 |
|---|---|---|---|
| 模板垂直度 | | 5 | 吊线、钢尺检查 |
| 梁侧、墙、柱模板平整度 | | 3 | 吊线、钢尺检查 |
| 墙、柱、梁模板轴线位置 | | 3 | 钢尺检查 |
| 底模上表面标高 | | ±5 | 拉线、钢尺检查 |
| 截面内部尺寸 | 柱、墙、梁 | +4，−5 | 钢尺检查 |
| 单跨楼板模板的长宽尺寸累计误差 | | ±5 | 钢尺检查 |
| 相邻模板表面高低差 | | 1.5 | 钢尺检查 |
| 梁底模板、楼板模板表面平整度 | | 3 | 2m靠尺、塞尺检查 |
| 相邻模板拼接缝隙宽度 | | ≤1.5 | 塞尺检查 |

注：检查轴线位置时，应沿纵、横两个方向梁侧，并取其中的较大值。

**5.2.5**　质量检查应符合下列规定：

**1**　梁下支架立杆间距的偏差不宜大于 50mm，板下支架立杆间距的偏差不宜大于 100mm；水平杆间距的偏差不宜大于 50mm；

**2** 应检查顶部承受模板荷载的水平杆与支架立杆连接的扣件数量，采用双扣件构造设置抗滑移扣件，其上下应顶紧，间隙不大于 2mm；

**3** 支架顶部承受模板荷载的水平杆与支架立杆连接的扣件拧紧力矩，不应小于 40N•m，且不应大于 65N•m；支架每步双向水平杆应与立杆扣接，不得缺失。

**5.2.6** 采用碗扣式、盘扣式或盘销式钢管架作模板支架时，插入立杆顶端可调托座伸出顶层水平杆的悬臂长度，不应超过 650mm；水平杆杆端与立杆连接的碗扣、插接和盘销的连接状况，不应松脱；按规定设置竖向和水平斜撑。

# 6 成品保护

**6.0.1** 铝合金模板和配件拆除后，应及时清除粘结砂浆杂物，对板面刷隔离剂，对变形及损坏的模板及配件应及时整形和修补，修复后的模板和配件应达到表 2-3 的要求，并宜采用机械整形和清理。

模板及配件修复后的主要质量标准 表 2-3

| 项目 | | 允许偏差（mm） |
|---|---|---|
| 铝模板 | 板面平面度 | ≤1.0 |
| | 凸棱直线度 | ≤0.5 |
| | 边肋不直度 | 不得超过凸棱高度 |
| 配件 | 钢楞及支柱直线度 | ≤L/1000 |

注：L 为钢楞及支柱的长度。

**6.0.2** 模板宜放在室内或敞棚内，模板底面应垫离地面 100mm 以上，室外堆放时地面应平整、坚实、有排水措施，模板底面应垫离地面 200mm，两支点离模板两端的距离不大于模板长度的 1/6。对暂不使用的模板，板面应涂刷隔离剂，焊缝开裂时应补焊，并按规格分类堆放。

**6.0.3** 配件入库保存时，应分类存放，小件要点数后装箱入袋，大件要整数成堆。

**6.0.4** 模板搬运时应轻拿轻放，不准碰撞柱、墙、梁、板等混凝土构件。模板面板不得污染、磕碰；螺栓孔眼必须有保护垫圈。

**6.0.5** 不得随意在主体结构上开洞；穿墙螺栓通过模板时，应尽量使用模板上已有孔眼。

**6.0.6** 与混凝土接触的模板表面应认真涂刷隔离剂，不得漏涂。涂刷后如被雨淋，应补刷隔离剂。模板支好后，应保持模内清洁，防止掉入垃圾、砂浆、木屑等杂物。

6.0.7　搭设外脚手架时，严禁与模板及支架支柱连接。不准在吊模、桁架、水平拉杆上搭设跳板。浇筑混凝土时，在芯模四周要均匀下料并振捣密实。不得在模板平台上行车和堆放大量材料和重物。在模板上进行钢筋、铁件等焊接工作时，必须用石棉板或薄钢板隔离。

6.0.8　严禁用大锤砸或撬棍硬撬模板，严禁损伤混凝土表面及棱角。模板拆除后，立即对模板板面及缝隙全面清理和维修，必要时修整变形、更换配件。

6.0.9　模板拆除时先拆除水平拉杆，然后拆除立杆。梁模板拆除时先拆除侧模，再拆底模。拆除时，混凝土强度能保证其表面及棱角不因拆模受损坏，模板拆除时混凝土强度必须满足要求。

6.0.10　吊装模板提升时应保持水平、四点起吊。起吊时，注意与墙体及周边障碍物保持距离。

# 7　注意事项

## 7.1　应注意的质量问题

7.1.1　支柱模板前应按弹线做小方盘模板，保证底部位置准确；转角部位应采用连接角模以保证角度准确；柱箍形式、规格、间距应根据柱截面大小及高度进行设计确定；柱四角应做好拉杆及斜撑；梁柱接头模板应按大样图进行安装。

7.1.2　模板上口应设拉结，防止上口尺寸偏大；墙梁交接处应设拉结；墙模板安装前，底边应做水泥砂浆找平层，以防漏浆。

7.1.3　模板支柱的底部应支在坚实的地面上，垫通长脚手板，防止支柱下沉；梁模板上口应有拉杆锁紧，防止上口变形；大于 600mm 梁高的侧模板，宜加对拉螺栓或对拉扁铁。

## 7.2　应注意的安全问题

7.2.1　模板支架安装搭设与拆除人员必须是经考核合格的专业架子工。架子工应持证上岗。模板支架顶部的实际荷载不得超过模板体系设计及施工方案的规定。不得将外脚手架、缆风绳、泵送混凝土和砂浆的输送管道等固定在模板支架上。

7.2.2　施工单位项目部应建立安全组织机构，明确安全职责；明确施工现场安全重大危险源。从事模板作业的人员，应经安全技术培训。模板制作、安装时应根据需要配备消防器材，使用电锯、电刨应搭设防护棚。模板支架在搭设过程中应采取防止倾覆的临时固定措施。拆模前必须获取审批后的拆模令。

7.2.3　模板装拆时，上下应有人接应，模板应随装拆随转运，不得堆放在脚手架上，严禁抛掷踩撞，若中途停歇，必须把活动部件固定牢靠。装拆模板，必须有稳固的登高工具或脚手架，高度超过 3.5m 时，必须搭设脚手架。装拆过程中，下面不得站人，高处作业时，操作人员应佩戴安全带。

**7.2.4**　登高作业时，连接件必须放在箱盒或工具袋中，严禁放在模板或脚手板上，扳手等各类工具必须系挂在身上或置放于工具袋内，不得掉落。

**7.2.5**　模板的预留孔洞、电梯井口等处，应加盖或设置防护栏，必要时应在洞口处设置安全网。

**7.2.6**　安装墙、柱模板时，应随时支撑固定，防止倾覆。

**7.2.7**　距基槽（坑）上口边缘 1m 内不得堆放模板、支撑件等物品。向基槽（坑）内运料应使用起重机、溜槽或绳索，模板严禁立放在基槽（坑）土壁上。

**7.2.8**　安装独立梁模板时应设安全操作平台，并严禁操作人员站在独立梁底模或柱模支架上操作及上下通行。

**7.3**　应注意的绿色施工问题

**7.3.1**　模板安装及拆除作业应采取控制噪声排放的措施。

**7.3.2**　模板使用的隔离剂不得在施工现场随意乱放以免污染环境。

**7.3.3**　模板拆卸后集中吊往模板存放区清理、存放；板上的水泥残块清理下来后集中运往现场的垃圾站，不得随意弃洒；拆下来的废旧螺栓、螺母等不得随意丢置，应收集起来清理备用或回收。

**7.3.4**　已报废模板则应集中回收处理，不得乱扔乱放；油手套、含油棉纱棉布、油漆刷等应及时回收处理。

# 8　质量记录

**8.0.1**　现浇结构模板安装工程检验批质量验收记录。

**8.0.2**　模板分项工程质量验收记录。

**8.0.3**　模架专项施工方案。

**8.0.4**　模板安全技术交底记录。

**8.0.5**　模板工程施工验收表。

**8.0.6**　拆模混凝土强度报告。

**8.0.7**　模板拆除申请表。

# 第3章 组合大模板安装与拆除

本工艺标准适用于工业与民用建筑现浇钢筋混凝土剪力墙结构的模板施工。

## 1 引用标准

《混凝土结构工程施工规范》GB 50666—2011
《组合钢模板技术规范》GB/T 50214—2013
《建筑施工扣件式钢管脚手架安全技术规范》JGJ 130—2011
《建筑施工承插型盘扣式钢管支架安全技术规程》JGJ 231—2010
《建筑工程施工质量验收统一标准》GB 50300—2013
《混凝土结构工程施工质量验收规范》GB 50204—2015
《建筑施工安全检查标准》JGJ 59—2011
《建筑施工模板安全技术规范》JGJ 162—2008

## 2 术语

**2.0.1** 全钢大模板体系：全钢大模板体系由墙体平面模板、阴角模、阳角模、支腿、操作平台系统以及穿墙螺栓等部分组合而成，具有装拆灵活方便、强度高、刚度大、尺寸精度高、接缝严密、表面光洁、组装快、机械化施工程度高、施工速度快等优点。

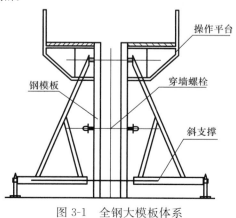

图 3-1 全钢大模板体系

## 3　施工准备

### 3.1　作业条件

**3.1.1**　根据工程特点及现场施工条件，按照经济、均衡、合理的原则划分施工流水段；进行模板及支架设计，确定模板平面布置排版，并编制模板专项施工方案。

**3.1.2**　施工单位应对进场的模板、连接件、支撑件等配件的产品合格证、生产许可证、检测报告进行复核，并应对其表面观感质量、重量等物理指标进行抽检，抽检合格方可使用。

**3.1.3**　有关施工及操作人员应熟悉施工图及模板工程的施工设计，进行配板设计，配板设计包括以下内容：

**1**　绘制配板平面布置图；

**2**　绘制大模板配板设计图、拼装节点图和构配件的加工详图；

**3**　绘制节点和特殊部位支模图；

**4**　编制大模板构配件明细表；

**5**　编写施工说明书。

**3.1.4**　施工现场应有可靠地能够满足模板安装和检查所需要的测量控制点。

**3.1.5**　墙体钢筋绑扎完毕，水电、预埋管件、门窗洞口模板安装完毕，办理完隐蔽工程验收手续。

### 3.2　材料及机具

**3.2.1**　大模板的面板厚度不小于 6mm，材质不应低于 Q235A 的性能要求，模板的肋和背楞宜采用型钢，肋应为 8 号槽钢，背楞应为 10 号槽钢，大模板的吊环应采用 Q235A 材质制作，对拉螺栓及螺母应采用 45 号碳素钢材质制作。

**3.2.2**　配件：垫板、穿墙螺栓及套管等。

**3.2.3**　隔离剂：甲基硅树脂、水性隔离剂等。

**3.2.4**　机具：电钻、手锤、木斧、扳手、木锯、水平尺、线坠、撬棍、吊装索具等。

**3.2.5**　钢材应符合现行国家标准《碳素结构钢》GB/T 700 的规定。

## 4　操作工艺

### 4.1　工艺流程

**4.1.1**　暗门暗窗大模板施工工艺

施工准备 → 定位放线 → 单侧大模板安装 → 门窗洞口模板 → 另一侧大模板安装 →

外墙大模板安装 → 调整模板、紧固螺栓 → 检查验收 → 浇筑混凝土 →

拆除大模板 → 模板清理

**4.1.2　明门明窗大模板施工工艺**

施工准备 → 定位放线 → 内墙大模板安装 → 门窗堵头安装 → 外墙大模板 →

调整模板、紧固螺栓 → 检查验收 → 浇筑混凝土 → 拆除大模板 → 模板清理

## 4.2　施工工艺

### 4.2.1　施工准备

**1**　施工前进行模板设计，编制模板专项施工方案，安装前进行技术交底。

**2**　模板进场后，依据模板设计核对型号、清理表面。

**3**　根据设计对模板进行编号，安装时对号入座。

**4**　就位前涂刷隔离剂。

**5**　大模板安装前，应将安装处的楼面清理干净。为防止模板缝隙偏大出现漏浆，应采取在模板下部抹找平层砂浆，待砂浆凝固后再安装模板。

### 4.2.2　楼层放线

依据工程控制桩或引测的控制点投放出楼层控制线，拉通尺引测出墙体边线和墙体控制线（一般距墙体 20cm）和门窗洞口控制线。同时引测出标高控制线（＋500mm 控制线）。

### 4.2.3　内墙剪力墙大模板安装

安装大模板时按模板编号顺序吊装就位，先安装墙体一侧的模板，按照先横墙后纵墙的安装顺序，将一侧墙模板用塔吊安装就位，用撬棍按墙位控制线调整模板位置，对称调整模板支撑架的地脚螺栓。使模板的垂直度、水平度、标高符合设计要求，然后立即拧紧地脚螺栓，放入穿墙螺栓，然后安装另一侧模板，（采用暗门暗窗做法时安装完一侧模板后先安装门窗洞口模板。）合模前检查钢筋、门窗洞口模板、水电预埋管件、穿墙套管是否遗漏，位置是否准确，安装是否牢固，并将墙内杂物清理干净。验收合格后安装另一侧墙模板，校正垂直后，用穿墙螺栓将两侧模板锁紧。模板在阴阳角、拼缝及丁字墙处接缝处在拼缝的两侧各增加一道模板定位筋，竖向间距同对拉螺杆的间距（见图 3-5）。

靠吊模板的垂直度，可采用 2m 长双"十"字靠尺检查或线坠检测，如板面不垂直或横向不水平时，必须通过支撑架地脚螺栓或模板下部的地脚螺栓进行调整。

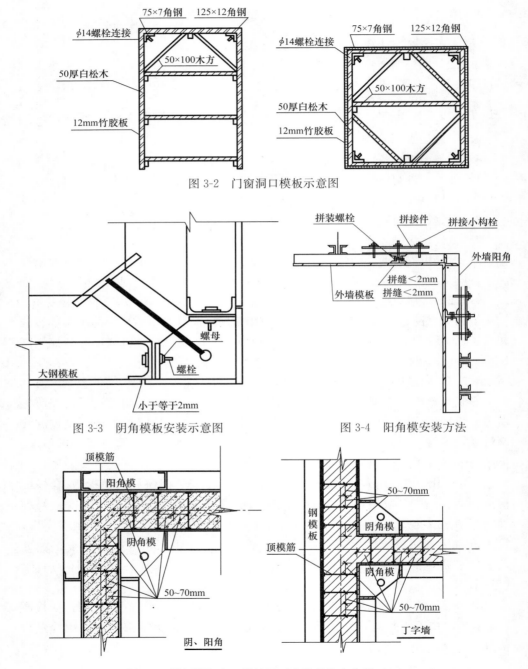

图 3-2　门窗洞口模板示意图

图 3-3　阴角模板安装示意图　　　　图 3-4　阳角模安装方法

图 3-5　模板阴阳角、拼缝及丁字墙处的定位筋（一）

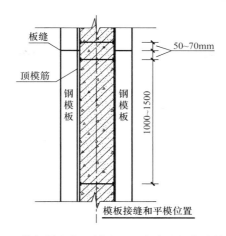

图 3-6　模板阴阳角、拼缝及丁字墙处的定位筋（二）

### 4.2.4　外墙大模板安装

外墙外模板支撑装置：外墙外侧大模板在有阳台的部位，支设在阳台上，但要注意调整好水平标高。在没有阳台的部位，要搭设支模平台架，将大模板搭设在支模平台架上。支模平台架由三角挂架、平台板、安全护身栏和安全网组成。

每开间外墙由两榀三角桁架组成一个操作平台，支撑外墙外模板。每榀桁架上部用 $\phi$38mm 直角弯头螺栓做成大挂钩，下部用 $\phi$16 螺栓做成小挂钩，通过墙上预留孔将桁架附着在外墙上。两榀桁架间用钢管拉结，组成操作平台和支撑架用。

安装大模板之前，必须安装好三角挂架和操作平台板。利用外墙上的穿墙螺栓孔，插入连接螺栓，在墙内侧放好垫板，旋紧螺母。然后将三角挂架钩挂在螺栓上，再安装操作平台板。也可将操作平台板与三角挂架预先连接为一体，进行整体安装和拆除。

放模板位置线。把下层外墙竖向控制线引至外侧模板下口，保证上下层模板安装位置准确。在外侧墙面上距层高 10cm 处弹出楼层的水平标高线，作为模板和阳台底板施工的依据。

安装外墙模板：先将外墙内侧模板就位找正，合模前检查钢筋、门窗洞模板、水电预埋管件、穿墙套管位置是否正确，安装是否牢固，并将模板内的杂物清理干净，模板就位找正后，将穿墙螺栓紧固校正，模板的连接处应严密、牢固可靠，防止出现错台和漏浆现象。

### 4.2.5　拆除大模板

在常温条件下，墙体混凝土强度必须达 1MPa 以上时方可拆模，拆模时应以同条件养护试块抗压强度为准。

**1　内墙大模板的拆除**

放松穿墙螺栓以及角模与墙体模板间的钩头螺栓，拆除穿墙螺栓与钩头螺栓等，松动地脚螺栓，使大模板与混凝土墙面逐渐脱离。脱离困难时，可在模板底部用撬棍撬动，不得在上口撬动、晃动和用大锤砸模板。

角模拆除：角模的两侧都是混凝土墙面，吸附力较大，如果施工中模板封闭不严，或者角模位移，被混凝土握裹，拆模更加困难。拆模时先将模板外混凝土剔除，用撬棍从下部撬动，将角模脱出。

门窗洞口模板拆除。先将洞口内支撑件拆除，然后将四角固定螺栓拆除，在拆除边框模板，最后拆除四角的角模。

**2　外墙大模板的拆除**

拆除室内的连接固定装置 → 拆除穿墙螺栓 → 拆除外侧相邻大模板之间的连接件 →

拆除门窗洞口模板与大模板的连接件 → 用撬棍向外侧拨动大模板，使其平移脱离墙面 →

松动大模板的地脚螺栓，使模板外倾并吊出 → 拆除内侧大模板 →

拆除门窗洞口模板 → 清理模板 → 刷脱模剂

**3**　大模板吊至存放地点时，必须一次放稳，保持自稳角为 $75°\sim80°$，大模板应定期检查维修，保证使用质量。

## 5　质量标准

### 5.1　主控项目

**5.1.1**　模板及其支架必须具有足够的强度、刚度和稳定性。其支架的支撑部分有足够的支撑面积。能可靠地承受浇筑混凝土的重量、侧压力以及施工荷载。

**5.1.2**　在涂刷模板隔离剂时，不得污染钢筋、预埋件和混凝土接槎处。

**5.1.3**　模板拆除时的混凝土强度应符合设计要求和现行国家标准《混凝土结构工程施工质量验收规范》GB 50204 的规定。

### 5.2　一般项目

**5.2.1**　大模板的下口及大模板与角模接缝处应严实，不得漏浆。模板接缝处的最大宽度不得大于 1.5mm。模板与混凝土的接触面应清理干净，隔离剂涂刷均匀，不得采用影响结构性能或妨碍装饰工程施工的隔离剂。

**5.2.2**　清水混凝土工程及装饰混凝土工程，应使用能达到设计效果的模板。

**5.2.3**　模板拆除时的混凝土强度应能保证表面及棱角不受损失。

**5.2.4**　固定在模板上的预埋件、预留孔和预留洞均不得遗漏，且应安装牢固，其组合大模板的允许偏差应符合表 3-1 的规定。

组合大模板的允许偏差（mm）　　　　　表 3-1

| 项目 | | 允许偏差 | 项目 | | 允许偏差 |
|---|---|---|---|---|---|
| 轴线位置 | | 4 | 预埋钢板中心线位置 | | 3 |
| 截面内部尺寸 | | ±2 | 预埋管、预留孔中心线位置 | | 3 |
| 层高垂直度 | 全高≤5 | 3 | 预埋螺栓 | 中心线位置 | 2 |
| | 全高＞5 | 5 | | 外露长度 | +10,0 |
| 相邻模板表面高低差 | | 2 | 预留洞 | 中心线位置 | 10 |
| 表面平整度 | | 4 | | 尺寸 | +10,0 |

注：检查方法：观察、尺量检查。检查轴线位置时，应沿纵横两个方向量测，并取其中偏差的较大值。

## 6　成品保护

**6.0.1**　吊运大模板时，应防止碰撞墙体，堆放要合理，保持板面不变形，并保持大模板本身的整洁和配套设备零件齐全。

**6.0.2**　拆除模板时按程序进行，禁止用大锤敲击和撬棍撬动大模板上口，防止混凝土墙面及门窗洞口等处出现裂纹或损坏模板。

## 7　注意事项

### 7.1　应注意的质量问题

**7.1.1**　剪力墙结构大模板安装时应特别注意找平。

**7.1.2**　墙体放线要认真调整大模板，使其误差在允许范围内；穿墙螺栓应全部穿齐、拧紧，避免墙体超厚。

**7.1.3**　浇筑混凝土时应设专人对大模板的使用情况进行观察，发生意外情况应及时处理。

**7.1.4**　为避免混凝土墙体表面黏结，大模板应严格清理，隔离剂涂刷应均匀，拆模不宜过早。

**7.1.5**　角模与大模板缝隙应严实，固定牢固，并加强检查。

**7.1.6**　安装大模板前，外墙模板、内墙楼梯和预留大孔洞等应预先做好模板支架，保证安装位置正确。

### 7.2　应注意的安全问题

**7.2.1**　拆大模板时，应先将堆积在模板上的碎石杂物等清除干净，防止拆吊模板时碎石杂物掉下伤人。

**7.2.2**　当外墙大模板挂在外墙吊脚手架上时，应先拆内模板后拆外模板，否则应先拆外模板后拆内模板。

**7.2.3** 拆模时，所有穿墙螺栓必须拆卸掉，拆卸后应检查是否有遗漏，以免吊拆时损坏起重设备及大模板。

**7.2.4** 大于六级风时，应停止吊装作业。

**7.2.5** 安放大模板时，应将调整螺栓旋至最低点，在一定的风级和高度范围内，应使大模板有足够的自稳角。

### 7.3　应注意的绿色施工问题

**7.3.1** 模板安装及拆除作业应采取控制噪声排放的措施。

**7.3.2** 模板使用的隔离剂不得在施工现场随意乱放以免污染环境。

## 8　质量记录

**8.0.1** 现浇结构模板安装工程检验批质量验收记录。

**8.0.2** 模板（后浇带）拆除工程检验批质量验收记录。

**8.0.3** 模板分项工程质量验收记录。

**8.0.4** 模架专项施工方案。

**8.0.5** 模板技术安全交底记录。

**8.0.6** 模板工程施工验收表。

**8.0.7** 拆模混凝土强度报告。

**8.0.8** 模板拆除申请表。

# 第4章 早拆模板体系

本工艺标准适用于工业与民用建筑框架结构、剪力墙结构的梁、板结构等厚度不小于 100mm 且混凝土强度等级不低于 C20 的现浇水平结构构件施工工程的早拆模板体系施工。

## 1 引用标准

《混凝土结构工程施工规范》GB 50666—2011
《混凝土结构工程施工质量验收规范》GB 50204—2015
《建筑施工脚手架安全技术统一标准》GB 51210—2016

## 2 术语

**2.0.1** 第一次拆模：在现浇混凝土水平构件达到常规拆模强度等级之前，通过技术措施提前拆除部分模架的施工方法。

**2.0.2** 模板早拆体系：在现浇混凝土水平构件施工中，支搭的能够达到早期拆模效果并能保证工程质量的一种模板支撑体系。

**2.0.3** 早拆装置：可以完成模架第一次拆除前后荷载的两种传递途径的转换装置，安装在立杆上。

**2.0.4** 早拆支架：支承模板、龙骨、早拆装置，并能实现早期拆模的一种空间支架。

**2.0.5** 支承格构：根据混凝土水平构件尺寸、混凝土强度、钢筋配置、施工环境温度等工程具体情况，通过设计计算或核算确定的立杆间距及横杆步距。

**2.0.6** 多功能脚手架：由脚手架的立杆、顶杆与横杆、三角支架通过插头、插座插卡配合，形成模板支架。

**2.0.7** 可调型组装式模板早拆柱头：由不同功能的铸件，大、小丝杠，经过在工装胎具上焊接装配而成。

## 3 施工准备

### 3.1 作业条件

**3.1.1** 编制早拆模板施工方案，其中应明确：

**1** 早拆体系模板类型选择；

**2** 支撑体系类型选择，应验算钢筋混凝土冲切承载力，以确定支柱的间距；

**3** 早拆体系模板支拆方案；

**4** 顶板排模图的确定。

**3.1.2** 组织图纸会审，了解早拆柱头及其配套产品的名称及使用方法，检查早拆柱头配件数量是否齐全。

**3.1.3** 组织操作人员对早拆柱头及其配套产品的使用进行技术交底。

**3.1.4** 顶板模板采用定型组合钢模、钢框胶合板模板或无边框胶合板模板时，不同体系模板应采用相应技术措施，保证模板的正常使用。

**3.1.5** 施工前在墙或柱上弹出模板标高的水平线，在楼面上弹出模板钢支顶的位置线。

**3.1.6** 若面板为定型钢模板应把模板板面及孔口、侧棳都清理干净，涂刷好隔离剂分规格堆放整齐。

**3.1.7** 若面板采用胶合板，合理布板，遵循尽量采用整张胶合板的原则，并且木工棚及加工设施齐全到位。

**3.1.8** 安装预留预埋所需使用的水、电、照明设施全部到位。

## 3.2 材料及机具

**3.2.1** 早拆体系使用的钢管应采用现行国家标准《直缝电焊钢管》GB/T 13793 或《低压流体输送用焊接钢管》GB/T 3091 中规定的 Q235 普通钢管，钢管的钢材质量应符合现行国家标准《碳素结构钢》GB/T 700 中 Q235 级钢的规定。

**3.2.2** 早拆体系使用的与钢管连接所用的扣件应采用可锻铸铁制作的扣件，其材质应符合现行国家标准《钢管脚手架扣件》GB 15831 的规定；采用其他材料制作的扣件，应经有效的试验证明其质量符合该标准的规定后方可使用。

**3.2.3** 模板早拆体系立杆杆件可采用插卡式、碗扣式、独立钢支撑等形式，杆件加工及早拆装置加工尚应符合相关国家材料加工标准及焊接标准，当采用调节丝杠时，丝杠直径不宜小于 33mm。

**3.2.4** 模板及钢楞，模板可选用组合钢模板、钢框人造板模板及多层胶合板；钢楞，可根据现场实际情况，选用方木、钢管或桁架。

**3.2.5** 8～10 号铁丝、木楔、铁钉、隔离剂、封口漆、海绵条等。

**3.2.6** 机具：起重机械、电锯、平刨、压刨、墨斗、活动扳子、撬棍、吊装索具、斧子、手锯以及经纬仪、水准仪、水平尺、线坠、钢卷尺、靠尺、盒尺等。

## 4　操作工艺

### 4.1　工艺流程

早拆体系的设计 → 早拆体系的安装 → 早拆体系的拆除

### 4.2　早拆体系的设计

**4.2.1**　早拆体系应由专业技术人员根据混凝土结构形式、平面布局、净空尺寸、水平构件尺寸、混凝土强度、钢筋配置，结合现场施工进度计划、施工季节等具体情况进行设计。

**4.2.2**　模板早拆体系首先进行支承格构设计，明确立杆位置、间距、水平杆步距，构配件种类、规格、数量，第一次拆模后应保留的立杆、水平杆、早拆装置等。

**4.2.3**　模板早拆体系第一次拆模后应保留的立杆间距应不大于 2m。

**4.2.4**　模板早拆体系支承格构高度大于 4m 时，保留支撑应形成空间稳定体系。

**4.2.5**　根据上述条件绘制模板施工配置图（注明第一次拆除部分、保留部分）、模架安装图，作出材料用量表。

**4.2.6**　梁底模支撑应采用独立系统，不影响梁侧模、梁两侧楼板早期拆模。

**4.2.7**　将梁下立杆及板下立杆进行有效拉结，在模板早拆前形成空间稳定结构。

**4.2.8**　对危险性较大的模架体系安全应进行验算，必要时，应组织专家进行论证。

### 4.3　早拆体系的安装

**4.3.1**　施工前应认真熟悉施工方案，进行技术交底，培训作业人员，严格按照方案要求进行支模，严禁随意支搭。

**4.3.2**　模板安装前，立杆位置应准确，立杆、横杆形成的支撑格构要方正，构配件联结牢固，支撑格构体系必须设置双向扫地杆。

**4.3.3**　安装现浇水平结构的上层模板及其支架时，常温施工在施层下应保留不少于两层支撑，特殊情况可经计算确定，上、下层支架的立杆应对准，并铺设垫板，垫板平整，无翘曲，保证荷载有效通过立柱进行传递。

**4.3.4**　早拆装置处于工作状态时，立杆须处于垂直受力状态。

**4.3.5**　调节丝杠插入立杆孔内的安全长度要符合早拆体系施工方案的最小要求，不得任意上调。

**4.3.6**　铺设模板前，利用早拆装置的调节丝杠将主次楞及早拆柱头板调整到指定标高，避免虚支，保证拆模后支撑处的顶板平整。

**4.3.7**　模板铺设按施工方案执行，位置应准确，确保模板能够实现早拆。

**4.3.8**　框架结构的早拆支撑架构体系宜和框架柱进行可靠连接。

**4.3.9**　结构梁底支架应形成能提前拆除梁侧模的结构支架，梁下支架应符合支模方案的要求。

### 4.4　早拆体系的拆除

**4.4.1**　早拆体系的拆除指的是模架的第一次拆除，模架的第二次拆除应符合《混凝土结构工程施工规范》GB 50666—2011 的规定。

**4.4.2**　混凝土试块的留置，除按现行国家标准《混凝土结构工程施工质量验收规范》GB 50204 规定要求留置外，应增设不少于 1 组与混凝土同条件养护的试块，用于检验第一次拆模时的混凝土强度。

**4.4.3**　现浇钢筋混凝土楼板第一次拆模强度由同条件养护试块试压强度确定，当试块强度不低于 10MPa 时方可拆模，且常温施工阶段现浇钢筋混凝土楼板第一次拆模时间不得早于混凝土初凝后 3d。

**4.4.4**　上层竖向构件模板拆除运走后，在施层无过量堆积荷载方可进行下层模板拆除。

**4.4.5**　支撑结构在模板早拆前应形成空间稳定结构，在第一次拆模前，不应受到拆除拉杆一类的扰动，更不能使结构先期承担部分自身荷载，模板第一次拆除过程中，严禁扰动保留部分模架及构配件的支撑原状，严禁拆掉再回顶的操作方式。

**4.4.6**　模板拆除前应办理拆模申请，经项目技术负责人批准后方可进行第一次模板拆除。

**4.4.7**　模板及其支架的拆除顺序及安全措施严格执行模板早拆体系施工方案的规定。

## 5　质量标准

### 5.1　主控项目

**5.1.1**　模板及其钢支撑必须有足够的强度、刚度、稳定性，其支顶的支撑部分必须有足够的支撑面积，能可靠的承受浇筑混凝土的重量以及施工荷载；如安装在基土上，基土必须坚实，并有排水设施，对湿陷性黄土，必须有防水措施，对冻胀性土，必须有防冻融措施。

**5.1.2**　安装上层模板及其支撑时，下层楼板应具有承受上层荷载的承载能力，上下层支撑应对准，并铺设垫板。

**5.2　一般项目**

**5.2.1**　模板与混凝土接触面应清理干净、涂刷隔离剂，使用的隔离剂不得影响结构工程及装修工程质量。

**5.2.2**　对跨度大于或等于 4m 的现浇钢筋混凝土梁、板，其模板应按设计要求起拱，设计无具体要求时宜按 1‰～3‰起拱。

**5.2.3**　早拆模板安装允许偏差应符合表 4-1 的规定。

早拆模板安装允许偏差（mm）　　　　　　　　　　　　　表 4-1

| 序号 | 项目 | 允许偏差 | 检验方法 |
|------|------|----------|----------|
| 1 | 支撑立柱垂直度允许偏差 | ≤层高的 1/300 | 吊线、钢尺检查 |
| 2 | 上下层支撑立杆偏移量允许偏差 | ≤30mm | 钢尺检查 |
| 3 | 早拆柱头板与次楞间高差 | ≤2mm | 水平尺＋塞尺检查 |

# 6　成品保护

**6.0.1**　拆除模板时禁止用大锤硬砸乱撬，严禁抛掷，防止混凝土出现裂纹和损坏模板。

**6.0.2**　模板每次使用后应及时清理板面，涂刷隔离剂。

**6.0.3**　模板支撑体系不应直接支撑在楼板上，应加垫板。

**6.0.4**　工作面已安装完毕的模板，不准在吊运其他模板时碰撞，不可做临时堆料和作业平台，以保证支架的稳定，防止平面模板标高和平整产生偏差。

# 7　注意事项

**7.1　应注意的质量问题**

**7.1.1**　刷过隔离剂的模板遇雨淋或其他因素失效后必须补刷，使用的隔离剂不得影响结构工程及装修工程质量。

**7.1.2**　根据混凝土强度的增长情况，确定楼板的拆模时间和支撑保留时间，拆模过早未按同条件试块强度要求拆除，容易造成顶板混凝土产生裂纹或者顶板挠度加大造成下沉。

**7.1.3**　模板拆除时，不应对楼层形成冲击荷载。

**7.1.4**　模板拼缝处接缝严密，保证该处节点不跑浆。

**7.2　应注意的安全问题**

**7.2.1**　进入现场必须戴安全帽，高空作业必须系安全带。

**7.2.2**　支模过程中如中途停歇，应将已就位的构件连接牢固，不得空架浮搁；拆模间歇时应将已松开浮搁的构件拆下运走，防止坠落伤人；拆模时应在水平撑上铺脚手板，不得直接踩在水平拉杆上。

**7.2.3**　工作前应先检查使用的工具是否牢固，扳手等工具必须用绳链系挂在身上，以免掉落伤人；工作时注意脚底，防止钉子扎脚和空中滑落。

**7.2.4**　施工中传递模板、工具应用运输工具或绳子系牢后升降，不得乱扔，轻拿轻放；拆模时，要求设专人监控，避免坠物伤人。

**7.2.5**　加工时，必须遵守机械使用的规章制度，现场动火必须严格遵守现场动火管理规定，防止事故发生。

**7.3**　应注意的绿色施工问题

**7.3.1**　搭设和拆除模板、支撑时产生的噪声、扬尘应有效控制。

**7.3.2**　拆除的模板和支架宜分散堆放并及时清运。

# 8　质量记录

**8.0.1**　模板专项施工方案。

**8.0.2**　拆模申请单。

**8.0.3**　拆模混凝土试块试验报告。

**8.0.4**　现浇结构模板安装工程检验批质量验收记录。

**8.0.5**　模板拆除工程检验批质量验收记录。

**8.0.6**　模板分项工程质量验收记录。

**8.0.7**　安全技术交底记录。

# 第5章 液压滑动模板

本工艺标准适用于现浇钢筋混凝土剪力墙结构、框剪结构高层建筑和筒壁结构构筑物的液压滑升模板施工。

## 1 引用标准

《液压滑动模板施工安全技术规程》JGJ 65—2013
《钢框胶合板模板技术规程》JGJ 96—2011
《滑动模板工程技术规范》GB 50113—2005
《冷弯薄壁型钢结构技术规范》GB5 0018—2002
《建筑机械使用安全技术规程》JGJ 33—2012
《建筑现场临时用电安全技术规范》JGJ 46—2005
《建筑施工高处作业安全技术规范》JGJ 80—2016
《滑模液压提升机》JG/T 93—1999
《钢结构设计规范》GB 50017—2014
《建筑工程施工质量评价标准》GB/T 50375—2016
《混凝土结构工程施工质量验收规范》GB 50204—2015
《钢筋混凝土筒仓施工与质量验收规范》GB 50669—2011
《钢结构工程施工质量验收规范》GB 50205—2001
《木结构设计标准》GB 50005—2017

## 2 术语（略）

## 3 施工准备

### 3.1 作业条件

**3.1.1** 根据工程结构特点及滑模工艺的要求，编制了滑模施工组织设计或施工方案，并经过审批。

**3.1.2** 滑升结构部位以下的基础工程或结构工程已经完成，经检验符合设计要求及施工规范规定。

**3.1.3** 水源、电源已经接通，电源应保证连续供电，施工道路畅通。

**3.1.4**　一次连续滑升所需材料，机具和配件已进场。

**3.1.5**　混凝土搅拌所用材料进场并经检验合格。

## 3.2　材料及机具

**3.2.1**　钢筋应符合设计要求及现行国家标准《钢筋混凝土用钢　第2部分：热轧带肋钢筋》GB 1499.2等标准的要求。

**3.2.2**　电焊条、焊药等应符合国家现行标准的规定。

**3.2.3**　机具

**1**　钢筋机械：调直机、切断机、弯曲机、电渣压力焊机等；

**2**　混凝土机械：搅拌机、插入式振捣器、平板式振捣器；

**3**　垂直运输机械：塔式起重机、施工电梯、井架、无井架提升设备、卷扬机、混凝土输送泵、布料机等；

**4**　提升设备：$\phi 25$圆钢或$\phi 48$焊接钢管支撑杆、液压控制台（含液压油泵）、穿心式液压千斤顶、高压油管、分油器、限位卡等；

**5**　模板系统：钢模板、围圈、提升架、桁架、托架、钢木龙骨、平台铺板等；

**6**　安全设施：吊架、三脚架、架板、栏杆、安全信号、标志等；

**7**　其他机具：钻床、电钻、电弧焊机、扳手、水平仪、经纬仪、激光经纬仪或铅垂仪、线坠、铁锹、铁板、木抹子、铁抹子、对讲机等。

## 4　操作工艺

### 4.1　工艺流程

液压滑升模板设计 → 滑模装置组装 → 模板滑升及调整控制 →

水平构件施工 → 滑模装置拆除

### 4.2　滑升模板设计

**4.2.1**　设计荷载分为永久荷载（恒荷载）和变荷载（活荷载）：

永久荷载（恒荷载）：包括模板、围圈、提升架操作平台、液压系统的自重，以及由操作平台支撑的吊脚手架、随升井架及附件等的自重。

可变荷载（活荷载）：包括操作平台上的人员、材料及可移动机械工具重量、混凝土与模板的摩擦力、振捣混凝土时的侧压力、浇筑混凝土时模板承受的冲击力、随升起重设备刹车制动力、风荷载等。

**4.2.2**　普通型钢受力构件的设计应符合现行国家标准《钢结构设计规范》GB 50017的规定，冷弯薄壁型钢受力构件的设计应符合现行国家标准《冷弯薄壁型钢结构技术规范》GB 50018的规定，木材受力构件的设计应符合现行国家标准《木结构设计标准》GB 50005的规定。

**4.2.3**　操作平台的形式应视工程具体情况而定。操作平台应与提升机架、围圈和模板连接成整体，具有足够的强度、刚度和整体稳定性。

**1**　烟囱的操作平台，可由三脚架、环梁和上料井架组成空间稳定的构架；

**2**　圆形筒仓的操作平台，可由三脚架、环梁和拉力环或辐射梁，或由双向桁架组成；

**3**　方形筒仓或剪力墙、剪力墙结构的操作平台，可由单向桁架加支撑或双向桁架组成。

**4.2.4**　千斤顶的布置应受力均衡，并尽量避免布置在洞口及梁上。一般布置方式为：

**1**　筒壁或剪力墙结构，可采取均匀布置；

**2**　烟囱等变截面结构，可采取双或单双间隔布置；

**3**　框架剪力墙结构，当采用小吨位千斤顶时宜集中布置在柱内，当采用大吨位千斤顶时宜在体外均衡布置。

**4.2.5**　支撑杆的允许承载力应按压杆稳定计算，安全系数取值应不小于 2.0。

**4.2.6**　提升架的形式应根据所处位置的结构断面形式和尺寸、施工需要等确定。

**4.2.7**　液压控制台的位置应适中，油路布置力求均衡，以保持千斤顶压力一致。油路布置宜采用多级并联方式。

**4.3**　**滑模装置组装**

**4.3.1**　滑模装置主要包括模板系统、操作平台系统、提升机具系统三部分，如图 5-1 所示。

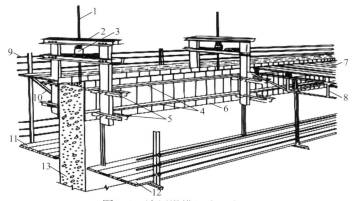

图 5-1　液压滑模组成示意图

1—支撑杆；2—提升架；3—液压千斤顶；4—围圈；5—围圈支托；6—模板；7—操作平台；
8—平台桁架；9—栏杆；10—外挑三脚架；11—外吊脚手；12—内吊脚手；13—混凝土墙体

### 4.3.2 模板系统

**1 模板**

模板按其材料不同有钢模板、木模板、钢木组合模板等，一般以钢模板为主。

**2** 采用小钢模作模板时，滑模装置的组装顺序为：

找平放线 → 提升架 → 内外围圈 → 绑扎竖向钢筋和提升架横梁下水平钢筋 →

模板 → 操作平台 → 液压提升机系统、动力及照明线路、控制线路信号 →

编制标志、调试 → 插入支撑杆 → 模板滑升至适当高度，安装吊脚手架

**3** 采用中型钢模模板时，滑模装置的组装顺序为：

找平放线 → 绑扎竖向钢筋和提升架横梁下水平钢筋 → 模板 → 提升架 →

操作平台 → 液压提升机系统、动力及照明线路、控制线路信号 →

编制标志、调试 → 插入支撑杆 → 模板滑升至适当高度，安装吊脚手架

**4** 安装好的模板应具有上口小、下口大的倾斜度，一般单面斜度为 $0.1\%\sim$
$0.5\%$，通常以模板中部或模板上口以下 2/3 模板高度处的净距为结构截面宽度。

**5** 液压系统安装完毕，应进行试运转，先充油排气，然后加压至 10kPa，
重复数次，直至正常。

### 4.3.3 围圈

**1** 围圈的主要作用：使模板保持组装好后的形状，并将模板和提升架连接
成整体；

**2** 围圈应有一定的强度和刚度，一般可采用角钢∟70～∟80，槽钢〔8～〔10
制作；

**3** 围圈与连接件及围圈桁架构造如图 5-2 所示。

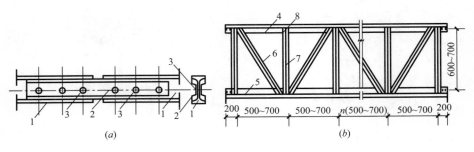

图 5-2 围圈与连接件及围圈桁架构造示意图

（a）围圈与连接件；（b）围圈桁架构造

1—围圈；2—连接件；3—螺栓孔；4—上围圈；5—下围圈；6—斜腹杆；7—垂直腹杆；8—连接螺栓

### 4.3.4　提升架

**1**　提升架的作用：主要是控制模板和围圈由于混凝土侧压力和冲击力而产生的向外变形，承受作用在整个模板和操作平台上的全部荷载，并将荷载传递给千斤顶。同时，提升架又是安装千斤顶，连接模板、围圈以及操作平台形成整体的主要构件；

**2**　提升架的构造形式：在满足以上作用要求的前提下，结合建筑物的结构形式和提升架的安装部位，可以采用不同的形式；

**3**　不同结构部位的提升构造示意图如图 5-3 所示。

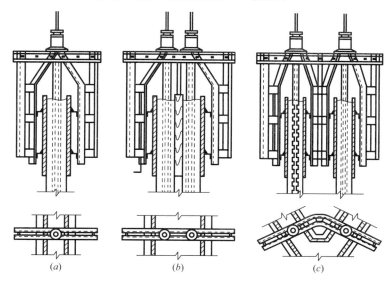

图 5-3　不同结构部位提升架构造示意图

（*a*）单墙体；（*b*）伸缩缝处墙体；（*c*）转角处墙体

**4.3.5**　操作平台系统主要包括：主操作平台、外挑操作平台、吊脚手架等。在施工需要时，还可设置上辅助平台。它是提供材料、工具、设备堆放和施工人员操作的场所，如图 5-4 所示。

### 4.3.6　提升机具系统

**1**　提升机具系统的组成：支承杆、液压千斤顶及液压控制系统（液压控制台）和油路等。

**2**　提升机具系统的工作原理：由电动机带动高压油泵，将油液通过换向阀、分油器、截止阀及管路送给各千斤顶，在不断供油回油的过程中使千斤顶的活塞不断地被压缩、复位，通过千斤顶在支承杆上爬升而使木板装置向上滑升。液压控制装置原理如图 5-5 所示。

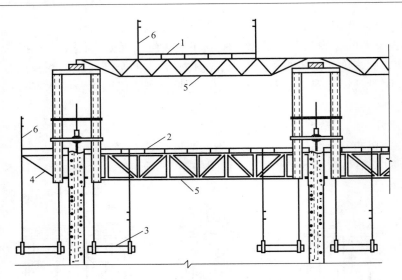

图 5-4　操作平台系统示意图

1—上辅助平台；2—主操作平台；3—吊脚手架；4—三角调架；5—承重桁架；6—防护栏杆

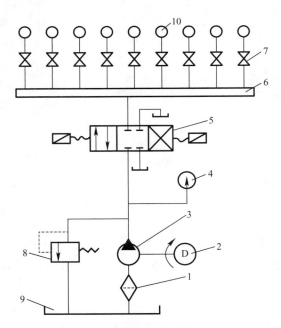

图 5-5　提升系统液压控制装置原理图

1—滤油器；2—单向回转交流电动机；3—油泵；4—压力表；5—换向电磁阀；

6—分油器；7—截止阀；8—溢流阀；9—油箱；10—千斤顶

#### 4.4 模板滑升及调整控制

**4.4.1** 钢筋下料长度，水平筋一般不超过 7m，竖向筋直径小于或等于 12mm 时，其长度不宜超过 6m，或按层高下料。每个混凝土浇筑层浇筑后，应至少保留一道绑扎好的水平筋或箍筋。

**4.4.2** 混凝土的初凝时间应与滑模速度相适应。混凝土应按厚度 200～300mm 均匀分层浇筑，浇筑层一般应低于模板上口以下 50mm，同时应有计划地变换浇筑方向，且尽量做到厚壁处、背阴处先浇筑，薄壁处、阳光直晒处后浇筑。混凝土振捣时，不得振动支撑杆、钢筋和模板。提升模板时，不准振捣混凝土。

**4.4.3** 支撑杆接头应错开四个高度，间距不小于 500mm。接头采用平头对接、剖口对接、榫接或丝扣连接，在千斤顶通过接头部位后，应及时对接进行焊接加固。

**4.4.4** 初滑前，模板内的混凝土应分层浇筑至约 700mm 高，待最下层混凝土具有 0.2～0.4MPa 强度时，可提升 3～5 个行程，并对模板结构和液压提升系统进行一次检查，一切正常后可进入正常滑升。初升阶段的混凝土浇筑工作一般应在 3h 内完成。

**4.4.5** 正常滑升时，钢筋绑扎、支撑杆接长、洞口支模、埋件埋管、混凝土浇筑、模板滑升应交替进行。滑升速度以每小时 200～300mm 为宜。当滑升速度较慢时，其滑升间隔时间一般不宜超过 1h；当气温较高时，不宜超过 0.5h。

**4.4.6** 滑升过程中，千斤顶应保持均匀同步爬升，要求各千斤顶的最大标高差不得超过 40mm，相邻两提升架上的千斤顶标高差不得大于 20mm。为控制千斤顶爬升标高差，可根据千斤顶爬升标高行程相差状况，在支撑杆上每 250～500mm 装设限位卡调平一次。

**4.4.7** 随时检查结构垂直偏差、支撑杆和滑模装置的工作状况，如发现异常，应及时进行调平、纠偏和加固处理。垂直度偏差的纠正，一般采用倾斜操作平台、设置纠偏顶轮等方法。

**4.4.8** 滑模构件间断性变截面，一般采用丝杠调整模板位置或局部重新组装模板的方式实施。滑模构件连续变截面，一般采用丝杠调整模板收分，应每提升一个浇筑层收分一次，一次收分量不宜大于 10mm。

**4.4.9** 当浇筑水平构件或其他施工原因不能连续滑升时，应采取空滑或停滑措施。混凝土应浇筑至规定标高或同一水平面，模板每隔一段时间提升几个行程；停滑时，模板与混凝土不在黏结，且应保持有 1/3 模板高度的混凝土与模板接触；空滑时，模板底应滑至规定高度。

#### 4.5 水平构件施工

采用模板施工的建（构）筑物水平构件，一般为梁、板、漏斗、牛腿等，水平构件可按常规方法施工。水平构件与竖向构件连接部位的处理方式有：

**4.5.1**　滑升模板空滑，梁留梁窝，竖向构件在水平构件位置留施工缝。

**4.5.2**　竖向构件，连续滑升，厚板、牛腿等间隔留键孔。

**4.5.3**　竖向构件连续滑升，梁留梁窝，板留胡子筋。

**4.5.4**　竖向构件连续滑升，梁留梁窝，板留键槽或间隔留键孔。

### 4.6　滑模装置拆除

滑模装置的拆除方法有散件拆除法、分段整体拆除法和地面解体法，可根据起重设备性能决定。拆除顺序一般为：

$$\boxed{\text{控制台、油路}} \rightarrow \boxed{\text{操作平台上的物品、器具、铺板}} \rightarrow$$

$$\boxed{\text{吊脚手架、支撑、桁架、外挑三脚架}} \rightarrow \boxed{\text{围圈、模板、提升架及千斤顶}}$$

## 5　质量标准

### 5.1　主控项目

**5.1.1**　滑升模板及其支架、操作平台必须具有足够的强度、刚度和稳定性。

**5.1.2**　混凝土工程、钢筋工程的主控项目质量标准应符合现行国家标准《混凝土结构工程质量验收规范》GB 50204 的规定。

### 5.2　一般项目

**5.2.1**　混凝土工程、钢筋工程的一般项目质量标准应符合现行国家标准《混凝土结构工程质量验收规范》GB 50204 的规定。

**5.2.2**　模板装置组装和滑模施工工程结构的允许偏差应符合表 5-1 和表 5-2 的规定。

模板装置组装允许偏差（mm）　　　　表 5-1

| 项目 | | 允许偏差 | 项目 | | 允许偏差 | 检查方法 |
|---|---|---|---|---|---|---|
| 模板结构轴线与相应结构轴线位置 | | 3 | 考虑倾斜度后模板尺寸 | 上口 | −1 | 尺量 |
| 围圈位置 | 水平方向 | 3 | | 下口 | +2 | 尺量 |
| | 垂直方向 | 3 | 千斤顶安装位置 | 提升架平面内 | 5 | 尺量 |
| 提升架垂直度 | 平面内 | 3 | | 提升架平面外 | 5 | 尺量 |
| | 平面外 | 2 | 圆模直径、方模边长尺寸 | | −2，−3 | 尺量 |
| 安装千斤顶的提升架横梁相对标高 | | 5 | 相邻两块模板平面平整 | | 1.5 | 尺量 |

滑模施工工程混凝土结构的允许偏差（mm）　　　　表 5-2

| 项目 | | 允许偏差 | 检查方法 |
|---|---|---|---|
| 轴线间的相对位移 | | 5 | 尺量 |
| 圆形筒体结构 | 半径 ≤5m | 5 | 尺量 |
| | 半径 >5m | 半径的 0.1%，不得大于 10 | 尺量 |

续表

| 项目 | | | 允许偏差 | 检查方法 |
|---|---|---|---|---|
| 标高 | 每层 | 高层 | ±5 | 尺量 |
| | | 多层 | ±10 | 尺量 |
| | 全高 | | ±30 | 尺量 |
| 垂直度 | 每层 | 层高小于或等于5m | 5 | 尺量 |
| | | 层高大于5m | 层高的0.1% | 尺量 |
| | 全高 | 高度小于10m | 10 | 尺量 |
| | | 高度大于或等于10m | 高度的0.1%，不得大于30 | 尺量 |
| 墙、柱、梁、壁截面尺寸偏差 | | | +8，−5 | 尺量 |
| 表面平整<br>（2m靠尺检查） | 抹灰 | | 8 | 尺量 |
| | 不抹灰 | | 5 | 尺量 |
| 门窗洞口及预留洞口位置偏差 | | | 15 | 尺量 |
| 预埋件位置偏差 | | | 20 | 尺量 |

## 6 成品保护

**6.0.1** 振捣混凝土时，振捣棒尽量避免振动钢筋、模板及构件，以免钢筋位移、模板变形或埋件脱落。模板滑升时，不得振捣混凝土。

**6.0.2** 未浇筑楼板混凝土前，不得随意踩踏楼板负弯矩钢筋、悬挑钢筋，当钢筋密集或其他原因影响滑升时，严禁少放或烧割钢筋。

**6.0.3** 液压千斤顶、分油器、油管连接处应经常检查维修，及时更换漏油千斤顶、分油器及破损油管，避免液压油污染钢筋和混凝土。

**6.0.4** 混凝土出模后，及时进行表面修整，浇水养护。

## 7 注意事项

### 7.1 应注意的质量问题

**7.1.1** 混凝土构件拉裂：主要原因是模板倒锥、模板不平不光滑、模板滑升间隔时间过长等使模板与混凝土黏结。

**7.1.2** 混凝土表面穿裙：模板锥度过大引起。

**7.1.3** 混凝土外观不佳：主要原因是模板清理不干净、模板滑升时混凝土未达到出模强度。

**7.1.4** 混凝土浇筑时，阳角处混凝土应比其他部位略高，避免泌水等原因造成混凝土阳角掉角。

**7.1.5** 混凝土出模后软硬不均：未按等厚分层均匀浇筑，混凝土从入模至出模时间相差过大。

**7.1.6**　结构垂直度不易控制：主要原因有操作平台上堆料不均，千斤顶布置不合理或油压不均匀引起千斤顶受力不均、行程不一致，未用限位卡调平，混凝土浇筑时分层厚度不准，未有计划变换调整浇筑方向等。

**7.2　应注意的安全问题**

**7.2.1**　操作平台上应设置可靠的消防、避雷、通信及供施工人员方便上下的设施。

**7.2.2**　操作平台上的施工荷载应均匀对称，严禁超载。

**7.2.3**　采用空滑方案施工时，必须经过设计计算，采取可靠的加固措施。

**7.2.4**　操作平台上设置随升井架，采用吊笼运输人员及材料时，吊笼两侧应设置钢丝绳柔性滑道。吊笼上必须设置可靠安全的刹车装置，必须设置吊笼自行停靠装置。井架上必须设置限位器，防止冒顶。

**7.2.5**　施工现场应有足够的照明，操作平台上应用36V低压照明。供电线路应采用通用电缆。

**7.2.6**　凡患有高血压、心脏病、癫痫病者，不得参与滑模高空作业。

**7.2.7**　滑模装置组装好后，必须进行认真的检查验收，合格后方可使用。检查重点是滑模装置的节点连接、整体刚度、稳定性，以及液压提升系统。

**7.2.8**　操作平台周边、吊脚手架周边必须设置栏杆、挡脚板、底边必须设置密目安全网。

**7.2.9**　滑模施工的建筑物、构筑物周边必须设置安全防护区。防护区周边设栏杆和标志，严禁非操作人员入内。施工人员必须戴安全帽，施工出入口应设置安全防护棚。

**7.2.10**　遇六级以上大风及雷雨时，应立即停止施工。夜间施工突然停电，应由指挥人员统一指挥撤离。

**7.2.11**　拆除滑模装置应制定专门的拆除方案。拆除时，必须由起重工统一指挥。

## 8　质量记录

**8.0.1**　原材料合格证、出厂检验报告和进场复验报告。

**8.0.2**　滑模装置组装质量验收记录。

**8.0.3**　钢筋接头力学性能试验报告。

**8.0.4**　钢筋加工检验批质量验收记录。

**8.0.5**　钢筋安装工程检验批质量验收记录。

**8.0.6**　钢筋隐蔽工程检查验收记录。

**8.0.7**  钢筋分项工程质量验收记录。

**8.0.8**  混凝土配合比通知单。

**8.0.9**  混凝土原材料及配合比设计检验批质量验收记录。

**8.0.10**  混凝土施工检验批质量验收记录。

**8.0.11**  混凝土试件强度试验报告。

**8.0.12**  滑模施工工程结构质量验收记录。

**8.0.13**  混凝土分项工程质量验收记录。

**8.0.14**  其他技术文件。

# 第6章 密 肋 模 壳

本工艺标准适用于由薄板及单向或双向密肋梁组成的现浇钢筋混凝土密肋楼板模壳的安装与拆除施工。

## 1 引用标准

《混凝土结构工程施工规范》GB 50666—2011
《混凝土结构工程施工质量验收规范》GB 50204—2015
《建筑工程施工质量验收统一标准》GB 50300—2013
《建筑施工脚手架安全技术统一标准》GB 51210—2016

## 2 术语

**2.0.1** 密肋楼板：纵向或横向设有较多支撑肋的钢筋混凝土结构板。
**2.0.2** 模壳：采用塑料、玻璃钢等材料加工成的定型模具。

## 3 施工准备

### 3.1 作业条件

**3.1.1** 熟悉设计图纸，并根据工程实际情况，选择适应的模壳。
**3.1.2** 根据密肋楼板设计尺寸和模壳施工工艺绘制配模图，并编制模板工程施工方案。
**3.1.3** 对施工人员进行技术交底。
**3.1.4** 在图纸会审后，根据楼板进行排板，并画好安装示意图。
**3.1.5** 模板涂刷脱模剂并分规格堆放。
**3.1.6** 施工前在墙或柱上弹控制模板标高的水平线，在混凝土楼地面上弹模板钢支柱的位置线。
**3.1.7** 模板体系的各种材料应齐备。

### 3.2 材料及机具

**3.2.1** 模壳：塑料模壳（以改性聚丙烯塑料为基材，采用模压注塑成型工艺制成），玻璃钢模壳（以方格中碱玻璃丝布作为增强材料，以不饱和聚酯树脂为粘结材料，手糊成型）。

**3.2.2** 支撑：钢支柱支撑系统，钢支柱、桁架梁支撑系统，门式架支撑系统。

**3.2.3** 机具：电钻、气泵、钢卷尺、水平尺、扳手、锤子、撬杠等。

## 4　操作工艺

### 4.1　工艺流程

支撑系统安装 → 模壳安装 → 混凝土浇筑 → 模壳拆除 → 支撑系统拆除

### 4.2　支撑系统安装

**4.2.1** 钢支柱的基底应平整坚固，柱底垫通长垫木，楔子楔紧，并用钉子固定。

**4.2.2** 支柱的平面布置应设在模壳的四角点支撑上，对于大规格的模壳，主龙骨支柱可适当加密。

**4.2.3** 按照设计标高调整支柱高度，支柱高度超过 3.5m 时，每隔 2m 设置纵横水平拉杆一道；当采用碗扣架时应每隔 1.2m 设置水平拉杆一道，以增加支柱稳定性并可作为操作架子。

**4.2.4** 用螺栓将龙骨托座（或柱头板）安装在支柱顶板上。

**4.2.5** 龙骨放置在托座上，找平调直后安装 L50×5 钢（或将桁架梁两端之舌头挂在柱头板上），安装龙骨或桁架梁时应拉通线控制，以保证间距准确。

**4.2.6** 模壳的施工荷载控制在 $25\sim30N/mm^2$。

### 4.3　模壳安装

**4.3.1** 模壳排列原则：在一个柱网内，由中间向两边排列，边肋不能使用模壳时，用木模板嵌补。

**4.3.2** 在梁侧模板上分出模壳位置线，根据已分好的模壳线，将模壳依次排放在主龙骨两侧角钢上（或桁架梁的翼缘上）。

**4.3.3** 相邻模壳之间接缝处宜铺海绵条或胶带将缝隙粘贴严实，防止漏浆。

**4.3.4** 模壳安装好以后应涂刷一遍隔离剂。

### 4.4　混凝土浇筑

**4.4.1** 混凝土根据设计要求配制，骨料宜选用粒径为 5～20mm 的石子和中砂，并根据季节温差选用不同类型的减水剂。

**4.4.2** 混凝土浇捣应垂直于主龙骨方向进行，密肋部位宜采用 $\phi30mm$ 或 $\phi50mm$ 插入式振捣器振捣，板用平板振捣器，以保证混凝土质量。

**4.4.3** 密肋楼板板面较薄，一般为 50～100mm，因此为防止混凝土水分过早蒸发，早期宜采用塑料薄膜等覆盖的养护方法，防止裂缝的产生。

### 4.5　模壳拆除

**4.5.1** 一般规定

**1** 对于支柱跨度间距小于等于 2m，混凝土强度达到设计强度的 50% 时，可拆除模壳；支柱跨度大于 2m，小于等于 8m 时，混凝土强度达到设计强度的 75% 时，方可拆除模壳；支柱跨度大于 8m 时，混凝土强度达到设计强度的 100% 时，方可拆除模壳；

**2** 拆模时先敲下销钉，拆除角钢（敲击柱头板的支持楔，拆下桁架梁）；

**3** 用撬杠轻轻撬动，拆下模壳，传运至楼地面，清理干净，涂刷脱模剂，再运至堆放地点放好；

**4** 拆除前填报拆模申请并经批准。

**4.5.2** 气动拆模工艺

**1** 将耐压胶管安装在气泵上，胶管的另一端安上气枪；

**2** 气枪嘴对准模壳进气孔，开动气泵（空气压力 0.4～0.6MPa），压缩空气进入模壳与混凝土的接触面，促使模壳脱开；

**3** 取下模壳，运至楼地面，如果模壳边与龙骨接触面处有少许漏浆，用撬杆轻轻撬动即可取下模壳。

### 4.6  支撑系统拆除

**4.6.1**  混凝土的强度必须达到规定的拆模强度，才能拆除支架。

**4.6.2**  拆除支撑时，先拆除龙骨（或拆除桁架梁），再拆除水平拉杆，最后拆除立柱。

## 5  质量标准

### 5.1  主控项目

**5.1.1**  安装现浇结构的上层模板及其支架时，下层楼板具有承受荷载的承载能力，或加设支架；上、下层支架应对准，并铺设垫板。

**5.1.2**  在涂刷模板隔离剂时，不得沾污钢筋和混凝土接槎处。

### 5.2  一般项目

**5.2.1**  模板安装应满足下列要求：

**1**  模板的接缝不应漏浆。

**2**  模板与混凝土的接触面应清理干净并涂刷隔离剂，但不得采用影响结构性能或妨碍装饰工程施工的隔离剂。

**5.2.2**  浇筑混凝土符合下列规定：

**1**  浇筑混凝土前，模板内的杂物应清理干净，模板内不应有积水；

**2**  对清水混凝土工程及装饰混凝土工程，应使用能达到设计效果的模板；

**3**  对跨度大于等于 4m 的现浇板钢筋混凝土梁、板，其模板应按设计要求起拱；当设计无具体要求时，起拱高度宜为跨度的 1/1000～3/1000。

**5.2.3**  允许偏差项目见表 6-1。

模壳支模的允许偏差　　　　　　表 6-1

| 项次 | 项目 | 允许偏差（mm） | 检验方法 |
|------|------|----------------|----------|
| 1 | 表面平整度 | 5 | 2m靠尺和塞尺检查 |
| 2 | 截面尺寸 | +2，−5 | 尺量 |
| 3 | 相邻两板表面高低差 | 2 | 尺量 |
| 4 | 轴线位置 | 5 | 尺量 |
| 5 | 底模上表面标高 | 1.5 | 水准仪或钢尺检查 |

## 6　成品保护

**6.0.1**　模壳在存放运输过程中，要套叠成垛，轻拿轻放，避免损坏。

**6.0.2**　每次使用后及时、彻底清理板面，涂刷脱模剂，整齐排放。

**6.0.3**　拆模时禁止用大锤硬砸硬撬，防止损坏模壳及损伤混凝土楼板。

**6.0.4**　已拆下的模壳应通过架子人工传递，禁止自高处往下扔，损坏模壳。

## 7　注意事项

### 7.1　应注意的质量问题

**7.1.1**　模壳支撑系统应有足够的强度、刚度和稳定性；支柱底角应有足够支撑面积；模壳下端和侧面应设水平和侧向支撑；密肋梁底楞应按设计和施工规范起拱；支撑角钢与次楞弹平线安装，并销靠牢固。

**7.1.2**　模壳安装应由跨中向两边安装，以减少模壳搭接长度的累计误差。安装后要认真调整模壳搭接长度，使其不得小于10cm，以保证接口处的刚度。

**7.1.3**　密肋梁轴线位移，两端边肋不等；防治的方法是，主楞安装调平后，要放出次楞边线再安装次楞，并进行找方校核。安装次楞要严格跟线并与主楞连接可靠。

### 7.2　应注意的安全问题

**7.2.1**　楼面四周设置安全护栏及安全网，操作人员佩戴好安全帽。

**7.2.2**　模壳支柱应安装在平整、坚实的基面上。

**7.2.3**　各种模板存放整齐，高度不超过1.5m。

**7.2.4**　支拆模板时，2m以上高处作业要有可靠立足点；拆除区域设置警戒线专人监护，不留未拆除的悬空模板。

**7.2.5**　参加施工作业的施工人员应经"三级"安全教育后方能上岗。

### 7.3　应注意的绿色施工问题

**7.3.1**　按规程操作，避免发生噪声。

**7.3.2**　在施工产生对人体有害的气体、液体、尘埃、渣滓、放射性射线、振动、噪声等场所，应配置相应的人员保护设备和三废处理装置。

## 8　质量记录

**8.0.1**　模板分项工程技术交底记录。

**8.0.2**　模板分项工程预检记录。

**8.0.3**　模板安装工程检验批质量验收记录。

**8.0.4**　模板拆除工程检验批质量验收记录。

**8.0.5**　拆模时混凝土同条件强度试验报告。

**8.0.6**　其他技术文件。

# 第7章 滑框倒模

本工艺标准适用于现浇钢筋混凝土框架结构、墙板结构及筒壁结构的滑框倒模施工。

## 1 引用标准

《液压滑动模板施工安全技术规程》JGJ 65—2013
《滑动模板工程技术规范》GB 50113—2005
《钢框胶合板模板技术规程》JGJ 96—2011
《钢结构设计标准》GB 50017—2017
《冷弯薄壁型钢结构技术规范》GB 50018—2002
《高层建筑混凝土结构技术规程》JGJ 3—2010
《建筑机械使用安全技术规程》JGJ 33—2012
《建筑现场临时用电安全技术规范》JGJ 46—2005
《建筑施工高处作业安全技术规范》JGJ 80—2016
《烟囱工程施工及验收规范》GB 50078—2008
《建筑工程施工质量评价标准》GB/T 50375—2016
《混凝土结构工程施工质量验收规范》GB 50204—2015
《钢筋混凝土筒仓施工与质量验收规范》GB 50669—2011
《钢结构工程施工质量验收规范》GB 50205—2001
《建筑节能工程施工质量验收规范》GB 50411—2007
《混凝土结构工程施工规范》GB 50666—2011

## 2 术语（略）

## 3 施工准备

### 3.1 作业条件

**3.1.1** 必须根据工程结构特点及现场施工条件，编制施工组织设计或施工方案，并报主管技术部门批准。依据现行国家标准《滑动模板工程技术规范》GB 50113 液压千斤顶、支撑杆、提升架和模板按滑框倒模工艺进行设计。

**3.1.2**　所需的原材料、半成品、施工机械、机具已备齐，并储备有足够的液压机具和配件。

**3.1.3**　在结构平面关键部位设置测量靶标、观测站，并在平台适当部位设置垂直控制标记。

**3.1.4**　现场水电设施已接通，场地已平整，临时施工道路已修好，始滑部位已具备组装条件。滑升结构部位以下的基础工程、结构工程已完成，经过质量验收符合设计要求。

**3.2　材料及机具**

**3.2.1**　钢筋应符合设计要求和现行国家标准《钢筋混凝土用钢　第2部分：热轧带肋钢筋》GB 1499.2等标准的规定。在滑框倒模施工中，横向钢筋长度不宜大于7m；竖向钢筋直径小于12mm时，长度不宜大于8m。

**3.2.2**　电焊条、焊药等应符合国家现行产品标准的规定。

**3.2.3**　钢筋机械：调直机、切断机、弯曲机、电焊机等。

**3.2.4**　混凝土机械：搅拌机、插入式振捣器、平板振捣器。

**3.2.5**　垂直运输机械：塔吊、输送泵、施工电梯、布料机等。

**3.2.6**　滑框倒模装置：

**1**　模板系统：包括模板、围圈、提升机等；

**2**　操作平台系统：包括操作平台、料台、吊脚手架、随升垂直运输设备等；

**3**　液压提升系统：包括液压控制台、油管、千斤顶、支撑杆等；

**4**　施工控制系统：包括千斤顶同步、建筑物轴线和垂直度等观测与控制设施；

**5**　供电信息联络系统：包括动力、照明、信号、通信、电视监控以及水泵、管路设施设备等。

**3.2.7**　其他机具：钻床、电钻、电弧焊机、扳手、水平仪，经纬仪、激光经纬仪或铅垂仪、线坠、铁锹、铁板、木抹子、铁抹子、对讲机等。

**3.2.8**　混凝土搅拌所用材料进场并经检验合格。

# 4　操作工艺

## 4.1　工艺流程

滑框倒模装置设计 → 滑框倒模装置组装 → 浇筑混凝土 → 滑框倒模施工 → 空滑施工 → 水平、垂直控制 → 滑框倒模装置拆除

## 4.2　滑框倒模装置设计

**4.2.1**　计算模板及支架荷载

**1**　永久荷载：包括滑框倒模装置自重；

**2** 可变荷载：包括操作平台上的施工人员、施工荷载，垂直、水平运输所产生的荷载，滑轨与模板间的摩擦力，混凝土对模板侧压力、冲击力，风荷载等。

### 4.2.2 操作平台

滑框倒模的操作平台即工作平台，是绑扎钢筋、浇筑混凝土、提升模板、安装预埋件等工作的场所，也是钢筋、混凝土、预埋件等材料和千斤顶、振捣器等小型备用机具的暂时存放场地。

按结构平面形状的不同，操作平台的平面可组装成矩形、圆形等各种形状（图 7-1、图 7-2）。

按施工工艺要求的不同，操作平台板可采用固定式或活动式。对于逐层空滑楼板并进施工工艺，操作平台板宜采用活动式，以便揭开平台板后，进行现浇或预制楼板的施工（图 7-3）。

**1** 操作平台除应满足施工要求外，还必须具有足够的刚度和保证结构的整体稳定性；

**2** 形状规则的结构，可用桁架支撑在围圈或提升架立柱上组成操作平台；圆形贮仓，可用三脚架、环梁和拉力环或辐射梁组成空间稳定结构的操作平台；柱子或排架，可用若干个柱子的围圈、柱间桁架组成整体稳定结构的操作平台；

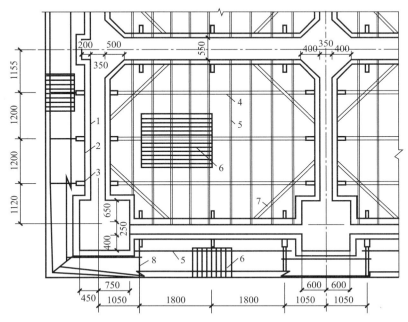

图 7-1 矩形操作平台平面构造图

1—模板；2—围圈；3—提升架；4—承重桁架；5—楞木；6—平台板；7—围圈斜撑；8—三角挑架

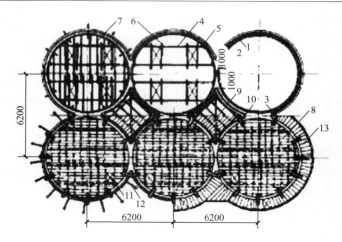

图 7-2　圆形操作平台平面构造图

1—模板；2—围圈；3—提升架；4—平台桁架；5—桁架支托 6—桁架支撑；7—楞木；
8—平台板；9—星仓平台板；10—千斤顶；11—人孔；12—三角挑架；13—外挑平台

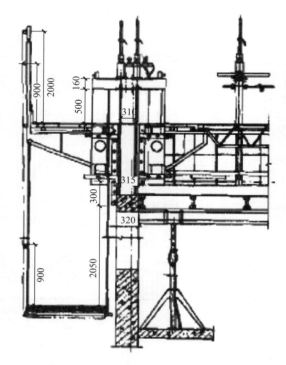

图 7-3　活动平台板吊开后施工楼板

**3** 如利用操作平台作为现浇楼板顶盖的支撑结构时，应根据实际荷载验算和加固，同时考虑拆除措施。

**4.2.3** 主要构件

**1** 模板：又称作围板，依赖围圈带动其沿混凝土的表面向上滑动。模板的主要作用是承受混凝土的侧压力、冲击力和滑升时的摩阻力，并使混凝土按设计要求的截面形状成型。模板宜选用通用性、工具化专用组合模板，一般选用定型组合钢模。当混凝土表面为平面时，组合模板应横向组装。对弧形或较复杂的结构，宜配制异形模板。当滑轨高度为 1200～1500mm 时，单块模板宽度宜为 300～600mm，并与混凝土浇筑厚度相适应。

**2** 围圈：又称作围檩。其主要作用是使模板保持组装的平面形状，并将模板与提升架连接成一个整体。围圈可用槽钢、角钢、钢管等材料制成。形状规则的结构宜制成桁架式围圈，其刚度根据提升架间距由计算确定。上、下围圈间距一般为 450～750mm，上围圈至模板上口不大于 250mm。

**3** 提升架：又称作千斤顶架。它是安装千斤顶并与围圈、模板连接成整体的主要构件。提升架一般有单横梁"Ⅱ"形架、双横梁"开"形架或单立柱"Г"形架。系统中提升架可加工成可调节支腿，使模板锥度和截面尺寸能随时调整，立柱与横梁之间也可调节，以适应截面的变化。

**4** 滑轨：一般为 $\phi48\times3.5$mm 钢管，高度宜为 1200～1500mm，间距按模板材质和刚度决定，一般以 300～400mm 为宜。滑轨与围圈可采用螺栓连接和钢筋连（焊）接，见图 7-4。

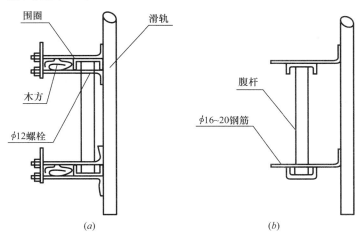

图 7-4 滑轨与围圈连接
（*a*）螺栓连接；（*b*）钢筋连（焊）接

### 4.3 滑框倒模装置组装

**4.3.1** 组装顺序：

找平放线 → 提升架 → 围圈 → 绑扎竖向钢筋及提升架横梁以下的水平钢筋 →

滑轨、模板 → 操作平台 → 液压提升系统 → 动力及照明线路 → 调试 →

安插支撑杆 → 滑升到适当高度安装吊脚手架

**4.3.2** 在始滑点标出结构轴线以及提升架、模板、围圈位置线和标高线，必要时搭临时操作平台。在基础面上组装时，多层结构的外模、电梯井、楼梯间、管道井模板应比其他内模标高降低200～300mm，相应内墙模砌120砖墙找平并做胎膜。千斤顶和提升架设置，应尽量避开梁及门窗洞口处。

**4.3.3** 安装模板前，用水泥砂浆找平，或在结构竖筋上焊短钢筋作模板水平支撑。短钢筋直径为12～14mm，间距为300～400mm，长度等于墙体及模板厚度之和。

**4.3.4** 固定滑轨上下口应拉通线，上口小、下口大，单面倾斜度控制为0.2%～0.4%，多层结构的外模、电梯井、楼梯间、管道井部位可不考虑。模板上口以下三分之二模板高度处的净尺寸应与结构设计截面等宽。安装好的模板应紧贴滑轨，悬挑端长度不应大于150mm。

**4.3.5** 模板组合时，应和结构层提升高度相吻合。使用定型组合钢模时，先拼墙柱转角处的角模，然后拼中间模。模板应错缝拼装，相邻两块模板用U形卡卡紧。在拼装第一层和接近楼板的最上层模板时，应用对拉扁铁加固。

**4.3.6** 液压系统安装完毕，插支撑杆前应进行试运转，先充油排气，在12MPa的压力下持压5min不得渗漏油，往复数次，直至正常。

### 4.4 浇筑混凝土

**4.4.1** 混凝土配合比除应满足设计要求外，还应满足出模强度（大于0.2MPa）和凝结时间的特殊要求；采用泵送时，还应满足混凝土的可泵性。

**4.4.2** 混凝土浇筑时，应对称有序、分层交圈、连续进行。每层浇筑厚度宜为300～500mm，控制好混凝土初凝时间，上层混凝土应在下层混凝土初凝前浇筑，避免出现施工缝。

**4.4.3** 脱模强度的控制：依照工艺安排脱模时间最短的工序在第一步和第二步，混凝土连续浇筑以后要进行第一次滑框，这时距第一步混凝土浇筑最短时间为4h，最长时间为8h，这就要求混凝土强度在4h以后达到出模强度要求。夏季施工基本能满足，但秋冬季施工就难以保证，这时可采用加早强剂，使混凝土在规定时间内达到早期强度。

**4.4.4** 混凝土交圈时间的控制：这项措施主要是消除在施工中出现的冷接

缝，这样在滑升前施工中采取严格控制混凝土浇筑在 4h 之内交圈的措施，防止冷接缝。

### 4.5 滑框倒模施工

**4.5.1** 初滑时，混凝土连续分层浇灌至模板上口以下约 50mm，底层混凝土强度达到 0.2MPa 或相当贯入阻力值 3MPa 的脱模强度时，提升 1～2 个千斤顶行程，然后对液压系统进行全面检查。一切正常后便可继续提升。

**4.5.2** 模板在施工时与混凝土之间不产生滑动，而与滑道之间相对滑动，即只滑框，不滑模。当滑道随围圈滑升时，模板附着于新浇灌的混凝土表面留在原位，待滑到滑升一层模板高度后，即可拆除最下一层模板，清理后，倒至上层使用。模板的高度与混凝土的浇灌层厚度相同，一般为 300mm 左右，可配置 3～4 层。模板的宽度，在插放方便的前提下，尽量加大，以减少竖向接缝。

正常滑升时，插模板、浇混凝土、提升、插（倒）模板为一滑升周期，即每绑一层横向钢筋，安装一层模板，浇灌一层混凝土，提升一层模板的高度，拆除滑轨脱出的下层模板，清理干净并涂刷隔离剂后倒至上层使用，如此循环往复进行。见图 7-5。

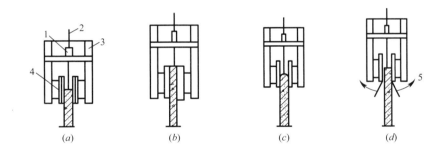

图 7-5 滑框倒模工艺流程

（a）插模板；（b）浇混凝土；（c）提升；（d）拆倒模板

1—千斤顶；2—支撑杆；3—提升架；4—滑道；5—向上倒模

**4.5.3** 滑升过程中，应经常检查结构水平度、垂直度、截面尺寸、扭转、支撑杆及操作平台的工作状态，发现异常应及时分析原因，并采取有效处理措施。

**4.5.4** 滑升时，操作平台应保持水平，每滑升 250～300mm 就用限位卡对千斤顶进行一次调平，每隔 1m 在支撑杆上测一次标高，并依次测各千斤顶高差，使各千斤顶的高差不大于 40mm，相邻两个提升架上千斤顶高差不得大于 20mm。

**4.5.5** 在整个滑升周期中，钢筋绑扎、电气管道配置、软件安装、孔洞预留都应密切配合。

**4.5.6**　模板拆除后应立即清理干净，刷隔离剂，整齐堆放备用。

**4.6　空滑施工**

**4.6.1**　每层墙体滑至楼板（顶盖）底标高应停止浇筑，待混凝土能够达到脱模强度时进行空滑。

**4.6.2**　空滑时，提升应缓慢，均匀进行，提升高度应使滑轨和提升架下端与浇筑面有一定间隙，不至黏结为宜。空滑时应随提升随绑钢筋。

**4.6.3**　平台滑空后，应事先验算支撑杆在平台自重、施工荷载、风荷载等共同作用下的稳定性；如不能满足要求，应对支撑杆采取可靠的加固措施。

**4.6.4**　空滑至楼板顶面标高后停滑，揭开活动平台铺板，按常规方法支楼面模板、绑扎钢筋、浇混凝土。

**4.6.5**　连续滑升时，应将模板清理干净、刷隔离剂，在原位对号拼装。此时楼板混凝土强度应达到 1.2MPa 以上，并能满足上部施工荷载。

**4.7　水平、垂直控制**

**4.7.1**　水平控制：

**1**　增大滑升平面的刚度，使之具有在一定限度内调整千斤顶提升差异的功能；

**2**　使用千斤顶爬升限位卡（配合用水准仪），每滑升 250～300mm 高必须控制一次水平限位。每层滑空后，用水准仪进行统一找平；

**3**　按规定线路浇筑混凝土和改变浇筑方向，使摩擦力尽可能均匀。

**4.7.2**　垂直控制：建立可靠的监控系统，用激光铅垂仪、激光经纬仪、线锤等方法进行观测监控。

**4.7.3**　当平台出现偏扭时，应及时采取平台倾斜法、导向纠偏控制法、顶轮纠偏控制法等有效措施进行纠偏和控制。

**4.8　滑框倒模装置拆除**

**4.8.1**　拆除顺序：油泵、油管、垂直观测系统设施→操作平台板、器具、清理杂物→钢支撑、桁架、内外吊脚手架及外挑操作平台支架→外围圈、提升架及千斤顶→分别拆除外墙围圈及内墙围圈。

**4.8.2**　拆除前应有可靠的安全措施或拆除方案，尽可能采取分段整体拆除、在地面解体的方法。

# 5　质量标准

## 5.1　主控项目

**5.1.1**　滑框倒模装置必须具有足够的强度、刚度和稳定性，并符合专项设计要求。

**5.1.2**　混凝土工程、钢筋工程的主控项目质量标准应符合现行国家标准《混凝土结构工程施工质量验收规范》GB 50204 的规定。

## 5.2　一般项目

**5.2.1**　滑框倒模装置组装的允许偏差应符合表 7-1 的规定。

滑框倒模装置组装的允许偏差（mm）　　　　　表 7-1

| 项目 | | 允许偏差 | 项目 | | 允许偏差 | 检验方法 |
|---|---|---|---|---|---|---|
| 模板中心线与相应结构轴线位置 | | 3 | 模板尺寸 | 上口 | −1 | 尺量 |
| 围圈位置 | 水平方向 | 3 | | 下口 | +2 | 尺量 |
| | 垂直方向 | 3 | 千斤顶 | 提升架平面内 | 5 | 尺量 |
| 提升架立柱垂直度 | 平面内 | 3 | | 提升架平面外 | 5 | 尺量 |
| | 平面外 | 2 | 圆模直径、方模边长尺寸 | | 5 | 尺量 |
| 提升架横梁相对标高 | | 5 | 相邻模板板面平整 | | 2 | 尺量 |

**5.2.2**　滑框倒模施工工程结构的允许偏差应参见表 7-2。

滑框倒模施工工程混凝土结构的允许偏差（mm）　　　　表 7-2

| 项目 | | | 允许偏差 | 检验方法 |
|---|---|---|---|---|
| 轴线间的相对位移 | | | 5 | 尺量 |
| 圆形筒体结构 | 半径 | ≤5m | 5 | 尺量 |
| | | >5m | 半径的 0.1%，不得大于 10 | 尺量 |
| 标高 | 每层 | 高层 | ±5 | 尺量 |
| | | 多层 | ±10 | 尺量 |
| | 全高 | | ±30 | 尺量 |
| 垂直度 | 每层 | 层高小于或等于 5m | 5 | 尺量 |
| | | 层高大于 5m | 层高的 0.1% | 尺量 |
| | 全高 | 高度小于 10m | 10 | 尺量 |
| | | 高度大于或等于 10m | 高度的 0.1%，不得大于 30 | 尺量 |
| 墙、柱、梁、壁截面尺寸偏差 | | | +8，−5 | 尺量 |
| 表面平整（2m 靠尺检查） | 抹灰 | | 8 | 尺量 |
| | 不抹灰 | | 5 | 尺量 |
| 门窗洞口及预留洞口位置偏差 | | | 15 | 尺量 |
| 预埋件位置偏差 | | | 20 | 尺量 |

**5.2.3**　高层建筑的允许偏差应符合现行国家标准《钢筋混凝土高层建筑结构设计与施工规程》JGJ 3 的规定，钢筋混凝土烟囱的允许偏差应符合现行国家标准《烟囱工程施工及验收规范》GB 50078 的规定。

**5.2.4**　混凝土工程、钢筋工程的一般项目质量标准应符合现行国家标准《混凝土结构工程施工质量验收规范》GB 50204 的规定。

## 6　成品保护

**6.0.1**　未浇楼板混凝土前，不得随意踩踏楼板负弯矩钢筋、悬挑钢筋；当钢筋密集或有其他原因影响滑升时，严禁少放或烧断钢筋。

**6.0.2**　液压千斤顶及油管渗漏时应及时检修，避免液压油污染混凝土及钢筋。

**6.0.3**　混凝土脱模后，对其表面缺角、掉棱等表面缺陷应及时修整。浇水养护时，水压不宜过大。

## 7　注意事项

### 7.1　应注意的质量问题

**7.1.1**　组装质量控制：提升架、围圈、桁架及支撑的各节点应连接牢固，确保操作平台的整体刚度。滑轨安装应上、下拉通线，保证锥度准确。千斤顶应逐个检查，安装时应双向调平。

**7.1.2**　滑升平台控制：观测操作平台水平度，监控滑升设备的同步性能，随时检查设备的工作情况。

**7.1.3**　严格控制混凝土脱模强度，应视气温情况调整滑升时间，或掺用外加剂。

**7.1.4**　模板质量控制：画出模板排列图，对模板进行编号，保证结构几何尺寸。模板应拼缝严密，不跑浆、漏浆。

**7.1.5**　混凝土质量控制：严格控制材料进场实验、配合比上料，按规范及工艺标准要求浇筑混凝土。

### 7.2　应注意的安全问题

**7.2.1**　在施工建筑物周围，必须划分出施工危险警戒区。警戒线至建筑物的距离，不应小于施工对象高度的 1/10，且不小于 10m。

**7.2.2**　危险警戒区内的建筑物出口、地面通道及机械操作场所，应搭设高度不低于 2.5m 的安全防护棚。

**7.2.3**　滑框倒模装置应有一套完整的设计资料及施工组装图，保证具有足够的强度、刚度、稳定性和合理的安全度。

**7.2.4**　选择专业化施工队伍，施工前进行技术培训和安全教育。患有高血压、心脏病及医生认为不适宜高空作业者，不得参与施工。

**7.2.5**　操作平台上应有按规定 设置防护栏杆和悬挂安全网。平台铺板必须严实、防滑、固定可靠，并不得随意挪动。平台上材料堆放的位置、数量应符合施工组织设计要求，暂不用的物品和杂物及时清理运送至地面。

**7.2.6** 吊脚手架、三脚架和提升架相连部位必须用双螺帽拧紧。采用焊缝连接时，焊缝长度必须满足设计要求。拆（倒）模板时，在吊脚手架上严禁堆放模板和其他材料。

**7.2.7** 当工作台上遇到六级以上的大风或雷雨时，所有高空作业必须停止，施工人员应迅速下到地面，并切断电源。

**7.2.8** 使用的液压油、废机油要设置专用油料库，地面做防渗漏处理，防止油料跑、冒、滴、漏而引起火灾或污染水及土地。

**7.2.9** 操作平台上应设置足够的和适用的灭火器以及其他消防设施。

**7.2.10** 滑框倒模安装由专业公司负责技术指导，施工方组织专业施工人员（专业的架子工和木工）和机具进行安装，负责安装滑框倒模的施工人员应具备以下素质：

**1** 从事作业人员必须年满18岁，两眼视力均不低于1.0、无色盲、无听觉障碍，无高血压、心脏病、癫痫、眩晕和突发性昏厥等疾病，无其他疾病和生理缺陷；

**2** 熟悉本作业的安全技术操作规程，责任心强，工作认真负责；

**3** 正确使用个人防护用品和采取安全防护措施。进入施工现场，必须戴好安全帽，作业时必须系好安全带，使用工具要放在工具套内；

**4** 操作人员必须经过培训教育，考试、体检合格后持证上岗。任何人不得安排未经培训的无证人员上岗作业；

**5** 技术、施工人员经过专业培训，并持有上岗操作证。

## 8 质量记录

**8.0.1** 原材料合格证、出厂检验报告和进场复验报告。

**8.0.2** 滑模装置组装质量验收记录。

**8.0.3** 钢筋接头力学性能试验报告。

**8.0.4** 钢筋原材料质量检验验收记录。

**8.0.5** 钢筋加工检验批质量验收记录。

**8.0.6** 钢筋安装工程检验批质量验收记录。

**8.0.7** 钢筋隐蔽工程检查验收记录。

**8.0.8** 钢筋分项工程质量验收记录。

**8.0.9** 混凝土合格证。

**8.0.10** 混凝土施工检验批质量验收记录。

**8.0.11**   现浇混凝土结构外观及尺寸偏差检验批质量验收记录。

**8.0.12**   混凝凝土施工分项质量验收记录。

**8.0.13**   混凝凝土结构外观及尺寸分项质量验收记录。

**8.0.14**   混凝土试件强度试验报告。

**8.0.15**   混凝土试件抗压强度统计评定表。

**8.0.16**   滑模施工工程结构质量验收记录。

**8.0.17**   其他技术文件。

# 第8章 筒仓倒模

本工艺标准适用于贮存散料且平面形状为圆形或多边形的现浇钢筋混凝土筒仓、压缩空气混合粉料调匀仓的倒模施工。

## 1 引用标准

《钢筋混凝土筒仓施工与质量验收规范》GB 50669—2011
《建筑施工模板安全技术规范》JGJ 162—2008
《混凝土结构工程施工质量验收规范》GB 50204—2015
《混凝土结构工程施工规范》GB 50666—2011
《建筑工程施工质量验收统一标准》GB 50300—2013
《建筑机械使用安全技术规程》JGJ 33—2012
《建筑现场临时用电安全技术规范》JGJ 46—2005
《建筑施工高处作业安全技术规范》JGJ 80—2016

## 2 术语

**2.0.1** 钢筋混凝土筒仓：平面为圆形、方形、矩形、多边形及其他几何外形的贮存散料的钢筋混凝土直立容器，简称筒仓，其容纳贮料的部分为仓体。

**2.0.2** 附着式三脚架：为拆装式结构，由立杆、水平杆、斜杆组成三角形基本结构，通过立撑、斜撑及环向连杆的连接而形成稳固的空间结构。

## 3 施工准备

### 3.1 作业条件

**3.1.1** 应编制筒仓倒模安全专项施工方案，履行审批程序并进行安全技术交底。

**3.1.2** 在平台适当部位设置垂直控制标志。

**3.1.3** 水源、电源已接通并保证连续供应，施工道路畅通。

**3.1.4** 所需材料、机具和配件已进场，规格、数量、型号等符合设计要求并经检查验收合格。

### 3.2　材料及机具

**3.2.1**　模板及操作平台系统

**1**　模板系统：由内外模板、对拉螺栓、预制混凝土套管及垫圈组成。内外模板分标准模板及非标准模板，标准模板为高度 1.2m、1.5m，宽度 0.5m、1.0m，板厚 25mm 的常规模板；非标准模板：根据工程收分要求加工不同宽度的模板。

**2**　预制混凝土套管：与筒壁相同等级的混凝土制成，截面为方形，施工时通过穿入套管的对拉螺栓，控制内外模板的距离（筒壁厚度），制作时严格控制其长度尺寸。

**3**　操作平台系统：由附着式三脚架、吊篮、脚手板、保护栏杆、安全网等组成。

**3.2.2**　钢筋应符合设计要求和现行国家标准《钢筋混凝土用钢　第 2 部分：热轧带肋钢筋》GB/T 1499.2 等标准的要求。

**3.2.3**　水泥的品种、强度等级应符合设计要求和现行国家标准《通用硅酸盐水泥》GB 175 等标准的规定。

**3.2.4**　混凝土所用的粗细骨料应符合现行行业标准《普通混凝土用砂、石质量及检验方法标准》JGJ 52 的规定。外加剂、掺合料应符合国家现行有关标准的规定。

**3.2.5**　电焊条、焊剂等应符合国家现行标准的规定。

**3.2.6**　机具

**1**　钢筋机械：调直机、切断机、弯曲机、电焊机等。

**2**　混凝土机械：搅拌机、插入式振捣器、平板振捣器。

**3**　垂直运输机械：塔吊、输送泵、施工电梯、布料机等。

**4**　钢竖井架及其悬吊平台。

**5**　其他机具等。

## 4　操作工艺

### 4.1　工艺流程

筒身图纸放样、制表 → 中心定位、筒壁半径测定 → 钢筋绑扎 →

模板操作平台系统安装、倒模 → 尺寸校核 → 混凝土浇筑 →

螺栓及穿墙孔洞处理 → 模板及操作平台系统拆除 → 提升吊桥

### 4.2　筒身图纸放样、制表

根据筒身施工图，按 1∶1 比例放出施工所需的大样图，实际施工图是以筒身下标高按模板高度逐节往上量取里外模板的支设层数，与辅助垂直中心线上各层模板相对应的顶标高，筒身各层内模板的顶面处的半径以及混凝土壁厚（为确定对拉杆用，控制内外模间距），量到最上一级的模板高度则为非标准节。放出大样后，把模板各层的筒壁内半径，里模顶标高和混凝土套管长，计算复核放样结果，填入大样记录表中，为施工方便，模板节数的序号由下往上逐节排，同时计算出各节所需的模板块数、套管根数及混凝土量（如筒仓为等直径，则每节相等，只需要计算一节数量），均填入表中，根据工程情况，图表中增加一些必要的数据、预埋件及检修门孔的数量与位置等，此图表作为指导倒模施工依据，以确保各标高处筒体的半径长度和筒壁厚度。

**4.3　中心定位、筒身半径测定**

**4.3.1**　筒体中心确定：简易的中心线找正是由对中线坠和悬盘组成，用十字对称架设的紧线设备来调整线坠对中。当线坠对中，悬盘高度已到需支设模板的内模顶标高时，找中设备的调整工作已符合要求，便可利用固定在悬盘上的钢尺围绕筒壁测量，以控制钢筋绑扎半径和支模半径。筒体中心也可由激光铅垂仪确定：基础施工时，在基础顶面中心位置预埋 30cm×30cm 钢板，在钢板上焊接一块刻度板，利用中心井架上架设的激光铅垂仪找中心，每层模板加固后，将仪器激光对准刻度板上的接收靶的中心，再次测量模板上、下口与中心的间距，以保证中心位置及筒体半径准确。

**4.3.2**　在模板安装和钢筋绑扎施工中以筒身图纸放样表及计算图表为根据进行操作，施工时及时用钢卷尺进行校对。

**4.4　钢筋绑扎**

**4.4.1**　筒体钢筋的品种、规格、间距及连接方式必须满足设计要求。钢筋运输利用垂直运输工具运到操作平台上分散均匀堆放。

**4.4.2**　竖向钢筋及环筋均按钢筋加工表下料。竖向钢筋下料尺寸不宜太长，应控制在 4～6m，下料长度可按 3 倍模板高度，再加上搭接长度及弯钩长度。

**4.4.3**　水平环向钢筋宜采用绑扎接头，接头位置应错开布置，水平方向错开距离不小于一个搭接区段，也不小于 1.0m，在每层同一竖向截面上每隔三根钢筋不应多于一个接头。

**4.4.4**　水平环向钢筋的间距应按模板高度来均分，沿水平环向每隔 4～6m 从已浇筑混凝土面上的一根纵筋上标出环筋的位置，以保证环筋间距的准确，或在上下模板接缝处增设一道环向钢筋，以此用中心找正器上的钢尺来控制环筋的半径，模板顶面上约 1m 处先绑好一道环筋，以防止纵向钢筋外散。纵向钢筋沿筒壁圆周按设计要求均匀布置，高出模板的钢筋予以临时固定。

**4.4.5**　纵向钢筋采用机械连接或焊接，接头位置应错开布置，同一连接区段内的接头百分率应符合设计要求，当设计无规定时，不宜大于25％。水平环筋与竖向内外层钢筋搭接位置要错开。采用绑扎连接时，光面钢筋搭接长度不应小于40倍的钢筋直径，不加弯钩；带肋钢筋搭接长度不应小于35倍的钢筋直径。

**4.4.6**　钢筋绑扎可分为两个作业组从筒壁一点沿筒壁圆周向相反方向同时作业后合拢，绑扎顺序先外层后内层，先竖向后环向。

**4.4.7**　内外层钢筋沿环向按设计要求设置S形拉结筋，内外层钢筋的间距偏差不大于5mm，钢筋绑扎的半径偏差不大于10mm。变截面筒体的竖向钢筋向圆心的倾斜角应有限位保证措施。

**4.4.8**　水平环向钢筋与竖向钢筋应紧密接触，交接点全数绑扎，绑扎丝头背向模板面。

**4.4.9**　钢筋保护层设置应采用成品垫块，利用绑扎水平环筋上的水泥砂浆垫块控制钢筋保护层厚度。钢筋保护层厚度应满足现行国家标准《钢筋混凝土筒仓施工与质量验收规范》GB 50669要求。

## 4.5　模板操作平台系统安装、倒模

**4.5.1**　模板必须有一定的刚度，能满足混凝土成型的需要，安装前要进行清理，均匀涂刷隔离剂。

**4.5.2**　变截面筒体模板还应具有一定的柔性，可采用钢筋加工成适应每节模板筒体半径变化的围圈，每段围圈之间在三脚架竖杆处要保持不小于200mm的搭接长度，每节模板设置三道围圈。

**4.5.3**　模板支设可分为两个作业组，从筒壁圆周上相对两点开始沿同一方向作业。

**4.5.4**　模板安装程序

外模→对拉螺栓→贴外模垫圈→混凝土套管→贴内模垫圈→

外三脚架立杆→内模→对拉螺栓螺母→三脚架其余杆件

**4.5.5**　安装外模时，可利用三脚架杆件临时支顶，防止倾倒。为保证混凝土浇筑后模板半径正确，外模板安装时的半径宜放大10～15mm，如果对中盘标高与外模板上的标高不符，应利用插入法进行换算。

**4.5.6**　三脚架、内模板的安装与外模板应相互对应，模板安装中应防止杂物落入混凝土施工缝中。

**4.5.7**　混凝土套管应按模板节数编号，安装时对号入座，套管两端的垫圈不得漏放。

**4.5.8**　模板安装后，全面检查内模半径、内外模间距、预埋件数量及位置、

所有螺栓的紧固情况（螺栓和螺母要拧紧）。

**4.5.9** 三脚架是附着式的，固定在已浇筑混凝土的筒壁上作为承重骨架，在其上铺设操作平台和设置安全网。

**4.5.10** 三脚架可用型钢制作，一般为三层，节点采用螺栓连接，三脚架立杆贴模板的一肢上留有对拉螺栓孔，与模板和筒壁连接。三脚架斜杆上端留置若干调节螺栓孔，施工中通过不断调整斜杆与水平杆的夹角，保证平台处于水平状态。在下层的混凝土达到 $6N/mm^2$ 时即可拆除倒至上层，逐层周转使用。

**4.5.11** 三脚架之间上下及水平方向要稳固联系，每层连成整体，成为刚性结构，使上层的施工荷载和混凝土自重能传递到下层的三脚架和筒壁上。

**4.5.12** 特殊情况施工

当筒体内有楼面时，倒模施工不能正常进行，外模采用标准模板，以保证筒壁混凝土外观模板节距规则，内模则在楼面底和楼板面两处配非标准模板，与外模赶平。

变截面筒体模板分档：根据该层内模板上沿施工截面、周长和每档模板宽度，划分模板安装位置，在兼顾外模板能够搭接或至少保证对接不出现缝隙的前提下，每档模板可进行微调。如果在档距调节范围内仍不能使模板档数为整数，可配一档档距小的非标准模板，将标准档距内的模板去掉一块。

**4.6 提升吊桥**

常规提升，吊桥在前后设保险绳扣之外，升桥后，在井架四角加设保险倒链。桥下挂安全网，边缘设置安全栏杆。

**4.7 尺寸校核**

**4.7.1** 对中筒体中心，再次测量模板上、下口与中心的间距，以保证中心位置及筒体半径准确。

**4.7.2** 在筒壁内埋置一根木标杆，断面为 20mm×30mm。标杆上画上以 5cm 为单位的刻度线，以检测筒体施工高度和设计要求的各门窗、预留洞口标高，为避免误差累计每施工 3m 高度应复查一次。

**4.7.3** 水平度的控制采用 $\phi8$ 透明塑料管，以木标杆的刻度为基准来控制模板及各门窗、预留洞口的水平。

**4.8 混凝土施工**

**4.8.1** 筒壁混凝土强度等级及抗渗等级应符合设计要求。

**4.8.2** 混凝土浇筑前应进行全面认真的检查。检查内容：平台脚手板的完好程度、搭接情况符合要求、平整牢固；各种设备、照明讯号正常；模板、钢筋符合要求；预埋件、预留洞位置正确。

**4.8.3** 混凝土浇筑宜由一点或对称两点开始沿筒壁圆周反向同时进行，并应分层连续浇筑。分层厚度视模板高度确定，不宜大于 500mm，每节模板分层不小于三层。

**4.8.4** 筒壁每节混凝土浇筑总高度比该节模板顶面低 70～80mm，水平缝在浇筑中应随即压成毛面凹槽。

**4.8.5** 浇筑各节混凝土时，其下节的混凝土强度应不小于 2MPa；拆除各节模板时，其上一节的混凝土强度应不小于 10MPa。

**4.8.6** 筒体结构的混凝土取样和试件留置应符合现行国家标准《混凝土结构工程施工质量验收规范》GB 50204 和现行行业标准《建筑工程冬期施工规程》JGJ 104 的规定。

**4.8.7** 混凝土出模后要及时进行养护。

**4.9　螺栓及穿墙孔洞处理**

**4.9.1** 模板加固螺栓的端头宜安放楔形垫块，拆模后用同强度细石混凝土封堵楔形槽口。

**4.9.2** 筒壁和仓壁上穿墙孔、洞应堵塞密实并做防渗处理。

**4.10　模板及操作平台系统拆除**

最上部模板为非标准模板，混凝土浇筑后，常温下 3d 便可拆除侧模（混凝土强度应能保证其表面不受损伤）。强度达 $10N/mm^2$ 时，操作人员可站在二层三脚架上拆除底模，拔出平台上预留的检修孔的木棒，以便悬挂外层吊篮，两个三脚架留一个检修孔，接着拆除最上层的三脚架和标准模板，堵塞预留孔。将外吊篮提升到上部检修孔，利用吊篮拆除第二层（最后一层）标准模板和堵塞预留孔。

接着拆除吊篮板、吊篮、提升安全网，最后一块脚手板和两个吊篮是事先在吊篮板两端和吊篮上捆好绳子，站在结构上提升到顶。操作人员在筒壁外侧的，由特制爬梯进入结构，在筒壁内侧的，从最后两个吊篮进入结构平台。

# 5　质量标准

钢筋混凝土筒仓工程质量按检验批、分项工程、分部工程、单位工程进行验收。其划分原则应符合现行国家标准《建筑工程施工质量验收统一标准》GB 50300 及《钢筋混凝土筒仓施工与质量验收规范》GB 50669 的规定。

采用倒模工艺施工方法时，筒体各分项工程的检验批应按一次支设模板高度划分检验批。

**5.1　主控项目**

**5.1.1** 模板及其支架、操作平台必须具有足够的强度、刚度和稳定性。

**5.1.2** 混凝土工程、钢筋工程的主控项目质量标准应符合现行国家标准

《混凝土结构工程施工质量验收规范》GB 50204 的相关规定。

## 5.2 一般项目

**5.2.1** 混凝土工程、钢筋工程的一般项目质量标准应符合现行国家标准《混凝土结构工程施工质量验收规范》GB 50204 的相关规定。

**5.2.2** 钢筋混凝土筒仓分项工程允许偏差和检验方法应符合表 8-1 的规定。

钢筋混凝土筒仓分项工程允许偏差　　　　　　　　　　表 8-1

| 检查项目 | | | 允许偏差（mm） | 检验方法 |
|---|---|---|---|---|
| 模板工程 | 筒体截面尺寸（构件厚度） | | +4，−5 | 钢尺检查 |
| | 预埋件 | 中心位置 | 5 | 尺量检查 |
| | | 高低差（安装水平度） | 2 | 尺量和水平尺检查 |
| | | 与模板面的不平度 | 1 | 尺量和塞尺检查 |
| | 预留洞 | 位置偏差 | 10 | 尺量检查 |
| | | 水平度 | 3 | 水平尺检查 |
| | 圆形筒体半径 | 半径≤6m | ±5 | 仪器测量、钢尺检查 |
| | | 半径≤13m | 半径的1/1000 且≤±10 | |
| | | 半径>13m | 半径的1/1000 且≤±20 | |
| 钢筋工程 | 受力钢筋 | 间距　筒体水平钢筋 | ±5 | 钢尺量两端、中间各一点，取最大值 |
| | | 间距　筒体竖向钢筋 | ±10 | |
| | | 保护层厚度　筒体 | 0，+10 | 钢尺检查 |
| 混凝土工程 | 轴线位置 | | 15 | 钢尺检查 |
| | 联体仓轴线间相对位移 | | 5 | 钢尺检查 |
| | 圆形筒体半径 | 半径≤6m | ±10 | 仪器测量、钢尺检查 |
| | | 筒体直径≤25m | ≤半径的1/800 且≤±15 | 仪器测量、钢尺检查 |
| | | 筒体直径>25m | ≤半径的1/800 且≤±25 | |
| | 表面平整度 | 有饰面 | 8 | 2m靠尺和塞尺检查 |
| | | 无饰面 | 5 | |
| | | 内衬基层混凝土 | 5 | |
| | 预埋件 | 中心位置 | 10 | 尺量检查 |
| | | 安装水平度 | 3 | 尺量和水平尺检查 |
| | | 平整度与表面的不平度 | 2 | 尺量和塞尺检查 |
| | 预留洞 | 位置偏差 | 15 | 尺量检查 |
| | | 水平度 | 5 | 水平尺检查 |

# 6 成品保护

**6.0.1** 在涂刷模板隔离剂时，不得沾污钢筋和混凝土接槎处。

**6.0.2** 振捣混凝土时，振捣棒尽量避免振动钢筋、模板及构件，以免钢筋移位、模板变形或埋件脱落。

**6.0.3**　倒模脱模时，应保证混凝土表面及棱角不受损伤。

**6.0.4**　混凝土拆模后，及时进行表面修整，浇水养护。

**6.0.5**　模板拆除时，不应对型钢三脚架操作平台形成冲击荷载。拆除的模板和支架应及时清运，不得在操作平台上堆放。

**6.0.6**　型钢三脚架与模板吊运就位时要平稳、准确，不得碰撞已施工完的结构，不得挂扯钢筋。

**6.0.7**　不得任意拆改模板与三脚架的穿墙螺栓及各种连接件，保证模板和三脚架的几何尺寸准确度和操作平台的安全。

# 7　注意事项

## 7.1　应注意的质量问题

**7.1.1**　要特别重视控制筒体中心位置及筒壁半径、圆度和标高的准确。每节筒身的垂直标高相对偏差不大于±50mm。

**7.1.2**　型钢三脚架制作要满足现行国家标准《钢结构工程施工质量验收规范》GB 50205 的要求，并应做载荷试验。

**7.1.3**　对拉螺栓必须可靠，固定型钢三脚架应满足施工方案要求，应有足够锚固长度。

**7.1.4**　为防止混凝土浇筑时漏浆产生蜂窝麻面，在预制混凝土套管模板外侧安放垫圈。

**7.1.5**　正确留置施工缝，倒模施工筒壁混凝土只准在上下节模板接槎处留水平缝，施工缝的处理执行规范规定。

## 7.2　应注意的安全问题

**7.2.1**　筒仓施工期间必须设置危险警戒区，警戒线至筒仓的距离不小于筒仓施工高度的 1/5，且不小于 10m，当不能满足要求时，应采取其他有效的安全防护措施。危险警戒区内，构筑物入口、机械操作场所，应搭高度不低于 3.5m 的安全防护棚，通行区应设安全通道。

**7.2.2**　附着式三脚架倒模施工安全技术

**1**　型钢三脚架每次安装前，必须逐根检查杆件、连接螺栓，如发现有开裂、弯曲、丝扣损坏者不得使用。型钢三脚架与筒体拉结的穿墙螺栓必须可靠，若发现丝纹缺损应及时更换，穿墙螺栓必须按施工方案要求拧紧；

**2**　三脚架间必须设置环向连杆，保证平台系统的空间刚度，吊篮应造型合理、构造牢固，木质专用脚手板厚度不小于 50mm，搭接长度不小于 200mm；

**3**　在三脚架组成操作平台上不得集中堆放材料和机具；

**4** 三脚架拆除随即运到上层，操作平台上的料具应均匀分布；

**5** 操作平台的铺板必须严整、防滑、固定可靠，不得任意挪动。

**7.2.3** 施工用电线路应按固定位置敷设，施工用电设施应安装漏电保护装置，夜间施工时，应配备足够的照明设施，移动照明设施电压不应大于 36V。

**7.2.4** 筒仓工程的避雷引下线应在筒体外敷设，严禁利用其竖向受力钢筋作为避雷线。其接地装置、避雷引下线、均压带、避雷针（网）应相互连通，形成通路。

**7.2.5** 高空作业人员身体检查合格，接受本岗位安全技术培训并考试合格后上岗。正式倒模施工前进行全面安全技术交底及检查，施工时由一人统一指挥。消防管随高度升高而升高。

**7.2.6** 雷雨和六级及以上的大风天气，停止施工，并对操作面的设备、材料进行整理和固定，同时人员迅速撤离作业区。

**7.2.7** 拆除时应先按方案确定的程序、方法进行，作业人员为考核合格的专业工，特种作业人员持证上岗，拆除作业要划定警戒线，安排操作监护人员进行全程监督。

**7.3 应注意的绿色施工问题**

**7.3.1** 易产生噪声的设备应有隔声降噪措施。

**7.3.2** 模板表面宜选用无污染、环保型隔离剂。

**7.3.3** 施工废弃物应及时收集、分类、清运，保持工完场清。

# 8 质量记录

**8.0.1** 原材料合格证、出厂检验报告和进场复验报告；粮食和食品行业筒仓的卫生合格证明文件和工程材料有害物、污染物含量的检验、复试报告。

**8.0.2** 施工检验试验报告、工艺测试报告。

**8.0.3** 涉及工程施工内容的分类施工记录（筒身放样记录、施工技术指示图表、筒仓垂直度和标高观测记录等）。

**8.0.4** 隐蔽工程验收记录。

**8.0.5** 结构实体检验报告。

**8.0.6** 检验批、分项工程、分部工程质量验收记录。

**8.0.7** 专项工程验收记录。

**8.0.8** 倒模施工工程结构质量验收记录。

**8.0.9** 倒模时混凝土立方体抗压强度同条件养护试件试验报告。

**8.0.10** 其他技术文件。

# 第9章 液压爬升模板（简称爬模）

本工艺标准适用于高层建筑剪力墙结构、框架结构核心筒、高耸构筑物等现浇钢筋混凝土结构工程的液压爬升模板施工。

## 1 引用标准

《液压爬升模板工程技术规程》JGJ 195—2010
《混凝土结构工程施工规范》GB 50666—2011
《混凝土结构工程施工质量验收规范》GB 50204—2015
《建筑工程施工质量验收统一标准》GB 50300—2013
《建筑施工模板安全技术规范》JGJ 162—2008
《高层建筑混凝土结构技术规程》JGJ 3—2010
《建筑工程大模板技术标准》JGJ/T 74—2017
《建筑施工扣件式钢管脚手架安全技术规范》JGJ 130—2011
《建筑施工工具式脚手架安全技术规范》JGJ 202—2010
《建筑施工升降设备设施检验标准》JGJ 305—2013
《建筑机械使用安全技术规程》JGJ 33—2012
《建筑现场临时用电安全技术规范》JGJ 46—2005
《建筑施工高处作业安全技术规范》JGJ 80—2016

## 2 术语

**2.0.1** 液压爬升模板：爬模装置通过承载体附着或支承在混凝土结构上，当新浇筑的混凝土脱模后，以液压油缸或液压升降千斤顶为动力，以导轨或支承杆为爬升轨道，将爬模装置向上爬升一层，反复循环作业的施工工艺，简称爬模。

**2.0.2** 爬模装置：为爬模配制的模板系统、架体与操作平台系统、液压爬升系统及电气控制系统的总称。

## 3 施工准备

### 3.1 作业条件

**3.1.1** 应编制爬模专项施工方案并经专家论证，应进行爬模装置设计与工作荷载计算，且必须对承载螺栓、支承杆和导轨主要受力部件分别按施工、爬升和停工三种工况进行强度、刚度及稳定性计算。爬模专项施工方案内容应符合现行行业标准《液压爬升模板工程技术规程》JGJ 195 相关规定，并进行安全技术交底。

**3.1.2**　对爬模安装标高的下层结构外形尺寸进行检查。大模板爬升时，新浇混凝土的强度不应低于 1.2MPa，支架爬升时承载体受力处的混凝土强度必须大于 10MPa，且必须满足设计要求。

**3.1.3**　爬模支架与主体结构的连接固定点的安装预理已经完成并经验收合格。

**3.1.4**　爬模装置应由专业生产厂家设计、制作，应进行产品制作质量检验，出厂前应进行至少两个机位的爬模装置安装试验、爬升性能试验和承载试验，并提供试验报告。

**3.1.5**　爬模装置现场安装后，应进行安装质量检验，对液压系统进行加压调试，检查密封件。爬升设备每次使用前应检查合格。

**3.1.6**　爬模装置专业操作人员应进行爬模施工安全、技术培训，特种作业人员应经专门培训，并应经建设行政主管部门考核合格，取得特种作业操作资格证书后方可上岗作业。

**3.1.7**　水源、电源已接通并保证连续供应，施工道路畅通。

**3.1.8**　爬模所需材料、机具和配件已进场并验收合格。

**3.2　材料及机具**

**3.2.1**　模板：面板材料选用钢板、酚醛树脂面膜的木（竹）胶合板等。钢模板应符合现行行业标准《建筑工程大模板技术标准》JGJ/T 74 的有关规定；木胶合板应符合现行国家标准《混凝土模板用胶合板》GB/T 17656 的有关规定，竹胶合板应符合现行行业标准《竹胶合板模板》JG/T 156 的规定。对拉螺栓宜选用高强度螺栓。

模板主要材料规格　　　　　　　　　　　　　　表 9-1

| 模板部位 | 模板品种 | | |
|---|---|---|---|
| | 组拼式大钢模板 | 钢框胶合板模板 | 木梁胶合板模板 |
| 面板 | 5～6mm 厚钢板 | 18mm 厚木胶合板<br>15mm 厚竹胶合板 | 18～21mm 厚木胶合板 |
| 边框 | 8mm×80mm 扁钢或<br>80mm×40mm×3mm 矩形钢管 | 60mm×120mm 空腹边框 | — |
| 竖肋 | ⊏8 槽钢或 80mm×40mm×3mm<br>矩形钢管 | 100mm×50mm×3mm<br>矩形钢管 | 80mm×200mm<br>木工字梁 |
| 加强肋 | 6mm 厚钢板 | 4mm 厚钢板 | — |
| 背肋 | ⊏10 槽钢、12 槽钢 | ⊏10 槽钢、12 槽钢 | ⊏10 槽钢、12 槽钢 |

**3.2.2** 架体、提升架、支承杆、吊架、纵向连系梁等构件所使用的钢材应符合现行国家标准《碳素结构钢》GB/T 700 中 Q235-A 钢的有关规定。架体、纵向连系梁等构件中采用的冷弯薄壁型钢，应符合现行国家标准《冷弯薄壁型钢结构技术规范》GB 50018 的有关规定。锥形承载接头、承载螺栓、挂钩连接座、导轨、防坠爬升器等主要受力构件材质设计确定。

**3.2.3** 所使用的各类钢材均应有产品合格的材质证明，并应符合设计要求和现行国家标准《钢结构设计标准》GB 50017 的有关规定。对于锥形承载接头、承载螺栓、挂钩连接座、导轨、防坠爬升器等重要受力构件，还应进行材料复检，并存档备案。

**3.2.4** 操作平台板宜选用 50mm 厚杉木或松木脚手板，其材质应符合现行国家标准《木结构设计规范》GB 50005 中 Ⅱ 级材质的有关规定；操作平台护栏可选择 $\phi$48×3.5 钢管或其他材料。

**3.2.5** 电焊条、焊剂等应符合现行国家标准的规定。

**3.2.6** 机具：

**1** 液压爬升系统的油缸、千斤顶可按表 9-2 选用。

油缸、千斤顶选用表 表 9-2

| 指标 ＼ 规格 | 油缸 | | | 千斤顶 | | |
|---|---|---|---|---|---|---|
| | 50kN | 100kN | 150kN | 100kN | 100kN | 200kN |
| 额定荷载 | 50kN | 100kN | 150kN | 100kN | 100kN | 200kN |
| 允许工作荷载 | 25kN | 50kN | 75kN | 50kN | 50kN | 100kN |
| 工作行程 | 150～600mm | | | 50～100mm | | |
| 支承杆外径 | — | | | 83mm | 102mm | 102mm |
| 支承杆壁厚 | — | | | 8.0mm | 7.5mm | 7.5mm |

**2** 钢筋机械：调直机、切断机、弯曲机、电焊机等。

**3** 混凝土机械：搅拌机、插入式振捣器、平板振捣器。

**4** 垂直运输机械：塔吊、输送泵、施工电梯、布料机等。现场起重机械应满足单块大模板的重量。

**5** 其他机具等。

## 4 操作工艺

### 4.1 工艺流程

爬模装置设计 → 爬模装置制作 → 爬模安装准备 → 爬模装置安装 →

爬模装置验收 → 爬模施工 → 水平构件施工 → 检查验收 → 爬模装置拆除

**4.2** 爬模装置设计：爬模应根据工程特点和施工因素，选择不同的爬模装置和承载体，满足爬模施工程序和施工要求。爬模装置应由专业生产厂家设计，设计包括整体设计、部件设计和计算三部分。

**4.2.1** 整体设计

**1** 爬模装置系统内容见表 9-3；

爬模装置系统　　　　　　　　　　　　　　　表 9-3

| 内容爬模装置分类 | 适用情形 | 模板系统 | 架体与操作平台系统 | 液压爬升系统 | 电气控制系统 |
|---|---|---|---|---|---|
| 采用油缸和架体的爬模装置 | 优点：适用于建筑平面简洁、结构空间较大、墙体截面较厚、结构体内有钢结构、设计允许楼板滞后施工时；不足：起始层只能在已有两层结构的前提下安装 | 组拼式大钢模板或钢框（或铝框、木梁）胶合板模板、阴角模、阳角模、钢背楞、对拉螺栓、铸钢螺母、铸钢垫片等 | 上架体、可调斜撑、上操作平台、下架体、架体挂钩、架体防倾调节支腿、下操作平台、吊平台、纵向连系梁、栏杆、安全网等 | 导轨、挂钩连接座、锥形承载接头、承载螺栓、油缸、液压控制台、防坠爬升器、各种油管、阀门及油管接头等 | 动力、照明、信号、通信、电源控制箱、电气控制台、电视监控等 |
| 采用千斤顶和提升架的爬模装置 | 优点：适用于建筑面积较大、结构空间狭窄、柱子与楼板需要同步施工时，可发挥整体、双面爬模优势；不足：不适用于结构体内有钢结构的施工。 | 组拼式大钢模板或钢框（或铝框）胶合板模板、阴角模、阳角模、钢背楞、对拉螺栓、铸钢螺母、铸钢垫片等 | 上操作平台、下操作平台、吊平台、外挑梁、外架立柱、斜撑、纵向连系梁、栏杆、安全网等 | 提升架、活动支腿、围圈、导向杆、挂钩可调支座、挂钩连接座、定位预埋件、导向滑轮、防坠挂钩、千斤顶、限位卡、支承杆、液压控制台、各种油管、阀门及油管接头等 | 动力、照明、信号、通信、电源控制箱、电气控制台、电视监控等 |

**2** 操作平台应考虑到施工操作人员的工作条件，确保施工安全，钢筋绑扎应在模板上口的操作平台上进行；

**3** 模板系统设计应符合：单块大模板的重量须满足现场起重机械要求；单块大模板可由若干标准板组拼，内外模板之间的对拉螺栓位置须相对应；单块大模板应至少配制两套架体或提升架，架体之间或提升架之间必须平行，弧形模板的架体或提升架应与该弧形的中点法线平等；

**4**　液压爬升系统的油缸、千斤顶和支承杆的规格应根据计算确定，并应符合：油缸、千斤顶选用的额定荷载不应小于工作荷载的 2 倍；支承杆的承载力应能满足千斤顶工作荷载要求；支承杆的直径应与选用的千斤顶相配套，支承杆的长度宜为 3~6m；支承杆在非标准层接长使用时，应用 $\phi48\times3.5$ 钢管和异形扣件进行稳定加固；

**5**　千斤顶机位不宜超过 2m，油缸机位不宜超过 5m，当机位间距内采用梁模板时，间距不宜超过 6m；

**6**　采用千斤顶的爬模装置，应均匀设置不少于 10% 的支承杆进入混凝土，其余支承杆的底端进入混凝土中的长度应大于 200mm。

**4.2.2**　部件设计

**1**　模板设计应符合表 9-4 规定；

模板部件设计　　　　　　　　　　　　　　　　　　表 9-4

| 模板部件 | 规　定 |
|---|---|
| 内模高度 | 楼层净空高度＋混凝土剔凿高度，并符合建筑模数制要求 |
| 外模高度 | 内模高度＋下接高度 |
| 角模宽度尺寸 | 应留足两边平模后退位置，角模与大模板企口连接处应留有退模空隙 |
| 平模、直角角模及钝角角模 | 设置脱模器 |
| 锐角角模 | 柔性角模，采用正反丝杠脱模 |
| 背楞 | 具有通用性、互换性，槽钢相背组合而成，腹板间距 50mm，其连接孔应满足模板与架体或提升的连接 |

**2**　架体设计应符合表 9-5 规定；

架体设计　　　　　　　　　　　　　　　　　　　　表 9-5

| 架体部件 | | 规　定 |
|---|---|---|
| 上架体 | | 高度宜为 2 倍层高，宽度不宜超过 1.0m，能满足支模、脱模、绑扎钢筋、浇筑混凝土操作需要 |
| 下架体 | 高度 | 宜为 1~1.5 倍层高，能满足油缸、导轨、挂钩连接座和吊平台的安装和施工要求 |
| | 宽度 | 不宜超过 2.4m，能满足上架体模板水平移动 400~600mm 的空间需要，并能满足导轨爬升、模板清理、涂刷脱模剂的需要 |
| 上、下架体均采用纵向连系梁将架体之间连成整体结构 | | |

**3**　提升架设计应符合表 9-6 规定；

提升架设计　　　　　　　　　　　　　　　　　　　表 9-6

| 提升架部件 | 规　定 |
|---|---|
| 横梁 | 总宽度应满足结构截面变化、模板后退和浇筑混凝土操作需要，其上的孔眼位置应满足千斤顶安装和结构截面变化时千斤顶位移要求 |

| 提升架部件 | 规　　定 |
|---|---|
| 立柱 | 高度宜为 1.5～2 倍层高，满足 0.5～1 层钢筋绑扎需要，应能带动模板后退 400～600mm，用于清理和涂刷脱模剂 |
| 活动支腿 | 当提升架立柱固定时，活动支腿应能带动模板脱开混凝土 50～80mm，以满足提升的空隙要求 |
| 提升架之间采用纵向连系梁连成整体结构 ||

**4**　承载螺栓和锥形承载接头设计应符合表 9-7 的规定；

**承载螺栓和锥形承载接头设计**　　　　　　　　表 9-7

| 部件 | 规　　定 |
|---|---|
| 承载螺栓 | 固定在墙体预留孔内的承载螺栓在垫板、螺母以外长度不少于 3 个螺距，垫板尺寸不小于 100mm×100mm×10mm |
| 锥形承载接头 | 应有可靠锚固措施，锥体螺母长度不应小于承载螺栓外径的 3 倍，预埋件和承载螺栓拧入锥体螺母的深度均不小于承载螺栓外径的 1.5 倍 |
| 当锥体螺母与外挂连接座设计成一个整体部件时，其挂钩部分的最小截面应按承载螺栓承载力计算方法计算 ||

**5**　防坠爬升器设计应符合：其与油缸两端的连接采用销接；其内承重棘爪的摆动位置须与油缸活塞杆的伸出与收缩协调一致，换向可靠，确保棘爪支承在导轨的梯挡上，防止架体坠落；

**6**　挂钩连接座设计应具有水平位置调节功能，以消除承载螺栓的施工误差；

**7**　导轨设计：应具有足够刚度，变形值不应大于 5mm，导轨设计长度不应小于 1.5 倍层高；导轨应满足与防坠爬升器相互运动的要求，其梯挡间距应与油缸行程相匹配；导轨顶部应与挂钩连接座进行挂接或销接，其中部应穿入架体防倾调节支腿中。

**4.2.3**　计算

**1**　设计荷载包括爬模装置自重、上操作平台施工荷载、下操作平台施工荷载、吊平台施工荷载、风荷载等；

**2**　爬模装置按施工、爬升、停工三种工况进行荷载效应组合；

**3**　模板计算应符合现行行业标准《建筑工程大模板技术标准》JGJ/T 74 和《钢框胶合板模板技术规程》JGJ 96 的有关规定。

**4.3**　**爬模装置制作**

**4.3.1**　爬模装置应有完整的设计图纸、工艺文件和产品标准，出厂时提供产品合格证。

**4.3.2**　爬模装置各种部件制作、下料、焊接应符合国家及行业相关标准和规范规定，钢部件焊接质量及零部件均应全数检查验收。

### 4.4 爬模安装准备

**4.4.1** 对锥形承载接头、承载螺栓中心标高和模板底标高进行抄平，当模板在楼板或基础底板上安装时，对高低不平的部位应作找平处理。

**4.4.2** 放墙轴线、墙边线、门窗洞口线、模板边线、架体或提升架中心线、提升架外边线。

**4.4.3** 对爬模安装标高的下层结构外形尺寸、预留承载螺栓孔、锥形承载接头进行检查，对超出允许偏差的结构进行剔凿修正。

**4.4.4** 绑扎完成模板高度范围内钢筋。

**4.4.5** 安装门窗洞模板、预留洞模板、预埋件、预埋管线。

**4.4.6** 模板板面刷脱模剂，机加工件需加润滑油。

**4.4.7** 在有楼板的部位安装模板时，应提前在下二层的楼板上预留洞口，为下架体安装留出位置。

**4.4.8** 在有门洞的位置安装架体时，应提前做好导轨上升时的门洞支承架。

### 4.5 爬模装置安装

进入施工现场的爬升系统中的大模板、爬升支架、爬升设备、脚手架及附件等经验收合格后方可使用。

**4.5.1** 采用油缸和架体的爬模装置，安装程序为：

安装前准备 → 架体预拼装 → 安装锥形承载接头和挂钩连接座 →

安装导轨、下架体和外吊架 → 安装纵向连系梁和平台铺板 →

安装栏杆和安全网 → 支设模板和上架体 → 安装液压系统并进行调试 →

安装测量观测装置

采用千斤顶和提升架的爬模装置，安装程序为：

安装前准备 → 支设模板 → 提升架预拼装 → 安装提升架和外吊架 →

安装纵向连系梁和平台铺板 → 安装栏杆和安全网 → 安装液压系统并进行调试 →

插入支承杆 → 安装测量观测装置

**4.5.2** 架体在首层安装前设置安装平台，在地面预拼装，安装平台应有保障施工人员安全的防护设施，安装平台的水平精度和承载力应满足架体安装要求，后用起重机械吊入预定位置，架体或提升架平面必须垂直于结构平面，架体、提升架必须安装牢固。

**4.5.3** 安装锥形承载接头前在模板相应位置钻孔，用配套承载螺栓连接；固定在墙体预留孔内的承载螺栓套管，安装时也应在模板相应孔位用与承载螺栓同直径的对接螺栓紧固（其定位中心允许偏差为 5mm），螺栓孔和套管孔应有可靠堵浆措施。

**4.5.4**　挂钩连接座安装固定必须采用专用承载螺栓，挂钩连接座应与构筑物表面有效接触，其承载螺栓紧固要求应符合表 9-7 规定，挂钩连接座安装中心允许偏差为 5mm。

**4.5.5**　安装好的模板之间拼缝应平整严密，逐间测量检查对角线并进行校正，确保直角准确。

**4.5.6**　液压系统安装完成后应进行系统调试和加压试验，见表 9-8，保压 5min，所有接头和密封处无渗漏。

液压系统调试和加压试验　　　　　　　　　　　表 9-8

| 爬模指标 | 额定压力 | 试验压力 |
|---|---|---|
| 千斤顶液压系统 | 8 MPa | 1.5 倍额定压力 |
| 油缸液压系统 | ≥16 MPa | 1.25 倍额定压力 |
| | <16 MPa | 1.5 倍额定压力 |

### 4.6　爬模装置验收

爬模装置首次安装完毕，对下列项目进行检查验收，符合要求后方可使用。

**4.6.1**　架体检查与验收

**1**　架体竖向主框架构造、水平支架构造、架体构造。

**2**　架体立杆、水平杆、剪刀撑设置。

**3**　附墙支座、防坠落装置、防倾覆设置、同步装置设置。

**4**　防护设施。

**4.6.2**　模板检查验收

模板截面尺寸、位置、拼缝严密、模板平整度、垂直度、标高。

### 4.7　爬模施工

**4.7.1**　施工程序

**1**　采用油缸和架体的爬模装置施工程序：

浇筑混凝土 → 混凝土养护 → 绑扎上层钢筋 → 安装门窗洞口模板 →

预埋承载螺栓套管或锥形承载接头 → 检查验收 → 脱模 → 安装挂钩连接座 →

导轨爬升、架体爬升 → 合模、紧固对拉螺栓 → 继续循环施工

**2**　采用千斤顶和提升架的爬模装置施工程序：

浇筑混凝土 → 混凝土养护 → 脱模 → 绑扎上层钢筋 →

爬升、绑扎剩余上层钢筋 → 安装门窗洞口模板 → 预埋锥形承载接头 →

检查验收 → 合模、紧固对拉螺栓 → 平构件施工 → 继续循环施工

**3** 非标准层层高大于标准层层高时，爬升模板可多爬升一次或在模板上口支模接高；非标准层层高小于标准层层高时，混凝土按实际高度要求浇筑。非标准层必须同标准层一样在模板上口以下规定位置预埋锥形承载接头或承载螺栓套管。

**4.7.2** 爬模装置提升、下降作业前检查验收，符合要求后方可实施。

**1** 支承结构与工程结构连接处混凝土强度符合要求；

**2** 附墙支座、升降装置设置、防坠落装置设置、防倾覆设置符合要求；

**3** 建筑物无障碍物阻碍架体的正常提升和下降；

**4** 架体构架上的连墙杆已拆除；

**5** 现场运行指挥人员到位、通信设备正常，监督检查人员到场；

**6** 电缆线路符合规范要求，专用开关箱设置就位。

**4.7.3** 油缸和架体的爬模装置的爬升

**1** 导轨爬升

导轨爬升前，对爬升接触面清除粘结物和涂刷润滑剂，防坠爬升器棘爪处于提升导轨状态，并确认架体固定在承载体和结构上，导轨锁定销键和底端支撑已松开；

导轨爬升由油缸和上、下防坠爬升器自动完成，爬升过程中设专人看护，确保导轨准确插入上层挂钩连接座。导轨进入挂钩连接座后，挂钩连接座上的翻转挡板必须及时挂住导轨上端挡块，同时调定导轨底部支撑，然后转换防坠爬升器棘爪爬升功能，使架体支撑在导轨梯挡上。

**2** 架体爬升

架体爬升前，拆除模板上的全部对拉螺栓和障碍物，清除架体上的材料，翻起所有安全盖板，解除相邻分段架体之间、架体与构筑物之间的连接，确认防坠爬升器处于爬升工作状态；确认下层挂钩连接座、锥体螺母或承载螺栓已拆除；检查液压设备均处于正常工作状态，承载体受力处的混凝土强度满足架体爬升要求，确认架体防倾调节支腿已退出，挂钩锁定销已拔出；架体爬升前要组织安全检查，合格后方可爬升；

架体可分段和整体同步爬升，同步爬升控制参数的设定：每段相邻机位间的升差值宜在 1/200 以内，整体升差值宜在 50mm 以内；

整体同步爬升应由总指挥统一指挥，各分段机位配备足够的监控人员。每个单元的爬升不宜中途交接班，不得隔夜再继续爬升，每单元爬升完毕应及时固定；

架体爬升过程中，设专人检查防坠爬升器，确保棘爪处于正常工作状态。当架体爬升进入最后 2～3 个爬升行程时，应转入独立分段爬升状态；

架体爬升到达挂钩连接座时，及时插入承力销，并旋出架体防倾调节支腿，

顶撑在混凝土结构上，使架体从爬升状态转入施工固定状态。

**4.7.4**　千斤顶和提升架的爬模装置的爬升

**1**　提升架爬升前准备工作：

墙体混凝土浇筑完毕未初凝前，将支承杆按规定埋入混凝土，墙体混凝土强度达到爬升要求并确定支承杆受力后，方可松开挂钩可调支座，并将其调至距离墙面约 100mm 位置处；

认真检查对拉螺栓、角模、钢筋、脚手板等是否有妨碍爬升的情况，清除所有障碍物。将标高测设在支承杆上，并将限位卡固定在统一的标高上，确保爬模平台标高一致；

**2**　提升架应整体同步爬升，千斤顶每次爬升的行程宜为 50～100mm，爬升过程中吊平台上应有专人观察爬升的情况，如有障碍物应及时排除并通知总指挥；

**3**　千斤顶的支承杆应设限位卡，每爬升 500～1000mm 调平一次，整体升差值宜在 50mm 以内。爬升过程中应及时将支承杆上的标高向上传递，保证提升位置的准确；

**4**　爬升过程中应确保防坠挂钩处于工作状态，随时对油路进行检查，发现漏油现象立刻停止爬升，分析原因并排除后才能继续爬升；

**5**　爬升完成，定位预埋件露出模板下口后，安装新的挂钩连接座，并及时将导向杆上部的挂钩可调支座同挂钩连接座连接。操作人员站在吊平台中部安装防坠挂钩及导向滑轮，并及时拆除下层挂钩连接座、防坠挂钩及导向滑轮。

**4.8**　**水平构件施工**

采用爬升模板施工的建（构）筑物水平构件，可按常规方法施工，并应注意以下方面：

**4.8.1**　安装模板前宜在下层结构表面弹出对拉螺栓、预埋承载螺栓套管或承载接头位置线，避免竖向钢筋同对拉螺栓、预埋承载螺栓套管或锥形承载接头位置相碰，竖向钢筋密集的工程，上述位置与钢筋相碰时，对钢筋进行调整。

**4.8.2**　钢筋与支承杆相碰时，及时调整钢筋位置。

**4.8.3**　墙内的承载螺栓套管或锥形承载接头、预埋铁件、预埋管线等同钢筋绑扎同步进行。

**4.8.4**　混凝土振捣时严禁振捣棒碰撞承载螺栓套管或锥形承载接头等。

**4.9**　**检查验收**

**4.9.1**　爬模装置应在下列阶段组织分段检查验收：

**1**　首次安装完毕；

**2**　提升或下降前；

**3**　提升、下降到位，投入使用前。

**4.9.2**　各阶段检查验收内容符合规范要求，合格后方可作业。

**4.9.3**　电气设施和线路应符合现行行业标准《施工现场临时用电安全技术规范》JGJ 46 的规定。

### 4.10　爬模装置拆除

**4.10.1**　总的原则为分段整体拆除、地面解体。拆除顺序一般为：悬挂脚手架和模板、爬升设备、爬升支架。

**4.10.2**　拆除爬模应有拆除方案，且应经技术负责人签署意见，应向有关人员进行技术交底后，方可实施拆除。

**4.10.3**　已经拆除的物件应及时清理、整修和保养，并运至指定地点存放备用。

**4.10.4**　在起重机械起重力矩允许范围内，平面按大模板分段，如果分段的大模板重量超过起重机械的最大起重量，可将其再分段。

**4.10.5**　采用油缸和架体的爬模装置，竖直方向分模板、上架体、下架体与导轨四部分拆除。采用千斤顶和提升架的爬模装置，竖直方向不分段，进行整体拆除。

**4.10.6**　最后一段爬模装置拆除时，要留有操作人员撤退的通道或脚手架。

## 5　质量标准

### 5.1　主控项目

**5.1.1**　爬升模板及其支架、操作平台必须具有足够的强度、刚度和稳定性。

**5.1.2**　混凝土工程、钢筋工程的主控项目质量标准应符合现行国家标准《混凝土结构工程施工质量验收规范》GB 50204 的规定。

### 5.2　一般项目

**5.2.1**　混凝土工程、钢筋工程的一般项目质量标准应符合现行国家标准《混凝土结构工程施工质量验收规范》GB 50204 的规定。

**5.2.2**　爬模装置安装和爬模施工工程混凝土结构的允许偏差应符合表 9-9 和表 9-10 的规定。

**爬模装置安装允许偏差**　　　　　　　　　　　　　　表 9-9

| 项　次 | 项　目 | 允许偏差（mm） | 检验方法 |
|---|---|---|---|
| 1 | 模板轴线与相应结构轴线位置 | 3 | 吊线、钢卷尺检查 |
| 2 | 截面尺寸 | ±2 | 钢卷尺检查 |
| 3 | 组拼成大模板的边长偏差 | ±3 | 钢卷尺检查 |
| 4 | 组拼成大模板的对角线偏差 | 5 | 钢卷尺检查 |
| 5 | 相邻模板拼缝高低差 | 1 | 平尺及塞尺检查 |

续表

| 项 次 | 项 目 | | 允许偏差（mm） | 检验方法 |
|---|---|---|---|---|
| 6 | 模板平整度 | | 3 | 2m靠尺及塞尺检查 |
| 7 | 模板上口标高 | | ±5 | 水准仪、拉线、钢卷尺检查 |
| 8 | 模板垂直度 | ≤5m | 3 | 吊线、钢卷尺检查 |
| | | >5m | 5 | 吊线、钢卷尺检查 |
| 9 | 背楞位置偏差 | 水平方向 | 3 | 吊线、钢卷尺检查 |
| | | 垂直方向 | 3 | 吊线、钢卷尺检查 |
| 10 | 架体或提升架垂直偏差 | 平面内 | ±3 | 吊线、钢卷尺检查 |
| | | 平面外 | ±5 | 吊线、钢卷尺检查 |
| 11 | 架体或提升架横梁相对标高差 | | ±5 | 水准仪检查 |
| 12 | 油缸或千斤顶安装偏差 | 架体平面内 | ±3 | 吊线、钢卷尺检查 |
| | | 架体平面外 | ±5 | 吊线、钢卷尺检查 |
| 13 | 锥形承载接头（承载螺栓）中心偏差 | | 5 | 吊线、钢卷尺检查 |
| 14 | 支承杆垂直偏差 | | 3 | 2m靠尺检查 |

爬模施工工程混凝土结构允许偏差 表 9-10

| 项 次 | 项 目 | | | 允许偏差（mm） | 检验方法 |
|---|---|---|---|---|---|
| 1 | 轴线位移 | 墙、柱、梁 | | 5 | 钢卷尺检查 |
| 2 | 截面尺寸 | 抹灰 | | ±5 | 钢卷尺检查 |
| | | 不抹灰 | | +4，-2 | 钢卷尺检查 |
| 3 | 垂直度 | 层高 | ≤5m | 6 | 经纬仪、吊线、钢卷尺检查 |
| | | | >5m | 8 | 经纬仪、吊线、钢卷尺检查 |
| | | 全高 | | $H/1000$ 且 $\leqslant 30$ | 经纬仪、钢卷尺检查 |
| 4 | 标高 | 层高 | | ±10 | 水准仪、拉线、钢卷尺检查 |
| | | 全高 | | ±30 | |
| 5 | 表面平整 | 抹灰 | | 8 | 2m靠尺及塞尺检查 |
| | | 不抹灰 | | 4 | |
| 6 | 预留洞口中心线位置 | | | 15 | 钢卷尺检查 |
| 7 | 电梯井 | 井筒长、宽定位中心线 | | +25，0 | 钢卷尺检查 |
| | | 井筒全高（$H$）垂直度 | | $H/1000$ 且 $\leqslant 30$ | 2m靠尺及塞尺检查 |

# 6 成品保护

**6.0.1** 未浇筑楼板混凝土前，不得随意踩踏楼板负弯矩钢筋、悬挑钢筋。

**6.0.2** 振捣混凝土时，振捣棒尽量避免振动钢筋、模板及构件，以免钢筋移位、模板变形或埋件脱落，模板爬升时，不得振捣混凝土。

**6.0.3** 爬模装置爬升时，架体下端应设有滑轮，防止架体硬物划伤混凝土。

**6.0.4** 加强爬模装置液压系统的维修保养，避免液压油污染钢筋和混凝土。

**6.0.5** 混凝土浇筑位置的操作平台应采取铺铁皮、设置铁簸箕等措施，防止下层混凝土表面受污染。

**6.0.6** 爬模装置脱模时，应保证混凝土表面及棱角不受损伤。

**6.0.7** 混凝土出模后，及时进行表面修整，浇水养护。

# 7 注意事项

## 7.1 应注意的质量问题

**7.1.1** 阴角模宜后插入安装，阴角模的两个直角边应同相邻平模板搭接紧密。爬模施工应在合模完成和混凝土浇筑后两次进行垂直偏差测量，并填写《爬模工程垂直偏差测量记录》。如有偏差，应在上层模板紧固前进行校正。

**7.1.2** 混凝土浇筑要均匀下料，分层浇筑，分层振捣，并应变换浇筑方向，顺时针逆时针交错进行，保证结构垂直度。

**7.1.3** 爬升模板要每层清理、涂刷脱模剂，以保证混凝土外观效果。

## 7.2 应注意的安全问题

**7.2.1** 操作平台上应在显著位置注明允许荷载值，设备、材料及人员等荷载应均匀分布，不得超载；并按要求设置灭火器，施工消防供水系统随爬模施工同步设置，平台上进行电气焊作业时应有防火措施，并专人看护。

**7.2.2** 上、下操作平台均应满铺脚手板，爬模装置爬升时不得堆放钢筋等施工材料，非操作人员应撤离操作平台。上架体、下架体全高范围及下端平台底部均应安装防护栏及安全网；下操作平台及下架体下端平台与结构表面间应设置翻板和兜网。

**7.2.3** 爬模施工临时用电线路架设及架体接地、避雷措施应符合现行行业标准《施工现场临时用电安全技术规程》JGJ 46 的有关规定。

**7.2.4** 对后退进行清理的外墙模板应及时恢复停放在原合模位置，并应临时拉结固定；架体爬升时，模板距结构表面不应大于 300mm。

**7.2.5** 爬升时作业人员应站在固定件上，不得站在爬升件上爬升，爬升过程中应防止晃动与扭转。作业人员应背工具袋，以便存放工具和拆下的零件，防止物件跌落，且严禁高空向下抛物，每步脚手架间应设置爬梯，作业人员应由爬梯上下，进入爬架应在爬架内上下，严禁攀爬模板、脚手架和爬架外侧。

**7.2.6** 爬模施工现场必须有明显的安全标志，爬模安装拆除时应先清除脚手架上的垃圾杂物，并应设置围栏和警戒标志，警戒区由专人监护，严禁交叉作业及非操作人员入内。五级及以上大风应停止拆除作业。

**7.2.7**　操作平台与地面间应有可靠的通信联络，爬升和拆除过程中应分工明确、各负其责，由爬模总指挥实行统一指挥、规范指令，操作人员发现不安全问题应及时处理、排除并立即向总指挥反馈信息。参加拆除的人员须系好安全带并扣好保险钩，每起吊一段模板或架体前，操作人员必须离开。

**7.2.8**　所有螺栓孔均应安装螺栓，螺栓应紧固。

**7.3**　**应注意的绿色施工问题**

**7.3.1**　爬模装置应做到模数化、标准化，可在多项工程使用，减少能源消耗。

**7.3.2**　液压系统宜采用耐腐蚀、防老化、具备优良密封性能的油管，防止漏油造成环境污染。

**7.3.3**　模板表面宜选用无污染、环保型脱模剂。

**7.3.4**　爬模施工中应有注意噪声污染。

# 8　质量记录

**8.0.1**　原材料合格证、出厂检验报告和进场复验报告。

**8.0.2**　爬模装置产品合格证。

**8.0.3**　爬模装置安装质量验收记录。

**8.0.4**　爬模工程垂直偏差测量记录。

**8.0.5**　爬模工程安全检查表。

**8.0.6**　爬升时混凝土立方体抗压强度同条件养护试件试验报告。

**8.0.7**　特种作业人员和管理人员岗位证书。

**8.0.8**　钢筋、混凝土施工记录及质量管理文件。

**8.0.9**　其他技术文件。

# 第10章 钢筋加工制作

本工艺标准适用于钢筋加工厂（场）的钢筋加工制作。

## 1 引用标准

《混凝土结构工程施工规范》GB 50666—2011

《钢筋锚固板应用技术规程》JGJ 256—2011

《混凝土中钢筋检测技术规程》JGJ/T 152—2008

《冷轧带肋钢筋混凝土结构技术规程》JGJ 95—2011

《建筑工程冬期施工规程》JGJ/T 104—2011

《混凝土结构设计规范》GB 50010—2010（2015 版）

《混凝土结构工程施工质量验收规范》GB 50204—2015

《钢筋混凝土用钢　第 1 部分：热轧光圆钢筋》GB 1499.1—2017

《钢筋混凝土用钢　第 2 部分：热轧带肋钢筋》GB 1499.2—2018

《低碳钢热轧圆盘条》GB/T 701—2008

《钢筋混凝土用余热处理钢筋》GB 13014—2013

《冷轧带肋钢筋》GB/T 13788—2017

## 2 术语

**2.0.1** 成型钢筋：采用专用设备，按规定尺寸、形状预先加工成型的普通钢筋制品。

## 3 施工准备

### 3.1 作业条件

**3.1.1** 应编制钢筋专项施工方案。

**3.1.2** 钢筋原材复试合格，根据设计图纸完成钢筋料表编制、审核工作。

**3.1.3** 钢筋抽料人员要熟识图纸、会审纪要、设计变更、技术核定及现行施工规范，按图纸要求的钢筋规格、形状、尺寸、数量，正确合理地填写钢筋抽料表，计算出钢筋用量。

**3.1.4** 各种设备在操作前检修完好，保证正常运转，并符合安全要求规定。

### 3.2　材料及机具

### 3.2.1　材料

**1**　钢筋宜采用高强钢筋，主要型号为：HPB300 光圆钢筋，HRB335、HRB335E、HRB400、HRB400E、HRB500、HRB500E、HRBF335、HRBF335E、HRBF400、HRBF400E、HRBF500、HRBF500E、RRB400 等带肋钢筋等。各种规格、级别的钢筋必须有出厂质量证明书（合格证），钢筋进场时，应按国家现行相关标准的规定抽取试件作屈服强度、抗拉强度、伸长率、弯曲性能和重量偏差检验，检验结果应符合相应标准的规定。对于进口钢材须增加化学检验，经检验合格后方能使用。

**2**　对有抗震设防要求的结构，其纵向受力钢筋的性能应满足设计要求；当设计无具体要求时，对按一、二、三级抗震等级设计的框架和斜撑构件（含梯段）中的纵向受力普通钢筋应采用 HRB335E、HRB400E、HRB500E、HRBF335E、HRBF400E 或 HRBF500E 钢筋，其强度和最大力下总伸长率的实测值，应符合下列规定：

1)　钢筋的抗拉强度实测值与屈服强度实测值的比值不应小于 1.25；

2)　钢筋的屈服强度实测值与屈服强度标准值的比值不应大于 1.30；

3)　钢筋的最大力下总伸长率不应小于 9%。

**3**　钢筋宜采用专业化生产的成型钢筋，钢筋连接方式应根据设计要求和施工条件选用。

### 3.2.2　机械设备

钢筋冷拉机、调直机、切断机、弯曲成型机、弯箍机、电动套丝机、无齿锯、钢尺、角尺、画针及相应吊装设备等。

## 4　操作工艺

### 4.1　工艺流程

钢筋清洁、除锈 → 钢筋调直 → 钢筋下料 → 钢筋成型 → 半成品检验、堆放

### 4.2　钢筋清洁、除锈

钢筋的表面应清洁、无损伤，油渍、漆污和铁锈应在加工前清除干净。带有颗粒状或片状老锈的钢筋不得使用。钢筋除锈可采用手工除锈，即采用钢丝刷、砂轮等工具除锈；钢筋冷拉或钢丝调直除锈；机械方法除锈，如采用电动除锈机等。

### 4.3　钢筋调直

**4.3.1**　钢筋宜采用无延伸功能的机械设备进行调直，也可采用冷拉方法调直。当采用冷拉方法调直盘圆钢筋时，要控制冷拉率。HPB300 级钢筋的冷拉率

不宜大于4‰；HRB335级、HRB400级及RRB400冷拉率不宜大于1‰；钢筋应先拉直，然后量其长度再行冷拉；在负温下冷拉调直时，环境温度不应低于−20℃。

**4.3.2**　钢筋调直后应平直，不应有局部弯折、死弯、小波浪形，其表面伤痕不应使钢筋截面减少5%以上。预制构件的吊环不得冷拉，应采用Ⅰ级热轧钢筋制作。

### 4.4　钢筋下料

钢筋下料应合理统筹配料，根据钢筋编号、直径、长度和数量，长短搭配，统筹排料，一般先断长料，后断短料，尽量减少和缩短钢筋短头，以节约钢材。避免用短尺量长料，产生累积误差。切断操作时应在工作台上标出尺寸刻度，并设置控制断料尺寸用的挡板。向切断机送料时，应将钢筋摆直，避免弯成弧形，操作者应将钢筋握紧，在刀片向后退时送进钢筋。切断长300mm以下钢筋时，应采取相应措施，防止发生事故。只允许用切割机割断，不得用电弧切割。钢筋下料长度应按下列情况综合考虑：

**4.4.1**　直钢筋下料长度＝构件长度−保护层厚度＋弯钩增加长度。

**4.4.2**　弯起钢筋下料长度＝直段长度＋斜弯长度−弯曲调整值＋弯钩增加长度。

**4.4.3**　箍筋下料长度＝箍筋内周长＋箍筋调整值＋弯钩增加长度。

### 4.5　钢筋成型

**4.5.1**　钢筋下料后，根据钢筋料牌上标明的尺寸，用石笔或画针将各弯曲点位置画出，复核尺寸无误后，进行弯曲成型。

**4.5.2**　钢筋弯钩有半圆弯钩、直弯钩及斜弯钩三种形式。钢筋弯曲后，弯曲处内皮收缩、外皮延伸、轴线长度不变，弯曲处形成圆弧，弯起后尺寸大于下料尺寸。钢筋弯曲前，对形状复杂的钢筋（如弯起钢筋），根据钢筋料牌上标明的尺寸，用石笔将各弯曲点位置画出，根据不同的弯曲角度扣除弯曲调整值，其扣法是从相邻两段长度中各扣一半；钢筋端部带半圆弯钩时，该段长度画线时增加0.5$d$（$d$为钢筋直径）；画线工作宜从钢筋中线开始向两边进行，两边不对称的钢筋，也可从钢筋一端开始画线，如画到另一端有出入时，则应重新调整。

**4.5.3**　钢筋弯折的弯弧内直径应符合下列规定：

**1**　光圆钢筋，不应小于钢筋直径的2.5倍；

**2**　335MPa级、400MPa级带肋钢筋，不应小于钢筋直径的4倍；

**3**　500MPa级带肋钢筋，当直径为28mm以下时不应小于钢筋直径的6倍，当直径为28mm及以上时不应小于钢筋直径的7倍；

**4**　位于框架结构顶层端节点处的梁上部纵向钢筋和柱外侧纵向钢筋，在节点角部弯折处，当钢筋直径为28mm以下时不宜小于钢筋直径的12倍，当钢筋直径为 28mm 及以上时不宜小钢筋直径的 16 倍；

**5**　箍筋弯折处尚不应小于纵向受力钢筋直径；箍筋弯折处纵向受力钢筋为搭接钢筋或并筋时，应按钢筋实际排布情况确定箍筋弯弧内直径。

**4.5.4**　纵向受力钢筋的弯折后平直段长度应符合设计要求，光圆钢筋末端做 180°弯钩时，弯钩的平直段长度不应小于钢筋直径的 3 倍。弯起钢筋中间部位弯折处的弯曲直径 $D$，不小于钢筋直径 $d$ 的 5 倍。弯起钢筋弯起角度及斜边长度计算简图见图 10-1，系数见表 10-1。

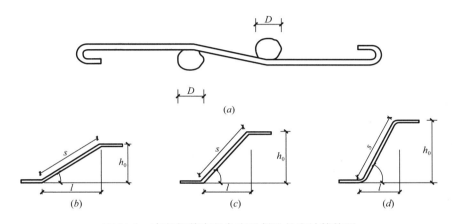

图 10-1　弯起钢筋弯起角度及斜边长度计算简图
（$a$）弯曲直径；（$b$）弯起角度 30°；（$c$）弯起角度 45°；（$d$）弯起角度 60°

**弯起钢筋斜长系数表**（mm）　　　　　　　　　　　　表 10-1

| 弯起角度 | 30° | 45° | 60° |
|---|---|---|---|
| 斜边长度 $S$ | $2h_0$ | $1.41h_0$ | $1.15h_0$ |
| 底边长度 $l$ | $1.732h_0$ | $h_0$ | $0.575h_0$ |
| 增加长度 $Sl$ | $0.268h_0$ | $0.41h_0$ | $0.575h_0$ |

注：$h_0$ 为弯起高度。

**4.5.5**　由于弯芯直径理论计算与实际不一致，在半圆弯钩实际配料时，增加长度见表 10-2。

**钢筋弯曲调整值**（mm）　　　　　　　　　　　　　表 10-2

| 钢筋直径（mm） | ≤6.5 | 8～10 | 12～18 | 20～28 | 32～36 |
|---|---|---|---|---|---|
| 一个弯钩长度（mm） | $4d$ | $6d$ | $5.5d$ | $5d$ | $4.5d$ |

注：$d$ 为钢筋直径。

**4.5.6**　箍筋、拉筋的末端应按设计要求作弯钩，并应符合下列规定：

　　**1**　对一般结构构件，箍筋弯钩的弯折角度不应小于90°，弯折后平直部分长度不应小于箍筋直径的5倍；对有抗震设防及设计有专门要求的结构构件，箍筋弯钩的弯折角度不应小于135°，弯折后平直部分长度不应小于箍筋直径的10倍和75mm的较大值；

　　**2**　圆形箍筋的搭接长度不应小于其受拉锚固长度，且两末端均应作不小于135°的弯钩，弯折后平直部分长度对一般结构构件不应小于箍筋直径的5倍，对有抗震设防要求的结构构件不应小于箍筋直径的10倍和75mm的较大值；

　　**3**　拉筋用作梁、柱复合箍筋中单肢箍筋或梁腰筋间拉结筋时，两端弯钩的弯折角度均不应小于135°，弯折后平直部分长度不应小于箍筋直径的10倍和75mm的较大值；拉筋用作剪力墙、楼板等构件中拉结筋时，两端弯钩可采用一端135°另一端90°，弯折后平直段长度不应小于拉筋直径的5倍。

**4.5.7**　当钢筋采用机械锚固措施时，钢筋锚固端的加工应符合国家现行相关标准的规定。采用钢筋锚固板时，应符合现行行业标准《钢筋锚固板应用技术规程》JGJ 256 的有关规定。

**4.5.8**　箍筋调整值即为弯钩增加长度和弯曲调整值两项之差或和，钢筋调整值见表 10-3。

箍筋调整值（mm）　　　　　　　　　　　　　　　　　　表 10-3

| 箍筋量度方法 | 箍筋直径（mm） | | | |
| --- | --- | --- | --- | --- |
| | 4～5 | 6.5 | 8 | 10～12 |
| 量外包尺寸 | 40 | 50 | 60 | 70 |
| 量内包尺寸 | 80 | 100 | 120 | 150～170 |

### 4.6　半成品检验、堆放

**4.6.1**　钢筋加工成型后，按照配料单的要求复查钢筋的规格、型号、形状等是否符合设计要求及施工规范的规定。

**4.6.2**　按照配料单的钢筋规格、形状、使用部位分别进行堆放，并采用标识牌进行标识。

## 5　质量标准

### 5.1　主控项目

**5.1.1**　钢筋进场时，应按国家现行相关标准的规定抽取试件作力学性能和重量偏差检验，检验结果必须符合有关标准的规定。

**5.1.2**　当发现钢筋脆断、焊接性能不良或力学性能显著不正常等现象时，应对该批钢筋进行化学成分检验或其他专项检验。

**5.1.3**　盘卷钢筋调直后应进行力学性能和重量偏差的检验，其强度应符合有关标准的规定。

盘卷钢筋和直条钢筋调直后的断后伸长率、重量负偏差应符合表 10-4 的规定。

盘卷钢筋调直后的断后延长率、重量负偏差要求　　　　　表 10-4

| 钢筋牌号 | 断后伸长率 A（%） | 重量偏差（%） | |
|---|---|---|---|
| | | 直径 6～12mm | 直径 14～16mm |
| HPB300 | ≥21 | ≥−10 | — |
| HRB335、HRBF335 | ≥16 | ≥−8 | ≥−6 |
| HRB400、HRBF400 | ≥15 | | |
| RRB400 | ≥13 | | |
| HRB500、HRBF500 | ≥14 | | |

注：断后伸长率 A 的量测标距为 5 倍钢筋直径。

**5.1.4**　钢筋弯折的弯弧内直径，箍筋、拉筋的末端弯钩等应符合 4.5.3～4.5.6 条规定要求。

**5.2　一般项目**

**5.2.1**　钢筋应平直、无损伤、表面不得有裂纹、油污、颗粒状或片状老锈。

**5.2.2**　钢筋加工的形状、尺寸应符合设计要求，其偏差应符合表 10-5 的规定。

钢筋加工的允许偏差　　　　　表 10-5

| 项　　　目 | 允许偏差（mm） |
|---|---|
| 受力钢筋沿长度方向的净尺寸 | ±10 |
| 弯起钢筋的弯折位置 | ±20 |
| 箍筋外廓尺寸 | ±5 |

# 6　成品保护

**6.0.1**　各种类型钢筋半成品，应按规格、型号、品种堆放整齐，挂好标志牌，堆放场所应有遮盖，防止雨淋日晒。

**6.0.2**　钢筋及半成品应采用专用钢筋车进行运输，应小心装卸，不应随意抛掷，避免钢筋变形。

# 7　注意事项

## 7.1　应注意的质量问题

**7.1.1**　钢筋进场时应按下列规定检查性能及重量：

**1** 应检查钢筋的质量证明书；

**2** 应按国家现行有关标准、规范的规定抽取试件进行相关性能检验；

**3** 经产品认证符合要求的钢筋，其检验批量可扩大一倍。在同一工程项目中，同一厂家、同一牌号、同一规格的钢筋连续三次进场检验均合格时，其后的检验批量可扩大一倍；

**4** 钢筋的表面质量应符合国家现行有关标准的规定；

**5** 当无法准确判断钢筋品种、牌号时，应增加化学成分、晶粒度等检验项目。

**7.1.2** 成型钢筋进场时，应检查成型钢筋的质量证明书及成型钢筋所用材料的检验合格报告，并应抽样检验成型钢筋的屈服强度、抗拉强度、伸长率。检验批量可由合同约定，且同一工程、同一原材料来源、同一组生产设备生产的成型钢筋，检验批量不应大于 30t。

**7.1.3** 盘卷供货的钢筋调直后应抽样检验力学性能和单位长度重量偏差，其强度应符合国家现行有关产品标准的规定，断后伸长率、单位长度重量偏差应符合现行国家标准《混凝土结构工程施工质量验收规范》的有关规定。

**7.1.4** 当钢筋的品种、级别或规格需作变更或代换时，应办理设计变更文件。

**7.1.5** 焊条、焊剂的牌号、性能以及接头中使用的钢板和型钢均必须符合设计要求和有关标准的规定。钢筋试件、预应力筋试件的抽样方法、抽样数量、制作要求和试验方法等应符合国家现行有关标准的规定。

**7.1.6** 冷拉、冷拔钢筋的机械性能必须符合设计要求和施工规模的规定。

**7.1.7** 钢筋规格、形状、尺寸、数量、锚固长度、接头位置必须符合设计要求和施工规范规定。

**7.1.8** 对于 HPB300 级钢筋可进行一次重新调直和弯曲，其他级别钢筋不宜重新调直和弯曲。

**7.1.9** 钢筋加工宜在常温状态下进行，加工过程中不应加热钢筋。钢筋弯折应一次完成，不得反复弯折。冬期施工应采取相应防护措施。

## 7.2 应注意的安全问题

**7.2.1** 机械必须设置防护装置，注意每台机械必须一机一闸并设漏电保护开关。

**7.2.2** 工作场所保持道路畅通，危险部位必须设置明显标志。

**7.2.3** 操作人员必须持证上岗，熟识机械性能和操作规程。

**7.2.4** 电器设备和供电系统如发生故障，应由专业电工修理。

**7.2.5** 清理设备周围杂物，保持设备清洁完好，工作结束后立即将电源关闭，锁上电源开关。

### 7.3　应注意的绿色施工问题

**7.3.1**　钢筋除锈时，操作人员要戴好防护眼镜、口罩手套等防护用品，并将袖口扎紧。

**7.3.2**　使用电动除锈时，应先检查钢丝刷固定有无松动，检查封闭式防护罩装置、吸尘设备和电气设备的绝缘及接零或接地保护是否良好，防止机械和触电事故；做好机械油污收集、处理工作；加工送料时，操作人员要侧身操作，严禁在除锈机前方站人，长料除锈要两人操作，互相呼应，紧密配合。

**7.3.3**　注意钢筋机械的使用时间，控制噪声排放。

**7.3.4**　运输材料尽量安排白天，减少夜间运输机械噪声。

**7.3.5**　对参加施工人员进行教育，夜间不大声喧哗，施工时轻拿轻放，严禁敲打物体。

## 8　质量记录

**8.0.1**　钢筋合格证、出厂检验报告和进场复验报告。

**8.0.2**　钢筋加工检验批质量验收记录。

**8.0.3**　其他技术文件等。

# 第 11 章　钢筋绑扎与安装

本工艺标准适用于混凝土结构工程的钢筋骨架绑扎与安装。

## 1　引用标准

《混凝土结构工程施工规范》GB 50666—2011

《冷轧带肋钢筋混凝土结构技术规程》JGJ 95—2011

《建筑工程冬期施工规程》JGJ/T 104—2011

《混凝土结构工程施工质量验收规范》GB 50204—2015

《钢筋焊接及验收规程》JGJ 18—2012

《混凝土结构设计规范》GB 50010—2010（2015 版）

《钢筋机械连接技术规程》JGJ 107—2016

## 2　术语

**2.0.1**　钢筋保护层：是最外层钢筋外边缘至混凝土表面的距离。

## 3　施工准备

### 3.1　作业条件

**3.1.1**　应编制专项钢筋施工方案，认真验收上道工序。

**3.1.2**　熟识图纸，核对半成品钢筋的级别、直径、形状、尺寸和数量等是否与料单料牌相符，如有错漏，应纠正增补。

**3.1.3**　绑扎部位位置上所有杂物应在安装前清理干净。

### 3.2　材料及机具

**3.2.1**　材料

钢筋半成品的质量要符合设计图纸要求。钢筋绑扎用的铁丝，采用 20～22 号铁丝（镀锌铁丝），其长度依据钢筋规格参考表 11-1。钢筋安装时，受力钢筋的牌号、规格和数量必须符合设计要求，保护层垫块要有足够的强度。

镀锌铁丝长度规格参考表　　　　表 11-1

| 钢筋直径（mm） | 3～5 | 6～8 | 10～12 | 14～16 | 18～20 | 22 | 25 | 28 | 32 |
|---|---|---|---|---|---|---|---|---|---|
| 3～5 | 120 | 130 | 150 | 170 | 190 | | | | |
| 6～8 | | 150 | 170 | 190 | 220 | 250 | 270 | 290 | 320 |
| 10～12 | | | 190 | 220 | 250 | 270 | 290 | 310 | 340 |
| 14～16 | | | | 250 | 270 | 290 | 310 | 330 | 360 |
| 18～20 | | | | | 290 | 310 | 330 | 350 | 380 |
| 22 | | | | | | 330 | 350 | 370 | 400 |

### 3.2.2　机具

常用的钢筋钩、带扳口的小撬棍、绑扎架、卷尺、粉笔（或石笔）、专用运输机具等。

## 4　操作工艺

### 4.1　基础钢筋绑扎

#### 4.1.1　工艺流程

画钢筋位置线 → 摆放钢筋、加保护层垫块 → 钢筋绑扎

#### 4.1.2　画钢筋位置线

按图纸标明的钢筋间距，算出底板实际需要的钢筋根数，一般靠近底板模板边的钢筋离模板边为 50mm，在垫层上弹出钢筋位置线。

#### 4.1.3　摆放钢筋、加保护层垫块

1　按弹出的钢筋位置线，先铺底板下层钢筋。铺设顺序根据设计要求，一般情况下先铺短向钢筋，再铺长向钢筋；

2　摆放底板混凝土保护层垫块，垫块厚度等于保护层厚度，按每 1m 左右距离梅花形摆放，如基础底板较厚或基础梁及底板用钢量较大，摆放距离可适当缩小。

#### 4.1.4　钢筋绑扎

1　钢筋绑扎时，单向板靠近外围两行的相交点应全部绑扎，中间部分的相交点可相隔交错绑扎，但必须保证受力钢筋不位移。双向受力的钢筋则需将钢筋交叉点全部绑扎牢，如采用一面顺扣应交错变换方向，也可采用八字扣，但必须保证钢筋不位移。

2　基础底板采用双层钢筋时，绑完下层钢筋后，摆放钢筋马凳或钢筋支架，间距以 1m 左右为宜，在马凳上摆放上层纵横两个方向定位钢筋。钢筋网的绑扎同底板下层钢筋。

**3**　底板钢筋如有绑扎接头时，应按照规范要求错开搭接接头位置，钢筋搭接处应用铁丝在接头中心及两端扎牢，绑扣不少于 3 个。如采用焊接或机械连接接头，接头位置应符合现行《混凝土结构工程施工质量验收规范》要求规定。

**4**　有弯钩的钢筋应按设计要求朝向绑扎，如设计无要求时，底层钢筋弯钩朝上，上层钢筋弯钩朝下。

**5**　根据弹好的墙、柱位置线，将墙、柱伸入基础的插筋绑扎牢固，插入基础深度应符合设计要求，甩出长度不宜过长，其上端应采取措施保证甩筋垂直、不歪斜、不倾倒、不变位。

### 4.2　柱子钢筋绑扎

#### 4.2.1　工艺流程

清整插筋 → 套柱箍筋 → 安装竖向受力筋 → 画箍筋间距线 → 绑扎箍筋

#### 4.2.2　清整插筋

对插筋上的锈皮、水泥浆等污垢清除干净，并整理调直钢筋。

#### 4.2.3　套柱箍筋

按图纸要求间距，计算好每根柱箍筋数量，将箍筋套在下层伸出的搭接钢筋上，箍筋的弯钩叠合处应沿柱子竖筋交错布置。

#### 4.2.4　安装竖向受力筋

下层柱的钢筋露出楼面部分，宜收进一个柱箍直径，以利于上层柱的钢筋连接。当柱截面有变化时，其下层柱钢筋的露出部分，应在绑扎梁的钢筋之前，能按照 1∶6 进行收缩的，先行收缩弯折准确，否则进行重新插筋。采用搭接时柱子主筋立起之后，在搭接长度内，绑扣不少于 3 个。

#### 4.2.5　画箍筋间距线

在立好的竖向柱子钢筋上，按图纸要求用粉笔画箍筋间距线。

#### 4.2.6　绑扎箍筋

**1**　按已画好的箍筋位置线，将已套好的箍筋往上移动，由上往下绑扎，宜采用缠扣绑扎；

**2**　箍筋与主筋应垂直，箍筋的接头应交错排列垂直放置。箍筋转角处于主筋交点应全部绑扎，主筋与箍筋非转角部分的相交点宜采用梅花形交错绑扎。绑扎箍筋时，绑扎扣要相互成八字形绑扎。竖向钢筋的弯钩应朝向柱心，角部钢筋的弯钩平面与模板面夹角，对矩形柱应为 45°角，截面小的柱，用插入振动器时，弯钩和模板所成的角度不应小于 15°；

**3**　有抗震要求的地区，柱箍筋弯钩应弯成 135°，平直部分长度不小于箍筋直径的 10 倍。如箍筋采用 90°搭接，搭接处应焊接，焊缝长度单面焊缝不小于箍筋直径的 10 倍；

**4**　柱上下两端箍筋应加密，加密区长度及加密区内箍筋间距应符合设计图纸要求。如设计要求箍筋设拉筋时，拉筋应钩住箍筋，见图 11-1；

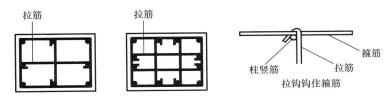

图 11-1　柱箍筋弯钩示意图

**5**　柱筋保护层厚度应符合设计要求。保护层采用塑料卡卡在柱竖向筋外皮，间距一般不大于 1000mm，以保证主筋保护层厚度准确。

### 4.3　剪力墙钢筋绑扎

#### 4.3.1　工艺流程

绑扎竖向定位筋 → 画水平筋间距 → 绑定位横筋 → 绑其余横竖筋

#### 4.3.2　绑扎竖向定位筋

根据测设的轴线，绑扎竖向定位筋，将竖向钢筋进行定位。

#### 4.3.3　画水平筋间距

将竖筋与下层伸出的搭接钢筋绑扎（焊接或机械连接），在 2～4 根竖筋上画好水平筋分档标志。横竖筋的间距及位置应符合设计要求。

#### 4.3.4　绑定位横筋

在下部及约 1.5m 高度绑两根横筋定位，并在横筋上画好竖筋分档标志。

#### 4.3.5　绑其余横竖筋

**1**　横竖筋的放置位置应符合设计要求，接着绑其余竖筋，最后再绑其余横筋；

**2**　竖筋与伸出搭接筋的搭接处需绑 3 根水平筋，搭接长度应符合设计及规范要求；

**3**　剪力墙筋应全部绑扎，双排钢筋之间应绑拉筋或支撑筋，其纵横间距不大于 600mm，用垫块或塑料卡绑扎或卡在竖筋的外皮上；

**4**　剪力墙与框架柱连接处，剪力墙水平横筋应锚固到框架柱内，其锚固长度应符合设计要求。如先浇筑柱混凝土后绑剪力墙钢筋，应在柱中预留钢筋进行搭接，预留搭接长度应符合设计要求；

**5**　剪力墙水平筋在两端头、转角、十字节点、连梁等部位的锚固长度及洞口周围加固筋等，应符合设计抗震要求；

**6**　合模后对伸出的竖向钢筋应进行修整，宜在搭接处绑一道横筋（或安装定位框）定位，浇筑混凝土时应有专人看管，浇筑后再次调整以保证钢筋位置的准确。

### 4.4　梁钢筋绑扎

#### 4.4.1　工艺流程

画主（次）梁箍筋间距、摆放箍筋 → 穿主（次）梁底层纵筋 →

穿主（次）梁上部筋 → 主（次）梁箍筋绑扎

#### 4.4.2　画主（次）梁箍筋间距，摆放钢筋

**1**　在梁模板上画出箍筋间距，摆放钢筋；

**2**　箍筋在叠合处的弯钩，在梁中应交错绑扎，箍筋弯钩为135°，平直部分长度为箍筋直径的10倍，如采用封闭箍时，单面焊缝长度为箍筋直径的5倍；

**3**　梁端第一个箍筋应按图纸要求留置，梁端与柱交接处箍筋应加密，其间距与加密区长度应符合设计要求。

#### 4.4.3　穿主（次）梁底层纵筋

**1**　先穿主梁的下部纵向钢筋及弯起钢筋，将箍筋按已画好的间距逐个分开，穿次梁的下部纵向钢筋及弯起钢筋，并套好箍筋；

**2**　在主（次）梁筋下均应垫水泥砂浆垫块或塑料卡，保证保护层的厚度。受力钢筋为双排时，钢筋排距及间距应符合设计及规范要求；

**3**　梁钢筋的连接方式应符合设计要求，一般梁的受力钢筋直径等于或大于22mm时，宜采用焊接接头或机械连接接头；直径小于22mm时，可采用绑扎接头。钢筋接头不宜位于构件最大弯矩处，接头与钢筋弯折处的距离，不得小于钢筋直径的10倍。

#### 4.4.4　穿主（次）梁上部筋

**1**　穿主（次）梁上部的架立筋及纵向受力钢筋，设计无要求时，一般主梁纵向受力钢筋应放在次梁的上面；

**2**　框架梁上部纵向钢筋应贯穿中间节点，梁下部纵向钢筋伸入中间节点，锚固长度及伸过中心线的长度应符合设计要求。框架梁纵向钢筋在端节点内的锚固长度应符合设计要求。

#### 4.4.5　主（次）梁箍筋绑扎

**1**　隔一定间距将架立筋与箍筋绑扎牢固，调整箍筋间距符合设计要求，先绑架立筋，再绑主筋，主次梁同时配合进行；

**2**　梁上部纵向筋箍筋宜采用套扣法绑扎，详见图11-2梁钢筋绑扎。

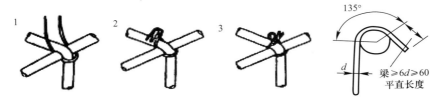

图 11-2　梁钢筋绑扎

1、2、3—绑扎顺序

**4.4.6**　梁钢筋在模板外成型时，应按下列工艺流程进行：在梁侧模板上画线→在梁模板上口铺横杆数根→在横杆之间摆放钢箍→穿下层纵筋→穿主（次）梁上层钢筋→按主（次）梁箍筋间距绑扎→抽出横杆落钢筋骨架于模板内。

**4.5**　**板钢筋绑扎**

**4.5.1**　工艺流程

画钢筋位置线 → 绑扎板筋

**4.5.2**　画钢筋位置线

用粉笔或石笔在模板上按图纸设计将主筋和分布筋位置画好。

**4.5.3**　绑扎板筋

**1**　按画好钢筋的间距，先摆放受力钢筋，后摆放分布钢筋；如板为双层钢筋，两层筋之间应加设钢筋马凳，每平方米不少于 1 个，以确保上部钢筋的位置；

**2**　绑扎板筋时一般用顺扣（如图 11-3）或八字扣，外围两根钢筋的相交点应全部绑扎，其他各相交点可交错绑扎。双向板相交点须全部绑扎。负弯矩筋每个相交点均应绑扎；

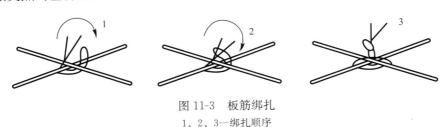

图 11-3　板筋绑扎

1、2、3—绑扎顺序

**3**　钢筋的末端应做弯钩，弯钩朝向应符合设计要求，如设计无要求时，下层钢筋弯钩朝上，上层弯钩朝下。钢筋搭接长度及位置应符合设计和规范要求；

**4**　在钢筋的下面垫好保护层垫块，间距不大于 1m。垫块厚度等于保护层厚度。如设计无要求时，板的保护层厚度应为 15mm。悬挑板、悬挑阳台等构件设置垂直于上层受力钢筋的通长马凳，确保悬挑构件上层钢筋保护层厚度满足设计图纸要求。

## 5 质量标准

### 5.1 主控项目

**5.1.1** 钢筋安装时，受力钢筋的品种、级别、规格和数量必须符合设计要求。当需要代换时，应办理设计变更文件。

**5.1.2** 焊条、焊剂、氧气及乙炔的质量应符合现行《非合金钢及细晶粒钢焊条》等标准规定。

**5.1.3** 机械连接所用的套筒、连接套及接头形式检验等应符合现行行业标准《钢筋机械连接技术规程》JGJ 107 的规定。

**5.1.4** 钢筋应安装牢固。受力钢筋的安装位置、锚固方式应符合设计要求。

**5.1.5** 纵向受力钢筋的连接方式应符合设计要求，其钢筋机械连接接头、焊接接头应按现行行业标准《钢筋机械连接技术规程》JGJ 107 和《钢筋焊接及验收规程》JGJ 18 规定做工艺性能检验，符合要求后，再按照规定抽取试件作力学性能检验，其质量应符合有关规范、规程的规定。

### 5.2 一般项目

**5.2.1** 钢筋接头的位置应符合设计和施工方案要求。有抗震设防要求的结构中，梁端、柱端箍筋加密区范围内不应进行钢筋搭接。同一纵向受力钢筋不宜设置两个或两个以上接头。接头末端至钢筋弯起点的距离不应小于钢筋直径的 10 倍。其他施工要求符合国家相关规范及规程要求。

**5.2.2** 在施工现场，应按现行行业标准《钢筋焊接及验收规程》JGJ 18、《钢筋机械连接技术规程》JGJ 107 规定抽取试件作力学性能检验，其质量应符合有关规范、规程的规定。

**5.2.3** 当纵向受力钢筋采用机械连接接头或焊接接头时，接头的设置应符合下列规定：

**1** 同一构件内的接头宜分批错开；

**2** 接头连接区段的长度为 $35d$，且不应小于 500mm。凡接头中点位于该连接区段长度内的接头均应属于同一连接区段；其中，$d$ 为相互连接两根钢筋中较小直径；

**3** 同一连接区段内，纵向受力钢筋接头面积百分率为该区段内有接头的纵向受力钢筋截面面积与全部纵向受力钢筋截面面积的比值；纵向受力钢筋的接头面积百分率应符合下列规定：

1）受拉接头不宜大于 50%，受压接头可不受限制；

2）板、墙、柱中受拉机械连接接头，可根据实际情况放宽；装配式混凝土结构构件连接处受拉接头，可根据实际情况放宽；

3）直接承受动力荷载的结构构件中，不宜采用焊接接头；当采用机械连接接头时，不应超过 50％。

**5.2.4**　当纵向受力钢筋采用绑扎搭接接头时，接头的设置应符合下列规定：

**1**　同一构件内的接头宜分批错开。各接头的横向净间距 $s$ 不应小于钢筋直径，且不应小于 25mm；

**2**　接头连接区段的长度应为 1.3 倍搭接长度，凡接头中点位于该连接区段长度内的接头均应属于同一连接区段；搭接长度可取相互连接两根钢筋中较小直径计算。纵向受力钢筋的最小搭接长度应符合现行国家标准《混凝土结构工程施工规范》GB 50666 附录 C 的规定；

**3**　同一连接区段内，纵向受力钢筋接头面积百分率为该区段内有接头的纵向受力钢筋截面面积与全部纵向受力钢筋截面面积的比值，见图 11-4；纵向受压钢筋的接头面积百分率可不受限制；纵向受拉钢筋的接头面积百分率应符合下列规定：

1）梁类、板类及墙类构件，不宜超过 25％；基础筏板，不宜超过 50％；

2）柱类构件，不宜超过 50％；

3）当工程中确有必要增大接头面积百分率时，对梁类构件，不应大于50％；对其他构件，可根据实际情况适当放宽。

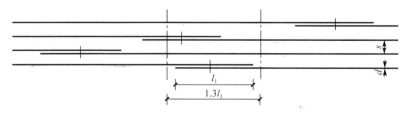

图 11-4　钢筋绑扎搭接接头连接区段及接头面积百分率

注：图中所示搭接接头同一连接区段内的搭接钢筋为两根，当各钢筋直径相同时，接头面积百分率为 50％

**5.2.5**　在梁、柱类构件的纵向受力钢筋搭接长度范围内，应按设计要求配置箍筋。并应符合下列规定：

**1**　箍筋直径不应小于搭接钢筋较大直径的 25％倍；

**2**　受拉搭接区段的箍筋间距不应大于搭接钢筋较小直径的 5 倍，且不应大于 100mm；

**3**　受压搭接区段的箍筋间距不应大于搭接钢筋较小直径的 10 倍，且不应大于 200mm；

**4**　当柱中纵向受力钢筋直径大于 25mm 时，应在搭接接头两个端面外 100mm 范围内各设置两个箍筋，其间距宜为 50mm。

**5.2.6**　钢筋绑扎应符合下列规定：

**1**　钢筋的绑扎搭接接头应在接头中心和两端用钢丝扎牢；

**2**　墙、柱、梁钢筋骨架中各竖向面钢筋网交叉点应全数绑扎；板上部钢筋网的交叉点应全数绑扎，底部钢筋网除边缘部分外可间隔交错绑扎；

**3**　梁、柱的箍筋弯钩及焊接封闭箍筋的对焊点，应沿纵向受力钢筋方向错开设置；

**4**　构造柱纵向钢筋宜与承重结构同步绑扎；

**5**　梁及柱中箍筋、墙中水平分布钢筋及暗柱箍筋、板中钢筋距构件边缘的距离宜为 50mm。

**5.2.7**　构件交接处的钢筋位置应符合设计要求。当设计无具体要求时，应保证主要受力构件和构件中主要受力方向的钢筋位置。框架节点处梁纵向受力钢筋宜置于柱纵向钢筋内侧；当主次梁底部标高相同时，次梁下部钢筋应放在主梁下部钢筋之上；剪力墙中水平分布钢筋宜放在外侧，并宜在墙边弯折锚固。

**5.2.8**　钢筋安装应采用定位件固定钢筋的位置，并宜采用专用定位件。定位件应具有足够的承载力、刚度、稳定性和耐久性。定位件的数量、间距和固定方式应能保证钢筋的位置偏差并符合国家现行有关标准的规定。混凝土框架梁、柱保护层内，不宜采用金属定位件。

**5.2.9**　钢筋安装过程中，因施工操作需要而要对钢筋进行焊接时，应符合现行行业标准《钢筋焊接及验收规程》JGJ 18 的有关规定。

**5.2.10**　采用复合箍筋时，箍筋外围应封闭。梁类构件复合箍筋内部，宜选用封闭箍筋，奇数肢也可采用单肢箍筋；柱类构件复合箍筋内部可部分采用单肢箍筋。

**5.2.11**　钢筋安装应采取防止钢筋受模板、模具内表面的脱模剂污染的措施。

**5.2.12**　钢筋安装位置允许偏差应符合表 11-2 的规定，受力钢筋保护层厚度的合格点率应达到 90% 及以上，且不得有超过表中数值 1.5 倍的尺寸偏差。

检查数量：在同一检验批内，对梁、柱和独立基础，应抽查构件数量的 10%，且不少于 3 件；对墙和板，应按有代表性的自然间抽查 10%，且不少于 3 间；对大空间结构，墙可按相邻轴线间高度 5m 左右划分检查面，板可按纵、横轴线划分检查面，抽查 10% 且均不少于 3 面。

钢筋安装位置的允许偏差                                   表 11-2

| 项目 | | 允许偏差（mm） | 检查方法 |
|---|---|---|---|
| 绑扎钢筋网 | 长、宽 | ±10 | 尺量 |
| | 网眼尺寸 | ±20 | 尺量连续三档，取最大偏差值 |
| 绑扎钢筋骨架 | 长 | ±10 | 尺量 |
| | 宽、高 | ±5 | 尺量 |
| 纵向受力钢筋 | 锚固长度 | −20 | 尺量 |
| | 间距 | ±10 | 尺量两端，中间各一点，取最大偏差值 |
| | 排距 | ±5 | |
| 受力钢筋、箍筋的混凝土保护层厚度 | 基础 | ±10 | 尺量 |
| | 柱、梁 | ±5 | 尺量 |
| | 板、墙、壳 | ±3 | 尺量 |
| 绑扎箍筋、横向钢筋间距 | | ±20 | 尺量连续三档，取最大偏差值 |
| 钢筋弯起点位置 | | 20 | 尺量 |
| 预埋件 | 中心线位置 | 5 | 尺量 |
| | 水平高差 | +3，0 | 塞尺量测 |

注：1. 检查预埋件中心线位置时，应沿纵、横两个方向量测，并取其中的较大值；
2. 表中梁类、板类构件上部纵向受力钢筋保护层厚度的合格点率应达到 90% 及以上，且不得有超过表中数值 1.5 倍的尺寸偏差。

## 6  成品保护

6.0.1  成型钢筋、钢筋网片应按指定地点堆放，用垫木垫放整齐，防止钢筋压弯变形、锈蚀、油污等。

6.0.2  基础、板及悬挑构件部分上下层钢筋绑扎时，支撑马凳应绑扎牢固，防止成型钢筋变形；绑扎柱、墙钢筋时应搭设临时架子，不准踩蹬横向钢筋和箍筋；楼板的弯起钢筋、负弯矩钢筋绑扎好后，不准在上面踩踏行走。浇筑混凝土时应派专人进行现场保护，保证负弯矩筋定位准确。

6.0.3  绑扎钢筋时禁止碰动预埋件及洞口模板，模板内涂刷隔离剂时不应污染钢筋。安装电线管、暖卫管线或其他设施时，不得任意切断和移动钢筋。

6.0.4  钢筋、半成品钢筋运输过程中应轻装轻卸，不能随意抛掷，防止成型钢筋变形。

6.0.5  成型钢筋长期放置未使用，宜室内堆放垫好，防止锈蚀。

## 7  注意事项

### 7.1  应注意的质量问题

7.1.1  墙、柱主筋的插筋与底板上、下筋应固定绑扎牢固，确保位置准确。

**7.1.2**　绑扎时应对每个接头进行尺量，检查搭接长度是否符合设计和规范要求。

**7.1.3**　梁、柱、墙钢筋接头较多时，应根据图纸预先画出施工翻样图，注明各号钢筋搭配顺序，并避开受力钢筋的最大弯矩处。

**7.1.4**　墙、柱、板钢筋每隔1m左右加带钢丝的水泥砂浆垫块或塑料卡，确保钢筋保护层厚度的准确。

**7.1.5**　梁主筋进入支座长度应符合设计要求，弯起钢筋位置准确；板的弯起钢筋和负弯矩钢筋位置应准确，施工时不得踩到下面。

**7.1.6**　绑扎竖向受力钢筋时应吊正，搭接部位应绑三个扣，不应用同一个方向的顺扣绑扎。当层高超过4m时，应搭架子绑扎并采取措施固定钢筋，防止柱、墙钢筋倾斜。

**7.1.7**　在钢筋配料加工时对焊接头应避开绑扎接头搭接范围。

**7.1.8**　浇筑混凝土前检查钢筋位置是否正确，振捣混凝土时防止碰动钢筋，浇完混凝土后立即修整甩筋的位置，防止柱筋、墙筋位移。

**7.2　应注意的安全问题**

**7.2.1**　高处作业部位周边、洞口等危险部位，应有安全防护措施，并要有明显的安全标志。

**7.2.2**　各种动力、照明设施的电线应有绝缘防护措施，并应设置漏电保护装置。

**7.2.3**　现场绑扎安装范围内，如遇有高压线路应进行安全防护后再进行钢筋绑扎与安装。

**7.2.4**　搬运钢筋时，要注意前后方向有无碰撞危险或被勾挂料物，特别是避免碰挂周围和上下方向的电线。人工抬运钢筋，上肩卸料要注意安全。

**7.2.5**　起吊或安装钢筋时，应和附近高压线路或电源保持一定安全距离，在钢筋林立的场所，雷雨时不准操作和站人。

**7.2.6**　柱、墙钢筋的绑扎应搭设临时操作架子，不得站在模板上或支撑上，严禁攀登在钢筋骨架上绑扎。

**7.2.7**　绑扎钢筋作业人员应经操作技术培训，考试合格后持证上岗，操作时应穿绝缘鞋，高空作业应系安全带。

**7.2.8**　钢筋及工具在操作面或在脚手板上堆放不应过于集中，不得随意向空中抛掷钢筋与工具。

**7.3　应注意的绿色施工问题**

**7.3.1**　钢材分类集中堆放整齐。预埋件等分门别类妥善保管。钢筋头、绑扎钢丝等应及时清理，集中堆放，避免随意乱丢、乱扔。绑扎完后要及时做到工完场清。

**7.3.2**　注意夜间照明灯光的投射，在施工区内进行作业封闭，尽量降低光污染。

**7.3.3**　合理安排夜间施工项目，有效控制施工噪声，施工人员不得大声喧哗和撞击其他物件，减少人为的噪声扰民现象。

## 8　质量记录

**8.0.1**　钢筋合格证、出厂检验报告和进场复验报告。

**8.0.2**　钢筋隐蔽工程检查验收记录。

**8.0.3**　钢筋安装工程检验批质量验收记录。

**8.0.4**　钢筋分项工程质量验收记录。

**8.0.5**　其他技术文件等。

# 第 12 章  钢筋闪光对焊

本工艺标准适用于热轧钢筋的连续闪光焊、预热闪光焊、闪光—预热闪光焊等对焊工艺。

## 1  引用标准

《混凝土结构工程施工规范》GB 50666—2011
《建筑工程冬期施工规程》JGJ/T 104—2011
《钢筋焊接及验收规程》JGJ 18—2012
《钢筋焊接接头试验方法标准》JGJ/T 27—2014

## 2  术语

**2.0.1**  钢筋闪光对焊：将两钢筋以对接形式水平安放在对焊机上，利用电阻热使接触点金属熔化，产生强烈闪光和飞溅，迅速施加顶锻力完成的一种压焊方法。

## 3  施工准备

### 3.1  作业条件

**3.1.1**  准备工程所需的图纸、规范、标准等技术资料。施工前依据工程实际编制专项施工方案，有效指导工程施工，并做好技术交底。

**3.1.2**  钢筋焊接施工之前，应清除钢筋焊接部位以及钢筋与电极接触表面上的锈斑、油污、杂物等；钢筋端部当有弯折、扭曲时，应予以矫直或切除。钢筋验收合格，方可进行焊接连接。

**3.1.3**  从事钢筋焊接施工的焊工必须持有钢筋焊工考试合格证。在钢筋工程焊接开工之前，参与该项工程施焊的焊工必须进行现场条件下的焊接工艺试验，应经试验合格后，方准于焊接生产。

**3.1.4**  电源应符合要求，进行闪光对焊时，应随时观察电源电压的波动情况；当电源电压下降大于 5%、小于 8% 时，应采取提高焊接变压器级数的措施；当大于或等于 8% 时，不得进行焊接。

**3.1.5**  焊工要配齐安全防护用品，作业场地应有安全防护设施、防火和必要的通风措施，防止发生烧伤、触电及火灾等事故。

**3.1.6**　当风力超过四级时，应采取挡风措施。

## 3.2　材料及机具

**3.2.1**　材料：钢筋的级别、直径必须符合设计要求，有出厂合格证或出厂检验报告、进场应按照国家现行标准的规定抽取试件进行复试，检验结果必须符合国家现行有关标准的规定。进口钢筋还应有化学复试单，其化学成分应满足焊接要求，并应有可焊性试验。

**3.2.2**　机具：对焊机及配套的对焊平台、钢筋切断机、空压机、水源、除锈机或钢丝刷、冷拉调直作业线，深色防护眼镜，电焊手套，绝缘鞋，箍筋闪光对焊宜使用 100kVA 的箍筋专用对焊机。常用对焊机主要技术数据见表 12-1。

**常用对焊机主要技术资料**　　　　　　　　　　　　　　　表 12-1

| 焊机型号 | UN1-50 | UN1-75 | UN1-100 | UN2-150 | UN17-150-1 |
|---|---|---|---|---|---|
| 动夹具传动方式 | 杠杆挤压弹簧（人力操纵） | | | 电动机凸轮 | 气-液压 |
| 额定容量（kVA） | 50 | 75 | 100 | 150 | 150 |
| 负载持续率（%） | 25 | 20 | 20 | 20 | 50 |
| 电源电压（V） | 220/380 | 220/380 | 380 | 380 | 380 |
| 次级电压调节范围（V） | 2.9～5.0 | 3.52～7.04 | 4.5～7.6 | 4.05～8.10 | 3.8～7.6 |
| 次级电压调节级数 | 6 | 8 | 8 | 16 | 16 |
| 连续闪光焊钢筋大直径（mm） | 10～12 | 12～16 | 16～20 | 20～25 | 20～25 |
| 预热闪光焊钢筋最大直径 | 20～22 | 32～36 | 40 | 40 | 40 |
| 每小时最大焊接件数 | 50 | 75 | 20～30 | 80 | 120 |
| 冷却水消耗量（L/h） | 200 | 200 | 200 | 200 | 600 |
| 压缩空气压力（MPa） | | | | 0.55 | 0.6 |
| 压缩空气消耗量（m³/h） | | | | 15 | 5 |

# 4　操作工艺

## 4.1　工艺流程

检查设备 → 选择焊接工艺及参数 → 试焊、做模拟试件 → 试焊、工艺检验 →
确定焊接参数 → 焊接 → 质量检验

## 4.2　检查设备

检查现场电源、对焊机及对焊平台、地下铺放的绝缘橡胶垫、冷却水、压缩空气等，一切必须处于安全可靠的状态。

## 4.3　选择焊接工艺及参数

**4.3.1**　当钢筋直径较小，钢筋牌号较低时，可采用连续闪光焊。采用连续闪光焊所能焊接的最大钢筋直径应符合表 12-2 的规定。

**4.3.2** 当钢筋直径超过表 12-2 的规定，钢筋端面较平整，宜采用预热闪光焊；当端面不够平整，则应采用闪光—预热闪光焊。

连续闪光焊钢筋上限直径　　　　　　　　　　　　　　　　　　表 12-2

| 焊机容量（kVA） | 钢筋级别 | 钢筋直径（mm） |
|---|---|---|
| 160<br>（150） | HPB300<br>HRB400、HRBF400 | 22<br>20 |
| 100 | HPB300<br>HRB400、HRBF400 | 20<br>18 |
| 80<br>（75） | HPB300<br>HRB400、HRBF400 | 16<br>12 |

注：对于有较高要求的抗震结构用钢筋在牌号后加 E（例如：HRB400E、HRBF400E），可参照同级别钢筋进行闪光对焊。

**4.3.3** HRB500、HRBF500 钢筋焊接时，应采取预热闪光焊或闪光—预热闪光焊工艺。可以采用连续闪光焊。

**4.3.4** 选择焊接参数

闪光对焊时，应合理选择调伸长度、烧化留量、顶锻留量及变压器级数等焊接参数。采用预热闪光焊时，还要有预热留量与预热频率等参数。连续闪光焊的留量见图 12-1、预热闪光焊的留量见图 12-2、闪光—预热闪光焊的留量见图 12-3。

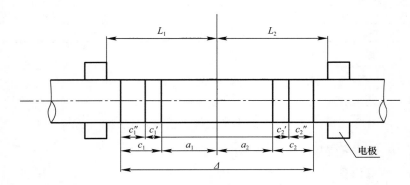

图 12-1　钢筋连续闪光对焊留量图解

$L_1$、$L_2$—调伸长度；$a_1 + a_2$—烧化留量；$a_{1.1} + a_{2.1}$——次烧化留量；$a_{1.2} + a_{2.2}$—二次烧化留量；

$b_1 + b_2$—预热留量；$c_1 + c_2$—顶锻留量；$c_1' + c_2'$—有电顶锻留量；

$c_1'' + c_2''$—无电顶锻留量；$\Delta$—焊接总留量

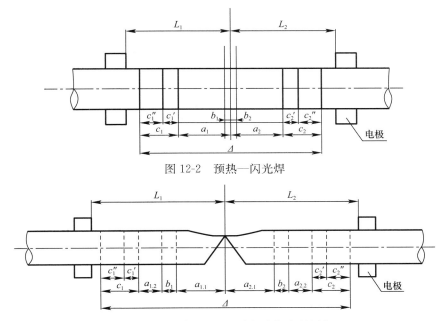

图 12-2　预热—闪光焊

图 12-3　钢筋闪光—预热闪光焊留量图解

$L_1$、$L_2$—调伸长度；$a_1+a_2$—烧化留量；$a_{1.1}+a_{2.1}$——次烧化留量；$a_{1.2}+a_{2.2}$—二次烧化留量；

$b_1+b_2$—预热留量；$c_1+c_2$—顶锻留量；$c_1'+c_2'$—有电顶锻留量；

$c_1''+c_2''$—无电顶锻留量；$\Delta$—焊接总留量图

**1　调伸长度**

调伸长度的选择与钢筋品种和直径有关，应使接头能均匀加热，并使钢筋顶锻时不致发生旁弯。应随着钢筋牌号的提高和钢筋直径的加大而增长，主要是减缓接头的温度梯度，防止在热影响区产生淬硬组织；

调伸长度取值：HPB300 级钢筋为 $(0.75 \sim 1.25)d$，HRB400 级钢筋为 $(1.0 \sim 1.5)d(d$ 钢筋直径)；直径小的钢筋取大值。当焊接 HRB400、HRBF400 等牌号钢筋时，调伸长度宜在 40～60mm 内选用。

**2　烧化留量**

应根据焊接工艺方法确定。当连续闪光焊时，闪光过程应较长；烧化留量应等于两根钢筋在断料时切断机刀口严重压伤部分（包括端面的不平整度），再加 8～10mm；当闪光—预热闪光焊时，应区分一次烧化留量和二次烧化留量。一次烧化留量应不小于 10mm，二次烧化流量不应小于 6mm。

**3　顶锻留量**

顶锻留量是指在闪光结束，将钢筋顶锻压紧时因接头处挤出金属而缩短的钢筋长度。顶锻留量的选择，应使钢筋焊口完全密合并产生一定的塑性变形，顶锻流量应为 3～7mm，并应随着钢筋直径的增大和钢筋牌号的提高而增加。其中，有电顶锻留量约占 1/3，无电顶锻留量约占 2/3，焊接时必须控制得当。焊接 HRB500 钢筋时，顶锻留量宜稍微增大，以确保焊接质量。

注：当 HRBF400 钢筋、HRBF400 钢筋或 RRB400W 钢筋进行闪光对焊时，与热轧钢筋比较，应减小调伸长度，提高焊接变压器级数，缩短加热时间，快速顶锻，形成快热快冷条件，使热影响区长度控制在钢筋直径的 60% 范围之内。

**4　变压器级数的选择**

应根据钢筋牌号、直径、焊机容量以及焊接工艺方法等具体情况选择。

### 4.4　试焊、做模拟试件

**4.4.1**　正式焊接前，应进行现场条件下钢筋闪光对焊工艺性能试验，并选择最佳的焊接参数。

**4.4.2**　试验的钢筋应从现场钢筋中截取，每批钢筋焊接六个试件，其中三个做拉伸试验，三个做冷弯试验。经试验合格后，方可按确定的焊接参数成批生产。

### 4.5　工艺性能检验

在现场监理或甲方代表的见证下，按照规范要求进行现场取样并送样检验，确保焊接质量合格。

### 4.6　确定焊接参数

依据送检合格的试件，确定出调伸长度、烧化留量、顶锻留量以及变压器级数等焊接参数。

### 4.7　焊接

**4.7.1**　连续闪光焊：通电后，应借肋操作杆使两钢筋端面轻微接触，使其产生电阻热，并使钢筋端面的凸出部分互相熔化，并将熔化的金属微粒向外喷射形成火光闪光，再徐徐不断地移动钢筋形成连续闪光，待预定的烧化留量消失后，以适当压力迅速进行顶锻，即完成整个连续闪光焊接。

**4.7.2**　预热闪光焊：通电后，应使两根钢筋端面交替接触和分开，使钢筋端面之间发生断续闪光，形成烧化预热过程。当预热过程完成，应立即转入连续闪光和顶锻。

**4.7.3**　闪光—预热闪光焊：通电后，应首先进行闪光。当钢筋端面已平整时，应立即进行预热、闪光及顶锻过程。

**4.7.4**　箍筋闪光对焊：焊点位置宜设在箍筋受力较小一边。不等边的多边形柱箍筋对焊点位置宜设在两个边上，见图 12-4；大尺寸箍筋焊点位置见图 12-5。

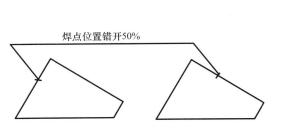

图 12-4　不等边多边形箍筋的焊点位置

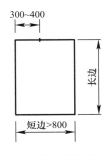

图 12-5　大尺寸箍筋焊点位置

**4.7.5**　焊接前和施焊过程中，应检查和调整电极位置，拧紧夹具丝杆。钢筋在电极内必须夹紧、电极钳口变形应立即调换和修理。

**4.7.6**　钢筋端头如起弯或成马蹄形，则不得焊接，必须煨直或切除。钢筋端头 120mm 范围内的铁锈、油污，必须清除干净。

**4.7.7**　焊接过程中，粘附在电极上的氧化铁要随时清除干净。接近焊接接头区段应有适当均匀的镦粗塑性变形，端面不应氧化。

**4.7.8**　箍筋下料长度应预留焊接总留量 $\Delta$，其中包括烧化留量 $A$、预热留量 $B$ 和顶端留量 $C$。当切断机下料，增加压痕长度，采用闪光—预热闪光焊工艺时，焊接总留量 $\Delta$ 随之增大，约为 $1.0d$。

**4.7.9**　箍筋闪光对焊应符合下列要求：

**1**　宜使用 100kVA 的箍筋专用对焊机；

**2**　按确定的焊接工艺参数、操作要领进行焊接，杜绝焊接缺陷的产生，制定消除焊接缺陷的措施；

**3**　焊接变压器级数应适当提高，二次电流稍大；

**4**　无电顶锻时间延长数秒钟。

**4.7.10**　在环境温度低于－5℃条件下施焊时，宜采用预热闪光焊或闪光—预热闪光焊；可增加调伸长度，采用较低变压器级数，增加预热次数和间歇时间。

## 5　质量标准

### 5.1　主控项目

**5.1.1**　闪光对焊接头的质量检验，应分批进行外观质量检查和力学性能检验，并应符合规定：

在同一台班内，由同一个焊工完成的 300 个同牌号、同直径钢筋焊接接头应作为一批。当同一台班内焊接的接头数量较少，可在一周之内累计计算；累计仍不足 300 个接头时，应按一批计算；

力学性能检验时，应从每批接头中随机切取 6 个接头，其中 3 个做拉伸试验，3 个做弯曲试验；

异径钢筋接头可只做拉伸试验。

**5.1.2**　符合下列条件之一，应评定该检验批接头拉伸试验合格：

**1**　3 个试件均断于钢筋母材，呈延性断裂，其抗拉强度大于或等于钢筋母材抗拉强度标准值；

**2**　2 个试件断于钢筋母材，呈延性断裂，其抗拉强度大于或等于钢筋母材抗拉强度标准值；另一试件断于焊缝，呈脆性断裂，其抗拉强度大于或等于钢筋母材抗拉强度标准值得 1.0 倍。

注：试件断于热影响区，呈延性断裂，应视作与断于钢筋母材等同；试件断于热影响区，呈脆性断裂，应视作与断于焊缝等同。

**5.1.3**　符合下列条件之一，应进行复验；

**1**　2 个试件断于钢筋母材，呈延性断裂，其抗拉强度大于或等于钢筋母材抗拉强度标准值；另一试件断于焊缝，或热影响区，呈脆性断裂，其抗拉强度小于钢筋母材抗拉强度标准值的 1.0 倍；

**2**　1 个试件断于钢筋母材，呈延性断裂，其抗拉强度大于或等于钢筋母材抗拉强度标准值；另 2 个试件断于焊缝或热影响区，呈脆性断裂。

**5.1.4**　3 个试件均断于焊缝，呈脆性断裂，其抗拉强度均大于或等于钢筋母材抗拉强度标准值的 1.0 倍，应进行复验。当 3 个试件中有 1 个试件抗拉强度小于钢筋母材抗拉强度标准值的 1.0 倍，应评定该批检验批接头拉伸试验不合格。

**5.1.5**　复验时，应切取 6 个试件进行试验。试验结果，若有 4 个或 4 个以上试件断于钢筋母材，呈延性断裂，其抗拉强度大于或等于钢筋母材抗拉强度标准值，另 2 个或 2 个以下试件断于焊缝，呈脆性断裂，其抗拉强度大于或等于钢筋母材抗拉强度标准值的 1.0 倍，应评定该检验批接头拉伸试验复验合格。

**5.1.6**　钢筋闪光对焊接头进行弯曲试验时，应从每一个检验批接头中随机切取 3 个接头，焊缝应处于弯曲中心点，弯心直径和弯曲角度应符合表 12-3 的规定。

**接头进行弯曲试验指标** 表 12-3

| 钢筋牌号 | 弯心直径 | 弯曲角度（°） |
|---|---|---|
| HPB300 | 2d | 90 |
| HRB400、HRBF400、RRB400W | 5d | 90 |
| HRB500、HRBF500 | 7d | 90 |

注：1. d 为钢筋公称直径（mm）；
　　2. 直径大于 25mm 的钢筋焊接接头，弯心直径应增加 1 倍钢筋直径。

**5.1.7** 弯曲试验结果应按下列规定进行评定：

**1** 当试验结果，弯曲至 90°，有 2 或 3 个试件外侧（含焊缝和热影响区）未发生宽度达到 0.5mm 的裂纹，应评定该检验批接头弯曲试验合格；

**2** 当有 2 个试件发生宽度达到 0.5mm 的裂纹，应进行复验；

**3** 当有 3 个试件发生宽度达到 0.5mm 的裂纹，应评定该检验批接头弯曲试验不合格品；

**4** 复验时，应切取 6 个试件进行复验。复验结果，当不超过 2 个试件发生宽度达到 0.5mm 的裂纹时，应评定该检验批接头弯曲试验合格。

### 5.2　一般项目

**5.2.1** 闪光对焊接头外观质量检查结果，应符合下列规定：

**1** 对焊接头表面应呈圆滑、带毛刺状，不得有肉眼可见的裂纹；

**2** 与电极接触处的钢筋表面不得有明显的烧伤；

**3** 接头处的弯折不得大于 2°；

**4** 对弯头处的轴线偏移不得大于钢筋直径的 1/10，且不得大于 1mm。

**5.2.2** 箍筋闪光对焊按照每一个工作班、同一牌号钢筋、同一焊工完成的 600 个箍筋接头作为一个检验批，每批随机抽查 5%，每批抽查不少于 3 个。

检查项目包括：（1）箍筋内净空尺寸是否符合设计图纸规定，允许偏差在 ±5mm 之内；（2）两钢筋头应完全对准。

检查项目符合下列规定：

**1** 两钢筋头端面应闭合，无斜口；

**2** 接口处应有一定的弹性压力。

## 6　成品保护

**6.0.1** 钢筋焊接的半成品应按照规格、型号分类堆放整齐，堆放场地应有支垫和遮盖，防止日晒雨淋和地面潮湿而锈蚀。

**6.0.2** 当焊接区风速超过 8m/s 在现场进行闪光对焊时，应采取挡风措施，焊接后冷却的接头应避免碰到冰雪。

**6.0.3** 焊接后稍冷却才能松开电极钳口，取出钢筋时必须平稳，以免接头弯折。

## 7　注意事项

### 7.1　应注意的质量问题

**7.1.1** 在钢筋的对焊生产中，应重视全过程的任何一个环节，以确保焊接质量，若出现异常情况，应参照表 12-4、表 12-5 对钢筋对焊异常现象、焊接缺陷及消除措施查找原因，及时消除。

**闪光对焊异常现象、焊接缺陷及消除措施**　　　　表 12-4

| 异常现象和焊接缺陷 | 产生原因 | 消除措施 |
|---|---|---|
| 烧化过分剧烈并产生强烈的爆炸声 | 1. 变压器级数过高；<br>2. 烧化速度太快 | 1. 降低变压器级数；<br>2. 减慢烧化速度 |
| 闪光不稳定 | 1. 电极底部和表面有氧化物；<br>2. 变压器级数太低；<br>3. 烧化速度太慢 | 1. 消除电极底部和表面的氧化物；<br>2. 提高变压器级数；<br>3. 加快烧化速度 |
| 接头中有氧化膜、未焊透或夹渣 | 1. 预热程度不足；<br>2. 临近顶锻时的烧化程度太慢；<br>3. 带电顶锻不够；<br>4. 顶锻加压力太慢；<br>5. 顶锻压力不足 | 1. 增加预热程度；<br>2. 加快临近顶锻时的烧化程度；<br>3. 确保带电顶锻过程；<br>4. 加快顶锻压力；<br>5. 增大顶锻压力 |
| 接头中有缩孔 | 1. 变压器级数过高；<br>2. 烧化过程过分强烈；<br>3. 顶锻留量或顶锻压力不足 | 1. 降低变压器级数；<br>2. 避免烧化过程过分强烈；<br>3. 适当增大顶锻留量或顶锻压力 |
| 焊缝金属过烧 | 1. 预热过分；<br>2. 烧化速度太慢，烧化时间过长；<br>3. 带电顶锻时间过长 | 1. 减小预热程度；<br>2. 加快烧化速度，缩短焊接时间；<br>3. 避免过多带电顶锻 |
| 接头区域裂纹 | 1. 钢筋母材碳、硫、磷可能超标；<br>2. 预热程度不足 | 1. 检验钢筋的碳、硫、磷含量；若不符合规定时应更换钢筋；<br>2. 采取低频预热方法，增加预热程度 |
| 钢筋表面微熔及烧伤 | 1. 钢筋表面有铁锈或油污；<br>2. 电极内表面有氧化物；<br>3. 电极焊口磨损；<br>4. 钢筋未夹紧 | 1. 消除钢筋被夹紧部位的铁锈和油污；<br>2. 消除电极内表面的氧化物；<br>3. 改进电极槽口形状，增大接触面积；<br>4. 夹紧钢筋 |

**箍筋闪光对焊的异常现象、焊接缺陷及消除措施**　　　　表 12-5

| 异常现象和焊接缺陷 | 产生原因 | 消除措施 |
|---|---|---|
| 箍筋下料尺寸不准，钢筋头歪斜 | 1. 箍筋下料长度未经试验确定；<br>2. 钢筋调直切断机性能不稳定 | 1. 箍筋下料长度必须经弯曲和对焊试验确定；<br>2. 选用性能稳定、下料误差 ±3mm，能确保钢筋端面垂直于轴线的调直切断机 |
| 待焊箍筋头分离、错位 | 1. 接头处两钢筋之间没有弹性压力；<br>2. 两钢筋头未对准 | 1. 制作箍筋时将有接头的对面边的两个 90° 角弯成 87°~89° 角，使接头处产生弹性压力 $F_t$；<br>2. 将两钢筋头对准 |

| 异常现象和焊接缺陷 | 产生原因 | 消除措施 |
|---|---|---|
| 焊接接头错位<br>或被拉开 | 1. 电极钳口变形；<br>2. 钢筋头变形；<br>3. 两钢筋头未对正 | 1. 修整电极钳口或更换电极；<br>2. 矫直变形的钢筋头；<br>3. 将箍筋两头对正 |

**7.1.2**　对调换焊工或更换焊接钢筋的规格和品种时，应先制作对焊试件进行试验。合格后，才能成批焊接。

**7.1.3**　焊接参数应根据钢筋特性、气温高低、实际电压、焊机性能等具体情况，由操作人员自行修正。

**7.1.4**　夹紧钢筋时，应使两钢筋端面的凸出部分相接触，以利均匀加热和保证焊缝与钢筋轴线相垂直。

**7.1.5**　焊接完毕后，应待接头处由白色变为黑红色才能松开夹具，平稳地取出钢筋，以免引起接头弯曲。当焊接后张预应力钢筋时，应在焊后趁热将焊缝周围毛刺打掉，以便钢筋穿入预留孔道。

**7.1.6**　两根同牌号、不同直径的钢筋和两根同直径、不同牌号的钢筋可进行闪光对焊，钢筋径差不得超过 4mm，焊接工艺参数可在大、小直径钢筋焊接工艺参数之间偏大选用，两根钢筋的轴线应在同一直线上，轴线偏移的允许值应按较小直径钢筋计算；对接头强度的要求，应按较小直径钢筋计算。

**7.1.7**　螺丝端杆与钢筋对焊时，因两者钢号、强度及直径不同，焊接比较难，宜事先对螺丝端杆进行预热或适当减小螺丝端杆的调伸长度。钢筋一侧的电极应调高，保证钢筋与螺丝端杆的轴线一致。

**7.1.8**　其冷拉工艺与要求应符合国家现行《混凝土结构工程施工及验收规范》GB 50204 的规定。

**7.2　应注意的安全问题**

**7.2.1**　操作人员必须按焊接设备的操作说明书或有关规程，正确使用设备和实施焊接操作。

**7.2.2**　焊接人员操作前应戴好安全帽，佩戴电焊手套、围裙、护腿，穿阻燃工作服等个人防护用品。

**7.2.3**　焊接作业区和焊机周围 6m 以内，严禁堆放装饰材料、油料、木材、氧气瓶、溶解乙炔气瓶、液化石油气瓶等易燃易爆物品。

**7.2.4**　焊接作业区应配置足够的灭火设备，如水池、沙箱、水龙带、消火栓、手提灭火器。

**7.2.5**　电焊机选择参数，包括功率和二次电压应与对焊钢筋相匹配，电极冷却水的温度不得超过 40℃，机身应接地良好。

**7.2.6** 对焊前应清除钢筋与电极表面铁锈、污泥等，使得电极接触良好，以避免出现"打火"现象。

**7.2.7** 闪光对焊区域内，在闪光飞溅的方向应有良好的防护设施。对焊时禁止非操作人员停留，以防火花烫伤。

### 7.3　应注意的绿色施工问题

**7.3.1** 钢筋应在专门搭设的防雨、防潮、防晒的防护棚内焊接；防护棚的屋顶应有安全防护和排水设施，地面应干燥，应有防止飞溅的金属火花伤人的设施；

**7.3.2** 焊接作业应在足够的通风条件下（自然通风或机械通风）进行，避免操作人员吸入焊接操作产生的烟气流；

**7.3.3** 在焊接场所应当设置警告标志；

**7.3.4** 在焊接火星所及范围内，必须彻底清除易燃易爆物品。

## 8　质量记录

**8.0.1** 钢筋合格证、出厂检验报告和进场复试报告。

**8.0.2** 钢筋对焊接头工艺检验报告。

**8.0.3** 钢筋对焊接头试验报告。

**8.0.4** 钢筋闪光对焊接头检验批质量验收记录。

**8.0.5** 箍筋闪光对焊接头检验批质量验收记录。

**8.0.6** 化学成分检验报告。

**8.0.7** 可焊性试验报告。

# 第 13 章　钢筋电弧焊接

本焊接工艺适用于工业与民用建筑钢筋及埋件的电弧焊接。

## 1　引用标准

《混凝土结构工程施工规范》GB 50666—2011
《钢结构工程施工规范》GB 50755—2012
《建筑工程冬期施工规程》JGJ/T 104—2012
《钢筋焊接及验收规程》JGJ 18—2012
《钢筋焊接接头试验方法标准》JGJ/T 27—2014

## 2　术语

**2.0.1**　钢筋焊条电弧焊：钢筋焊条电弧焊是以焊条作为一级，钢筋为另一极，利用焊接电流通过产生的电弧热进行焊接的一种熔焊方法。

## 3　施工准备

### 3.1　作业条件

**3.1.1**　准备工程所需的图纸、规范、标准等技术资料，并确定其是否有效。施工前依据工程实际编制专项施工方案，有效指导工程施工；焊接前要熟悉料单，弄清接头位置，做好技术交底。

**3.1.2**　钢筋焊接施工前，应清除钢筋焊接部位以及钢筋与电极接触表面上的锈斑、油污、杂物等；钢筋端部当有弯折、扭曲时，应予以矫直或切除。钢筋验收合格，方可进行焊接。

**3.1.3**　从事钢筋焊接施工的焊工必须持有钢筋焊工考试合格证，并应按照合格证规定的范围上岗操作。在钢筋工程焊接开工之前，参与该项工程施焊的焊工必须进行现场条件下的焊接工艺试验，应经试验合格后，方准于焊接生产。

**3.1.4**　电源、电压、电流、容量符合施焊要求，弧焊机等机具设备完好，经维修试用或满足施焊要求。

**3.1.5**　焊工配齐安全防护用品，作业场地应有安全防护设施，防火和必要的通风措施，防止发生烧伤、触电及火灾等事故。

## 3.2　材料及机具

**3.2.1**　钢筋：施焊的各种规格、级别的钢筋应有质量证明书；钢筋进场时，应按国家现行相关标准的规定抽取试件并作力学性能和重量偏差检验，检验结果必须符合国家现行有关标准的规定。对于进口钢筋应增加化学成分检验，并应有可焊性试验，合格后方可使用。

**3.2.2**　钢材：预埋件的钢材应有质量证明书，不得有裂缝、锈蚀、刻痕、变形、其力学性能和化学成分应分别符合现行国家标准《碳素钢结构》GB/T 700 或《低合金高强度结构钢》GB/T 1591 的规定，其断面尺寸应符合设计要求。

**3.2.3**　焊条：电弧焊所采用的焊条，应符合现行国家标准《碳钢焊条》GB/T 5117 或《低合金钢焊条》GB/T 5118 的规定。其焊条型号应根据设计确定；若设计无规定时，可按表 13-1 选用。

钢筋电弧焊所使用焊条牌号 表 13-1

| 钢筋牌号 | 电弧焊接头形式 | | | |
| --- | --- | --- | --- | --- |
| | 帮条焊搭接焊 | 坡口焊熔槽帮条焊 预埋件穿孔塞焊 | 窄间隙焊 | 钢筋与钢板搭接焊预埋件 T 型角焊 |
| HPB300 | E4303 ER50-X | E4303 ER50-X | E4316 E4315 ER50-X | E4303 ER50-X |
| HRB400 HRBF400 | E5003 E5516 E5515 ER50-X | E5503 E5516 E5515 ER55-X | E5516 E5515 ER55-X | E5003 E5516 E5515 ER50-X |
| HRB500 HRBF500 | E5503 E6003 E6016 E6015 ER55-X | E6003 E6016 E6015 | E6016 E6015 | E5503 E6003 E6016 E6015 ER55-X |

**3.2.4**　机具：弧焊机，焊接电缆、电焊钳、防护用具、焊条烘干箱、防护面罩、绝缘鞋、电源开关箱（内接电流表和电压表）、弯筋工具、手锤、钢卷尺、焊缝检验尺等。

# 4　操作工艺

## 4.1　工艺流程

检查设备 → 选择焊接工艺及参数 → 试焊 → 焊接 → 质量检验

### 4.2　检查设备

检查电源、弧焊机及工具，焊接地线应与焊接钢筋接触良好，防止因起弧而烧伤钢筋。

### 4.3　选择焊接工艺及参数

**4.3.1　选择焊接工艺**

钢筋电弧焊时，可采用焊条电弧焊或二氧化碳气体保护电弧焊两种工艺方法，依据实际施工条件进行确定。

**4.3.2　选择焊接参数**

根据钢筋牌号、直径、接头形式和焊接位置，选择焊条、焊接工艺和焊接参数以及焊接电流，保证焊缝与钢筋熔合良好。施工时可参考表 13-2 选择焊条直径和焊接电流。

焊条直径和焊接电流选择　　　　　　　　　　　　　　　表 13-2

| 搭接焊、帮条焊 | | | | 坡口焊 | | | |
|---|---|---|---|---|---|---|---|
| 焊接位置 | 钢筋直径（mm） | 焊条直径（mm） | 焊接电流（A） | 焊接位置 | 钢筋直径（mm） | 焊条直径（mm） | 焊接电流（A） |
| 平焊 | 10～12<br>14～22<br>25～32<br>36～40 | 3.2<br>4<br>5<br>5 | 90～130<br>130～180<br>180～230<br>190～240 | 平焊 | 16～20<br>22～25<br>28～32<br>36～40 | 3.2<br>4<br>5<br>5 | 140～170<br>170～190<br>190～220<br>200～230 |
| 立焊 | 10～12<br>14～22<br>25～32<br>36～40 | 3.2<br>4<br>4<br>5 | 80～110<br>110～150<br>120～170<br>170～220 | 立焊 | 16～20<br>22～25<br>28～32<br>36～40 | 3.2<br>4<br>4<br>5 | 120～150<br>150～180<br>180～200<br>190～210 |

### 4.4　试焊

**4.4.1**　每批钢筋正式焊接前，应进行现场条件下钢筋电弧焊工艺性能试验，并选择最佳的工艺参数。

**4.4.2**　试验的钢筋应从进场的钢筋中截取，每批钢筋焊接 3 个模拟试件，经外观检查合格后，做焊接试验经试验合格后方可正式施焊。

### 4.5　焊接

**4.5.1　电弧焊接**

**1**　引弧：焊接时，引弧应在钢筋垫板、帮条或形成焊缝的部位进行，不得烧伤主筋。

**2**　定位：焊接时应先焊定位点再施焊。

**3**　运条：运条时的直线前进、横向摆动和送进焊条三个动作，要协调、平稳。

**4**　收弧：收弧时，应将熔池填满，拉灭电弧时，应将熔池填满，注意不要在工作表面造成电弧擦伤。

**5**　多层焊：如钢筋直径较大，需要进行多层施焊时，应分层间断施焊，每焊一层后，应清渣再焊接下一层，应保证焊缝的高度和长度。

**6**　熔合：焊接过程中应有足够的熔深。中焊缝与定位焊缝应结合良好，避免气孔、夹渣和烧伤缺陷，并防止产生裂缝。

**7**　平焊：平焊时要注意熔渣和铁水混合不清的现象，防止熔渣流到铁水前面。熔池也应控制成椭圆形，一般采用右焊法，焊条与工作表面成 70°。

**8**　立焊：立焊时，铁水与熔渣易分离。要防止熔池温度过高，铁水下坠形成焊瘤，操作时焊条与垂直面形成 60°～80°。使电弧略向上，吹向熔池中心。焊第一道时，应压住电弧向上运条，同时作较小的横向摆动，其余各层用半圆形横向摆动加挑弧法向上焊接。

**9**　横焊：焊条倾斜 70°～80°，防止铁水受自重作用坠到下坡口上。运条到上坡口处不作运弧停顿，迅速带到下坡口根部作微小横拉稳弧动作，依次匀速进行焊接。

**10**　仰焊：仰焊时宜用小电流短弧焊接，溶池宜薄，且应确保与母材熔合良好。第一层焊缝用短电弧作前后推拉动作，焊条与焊接方向成 80°～90°。其余各层焊条横摆，并在坡口侧略停顿稳弧，保证两侧熔合。

### 4.5.2　钢筋帮条焊

帮条焊时，宜采用双面焊（图 13-1$a$）。当不能进行双面焊时，可采用单面焊（图 13-1$b$）。

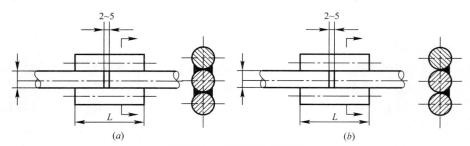

图 13-1　钢筋帮条焊接头

（$a$）双面焊；（$b$）单面焊

$L$—帮条长度

帮条长度 $L$ 应符合表 13-3 的规定，当帮条牌号与主筋相同时，帮条直径可与主筋相同或小一个规格；当帮条直径与主筋相同时，帮条牌号可与主筋相同或低一个牌号等级。

钢筋帮条长度 表 13-3

| 钢筋牌号 | 焊缝形式 | 帮条长度 $L$ |
| --- | --- | --- |
| HPB300 | 单面焊 | $\geqslant 8d$ |
| | 双面焊 | $\geqslant 4d$ |
| HRB400、HRBF400、HRB500、HRBF500、RRB400W | 单面焊 | $\geqslant 10d$ |
| | 双面焊 | $\geqslant 5d$ |

注：$d$ 为主筋直径（mm）。

帮条焊接头或搭接焊接头的焊缝有效厚度 $S$ 不应小于主筋直径的 30%，焊缝宽度 $b$ 不应小于主筋直径的 80%（如图 13-2）。

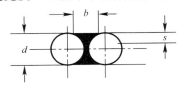

图 13-2　焊接尺寸示意

$d$—钢筋直径；$b$—焊缝宽度；$s$—焊缝有效宽度

### 4.5.3　钢筋搭接焊

搭接焊可用于 HPB300、HRB400 和 HRB500 级钢筋。焊接时，宜采用双面焊，见图 13-3（$a$）。不能进行双面焊时，也可采用单面焊，见图 13-3（$b$）。搭接长度与帮条长度相同，并应符合表 13-3 的规定。

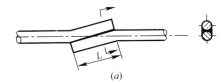
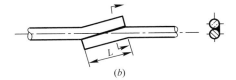

（$a$）　　　　　　　　　　　　　（$b$）

图 13-3　钢筋搭接焊接头
（$a$）双面焊；（$b$）单面焊

帮条焊和搭接焊时，钢筋的装配与焊接应符合下列规定：

**1**　帮条焊时，两主筋端面之间的间隙应为 2～5mm。

**2**　搭接焊时，焊接端钢筋应预弯，并应使两钢筋的轴线在一直线上。

**3**　帮条焊时，帮条和主筋之间应采用四点定位焊固定；搭接焊时，应采用两点固定；定位焊缝与帮条端部或搭接端部的距离应大于或等于 20mm。

**4**　施焊时，应在帮条焊或搭接焊形成焊缝中引弧；在端头收弧前应填满弧坑，并应使主焊缝与定位焊缝的始端和终端熔合。

### 4.5.4　坡口焊

施焊前的准备工作和焊接工艺（图 13-4），应符合下列规定：

**1**　钢筋坡口面应平顺，切口边缘不得有裂纹、钝边和缺棱。

**2**　坡口角度应在规定范围内选用。

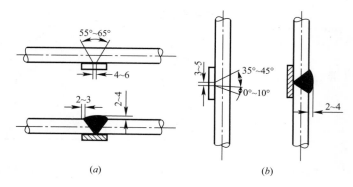

图 13-4  钢筋坡口焊接接头

（a）平焊；（b）立焊

**3**  钢垫板的长度宜为 40～60mm，厚度宜为 4～6mm；平焊时，垫板宽度应为钢筋直径加 10mm；立焊时，垫板宽度宜等于钢筋直径。

**4**  焊缝的宽度应大于 V 形坡口的边缘 2～3mm，焊缝余高应为 2～4mm，并平缓过渡至钢筋表面。

**5**  钢筋与钢垫板之间，应加焊二层、三层侧面焊缝。

**6**  当发现接头中有弧坑、气孔及咬边等缺陷时，应立即补焊。

### 4.5.5  窄间隙焊

适用于直径 16mm 及以上钢筋的现场水平连接。焊接时，钢筋端部应置于铜模中，并应留出一定间隙，用焊条连续焊接，熔化钢筋端面和使熔敷金属填充间隙并形成接头（图 13-5）其焊接工艺应符合下列规定：

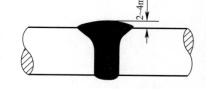

图 13-5  钢筋窄间隙焊接头

**1**  钢筋端面应平整。

**2**  应选用低氢型焊接材料。

**3**  从焊缝根部引弧后应连续进行焊接，左右来回运弧，在钢筋端面处电弧应少许停留，并使熔合。

**4**  当焊至端面间隙的 4/5 高度后，焊缝逐渐扩宽；当熔池过大时，应改连续焊为断续焊，避免过热。

**5**  焊缝余高应为 2～4mm，且应平缓过渡至钢筋表面。

### 4.5.6  熔槽帮条焊

熔槽帮条焊适用于直径 20mm 及以上钢筋的现场安装焊接。焊接时应加角钢作垫板模。接头形式、角钢尺寸和焊接工艺应符合下列规定：

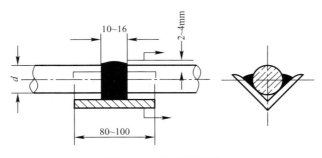

图 13-6　熔槽帮条焊

**1**　角钢的边长宜为 40～70mm。

**2**　钢筋端头应加工平整。

**3**　从接缝处垫板引弧后应连续施焊，并应使钢筋端部熔合，防止未焊透、气孔或夹渣。

**4**　焊接过程中应及时停焊清渣；焊平后，再进行焊缝余高的焊接，其高度应为 2～4mm。

**5**　钢筋与角钢垫板之间，应加焊侧面焊缝 1～3 层，焊缝应饱满，表面应平整。

**4.5.7**　预埋件钢筋电弧焊 T 形接头

可分为角焊和穿孔塞焊两种（图 13-7），装配和焊接时，应符合下列规定：

**1**　当采用 HPB300 级钢筋时，角焊缝焊脚尺寸（K）不得小于钢筋直径的 50%；采用其他牌号钢筋时，焊脚尺寸（K）不得小于钢筋直径的 60%。

**2**　施焊中，不得使钢筋咬边和烧伤。

**3**　电弧焊时，宜增大焊接电流，减低焊接速度。

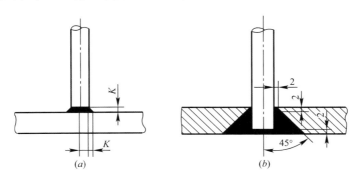

图 13-7　预埋件钢筋电弧焊 T 形接头

（a）角焊；（b）穿孔塞焊

钢筋与钢板搭接焊时，焊接接头（图13-8）应符合下列要求：

**1**　HPB300级钢筋的搭接长度（*L*）不得小于4倍钢筋直径，其他牌号钢筋搭接长度（*L*）不得小于5倍钢筋直径。

**2**　焊缝宽度不得小于钢筋直径的60%，焊缝有效厚度不得小于钢筋直径的35%。

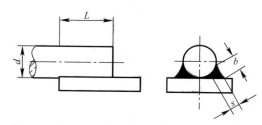

图13-8　钢筋与钢板搭接焊接头

*d*—钢筋直径；*L*—搭接长度；*b*—焊缝宽度；*s*—焊缝有效厚度

## 5　质量标准

### 5.1　质量检验

#### 5.1.1　钢筋电弧焊接头

**1**　在现浇混凝土结构中，应以300个同牌号钢筋、同型式接头作为一批；在房屋结构中，应在不超过连续二楼层中300个同牌号钢筋、同型式接头作为一批；每批随机切取3个接头，做拉伸试验。

**2**　在装配式结构中，可按生产条件制作模拟试件，每批3个，做拉伸试验。

**3**　钢筋与钢板搭接焊接头可只进行外观质量检查。

注：在同一批中若有3种不同直径的钢筋焊接接头，应在最大直径钢筋接头和最小直径钢筋接头中分别切取3个试件进行拉伸试验。钢筋气压焊接头取样均同。

#### 5.1.2　预埋件钢筋T形接头

**1**　预埋件钢筋T形接头的外观质量检查，应从同一台班内完成的同类型预埋件中抽查5%，且不得少于10件。

**2**　力学性能检验时，应以300个同类型预埋件作为一批。一周内连续焊接时，可累计计算。当不足300件时，亦应作为一批计算。应从每批预埋件中随机切取3个接头做拉伸试验。试件的钢筋长度应大于或等于200mm，钢板（锚板）的长度和宽度应等于60mm，并视钢筋直径的增大而适当增大。

### 5.2　主控项目

#### 5.2.1　符合下列条件之一，应评定该检验批接头拉伸试验合格：

**1**　3 个试件均断于钢筋母材，呈延性断裂，其抗拉强度大于或等于钢筋母材抗拉强度标准值。

**2**　2 个试件断于钢筋母材，呈延性断裂，其抗拉强度大于或等于钢筋母材抗拉强度标准值；另一试件断于焊缝，呈脆性断裂，其抗拉强度大于或等于钢筋母材抗拉强度标准值得 1.0 倍。

注：试件断于热影响区，呈延性断裂，应视作与断于钢筋母材等同；试件断于热影响区，呈脆性断裂，应视作与断于焊缝等同。

**5.2.2**　符合下列条件之一，应进行复验；

**1**　2 个试件断于钢筋母材，呈延性断裂，其抗拉强度大于或等于钢筋母材抗拉强度标准值；另一试件断于焊缝，或热影响区，呈脆性断裂，其抗拉强度小于钢筋母材抗拉强度标准值的 1.0 倍；

**2**　1 个试件断于钢筋母材，呈延性断裂，其抗拉强度大于或等于钢筋母材抗拉强度标准值；另 2 个试件断于焊缝或热影响区，呈脆性断裂。

**5.2.3**　3 个试件均断于焊缝，呈脆性断裂，其抗拉强度均大于或等于钢筋母材抗拉强度标准值的 1.0 倍，应进行复验。当 3 个试件中有 1 个试件抗拉强度小于钢筋母材抗拉强度标准值的 1.0 倍，应评定该批检验批接头拉伸试验不合格。

**5.2.4**　复验时，应切取 6 个试件进行试验。试验结果，若有 4 个或 4 个以上试件断于钢筋母材，呈延性断裂，其抗拉强度大于或等于钢筋母材抗拉强度标准值，另 2 个或 2 个以下试件断于焊缝，呈脆性断裂，其抗拉强度大于或等于钢筋母材抗拉强度标准值的 1.0 倍，应评定该检验批接头拉伸试验复验合格。

**5.2.5**　预埋件钢筋 T 形接头拉伸试验结果，3 个试件的抗拉强度均大于或等于表 13-4 的规定值时，应评定该检验批接头拉伸试验合格。若有一个接头试件抗拉强度小于表 13-4 的规定值时，应进行复验。

复验时，应切取 6 个试件进行试验。复验结果，其抗拉强度均大于或等于表 13-4 的规定值时，应评该检验批接头拉伸试验复验合格。

预埋件钢筋 T 形接头抗拉强度规定值　　　　　　　　　表 13-4

| 钢筋牌号 | 抗拉强度规定值（MPa） |
| --- | --- |
| HPB300 | 400 |
| HRB335、HRBF335 | 435 |
| HRB400、HRBF400 | 520 |
| HRB500、HRBF500 | 610 |
| RRB400W | 520 |

### 5.3 一般项目

**5.3.1** 钢筋电弧焊接头应进行外观检查，应符合下列规定：

**1** 焊缝表面应平整，不得有凹陷或焊瘤。

**2** 焊接接头区域不得有肉眼可见的裂纹。

**3** 焊缝余高应为 2～4mm。

**4** 咬边深度、气孔、夹渣等缺陷允许值及接头尺寸的允许偏差，应符合表 13-5 的规定。

**5** 坡口焊、熔槽帮条焊和窄间隙焊接头的焊缝余高不得大于 3mm。

外观检查不合格的接头，采取修整或补焊措施后，可提交二次验收。

检查数量：全数检查。

检查方法：观察，量测。

**钢筋电弧焊接头尺寸偏差及缺陷允许值** 表 13-5

| 名称 | | 单位 | 接头型式 | | |
|---|---|---|---|---|---|
| | | | 帮条焊 | 搭接焊 钢筋与钢板搭接焊 | 坡口焊、窄间隙焊、熔槽帮条焊 |
| 帮条沿接头中心线的纵向偏移 | | mm | 0.3$d$ | — | — |
| 接头处弯折角 | | (°) | 2 | 2 | 2 |
| 接头处钢筋轴线的偏移 | | mm | 0.1$d$ | 0.1$d$ | 0.1$d$ |
| | | | 1 | 1 | 1 |
| 焊缝宽度 | | mm | +0.1$d$ | +0.1$d$ | |
| 焊缝长度 | | mm | −0.3$d$ | −0.3$d$ | |
| 咬边深度 | | mm | 0.5 | 0.5 | 0.5 |
| 在长 2$d$ 焊缝表面上的气孔及夹渣 | 数量 | 个 | 2 | 2 | |
| | 面积 | mm$^2$ | 6 | 6 | — |
| 在全部焊缝表面上的气孔及夹渣 | 数量 | 个 | — | — | 2 |
| | 面积 | mm$^2$ | — | — | 6 |

**5.3.2** 预埋件钢筋手工电弧焊接头外观检查结果，应符合下列要求：

**1** 焊缝表面不得有肉眼可见裂纹。

**2** 钢筋咬边深度不得超过 0.5mm。

**3** 钢筋相对钢板的直角偏差不得大于 2°。

**5.3.3** 预埋件钢筋埋弧压力焊接头外观检查结果，应符合下列要求：

**1** 四周焊包凸出钢筋表面的高度：钢筋直径 18mm 及以下不得小于 3mm，钢筋直径 20mm 及以上时，不得小于 4mm。

**2** 钢筋咬边深度不得超过 0.5mm。

**3**　钢板应无焊穿，根部应无凹陷现象。

**4**　钢筋相对钢板的直角偏差不得大于 2°。

**5.3.4**　预埋件外观检查结果，当有 2 个接头不符合上述要求时，应全数进行检查，并剔出不合格品。不合格接头经补焊后可提交二次验收。

# 6　成品保护

**6.0.1**　焊接地线应与钢筋接触良好，防止因起弧而烧伤钢筋。

**6.0.2**　焊接后，不得往焊完的接头浇水冷却，不得敲击钢筋接头。

**6.0.3**　带有垫块或帮条焊的接头，引弧应在钢板或帮条上进行，以防止烧伤主筋。

**6.0.4**　在高空焊接时，应搭设临设脚手平台，不得踩踏已绑好的钢筋。

# 7　注意事项

## 7.1　应注意的质量问题

**7.1.1**　根据钢筋级别、直径、接头形式和焊接位置，选择适宜的焊条直径和焊接电流，保证焊缝与钢筋熔合良好。

**7.1.2**　焊接要注意保持焊条干燥，如受潮应先在 150～350℃下烘 1～3h。

**7.1.3**　钢筋电弧焊接应注意防止钢筋的焊后变形，应采取对称、等速施焊、分层轮流施焊，选择合理的焊接顺序、缓慢冷却等措施，以防止和减少焊后变形。

**7.1.4**　冬期负温条件下进行 HRB400 级钢筋焊接时，应加大焊接电流（较夏季增大 10%～15%），减缓焊接速度，使焊件减小温度梯度并延缓冷却。同时从焊件中部起弧，逐渐向端部运弧，或在中间先焊一段短焊缝，以使焊件预热，减小温度梯度。

**7.1.5**　焊接过程中若发现接头有弧坑、未填满、气孔及咬边、焊瘤等质量缺陷时，应立即修整补焊。HRB400 级钢筋接头冷却后，补焊时需先用氧乙炔焰预热。

**7.1.6**　大雨天应禁止作业，在冬期−20℃以下低温应停止施工。

## 7.2　应注意的安全问题

**7.2.1**　焊工操作时应穿电焊工作服、绝缘鞋和戴电焊手套、防护面罩等安全防护用品，高空作业必须系安全带。焊接人员进行仰焊时，应穿戴皮制或耐火材质的套袖、披肩罩或斗篷，以防头部灼伤。

**7.2.2**　焊接作业区和焊机周围 6m 以内，严禁堆放装饰材料、油料、木材、氧气瓶、溶解乙炔气瓶、液化石油气瓶等易燃、易爆物品。

**7.2.3** 露天放置的焊机应有遮盖措施，弧焊机必须接地良好，确认安全合格方可作业。

**7.2.4** 焊接用电线应保持绝缘良好，焊条应保持干燥。作业完成后，应切断电源，检查周围，确认无起火危险后方可离开。

**7.2.5** 高空作业的下方和焊接设备火星所及范围内，必须彻底清除易燃、易爆物品。

**7.2.6** 焊接作业区应配置足够的灭火设备，如水池、沙箱、水龙带、消火栓、手提灭火器。

### 7.3 应注意的绿色施工问题

**7.3.1** 焊接作业应在足够的通风条件下（自然通风或机械通风）进行，避免操作人员吸入焊接操作产生的烟气流。

**7.3.2** 当焊接区风速超过 8m/s 在现场进行电弧焊时，应采取挡风措施。

**7.3.3** 焊接电弧的辐射及飞溅范围，应设不可燃或耐火板、罩、屏，防止人员受到伤害。

**7.3.4** 在环境温度低于−5℃条件下电弧帮条焊或搭接焊时，第一层焊缝应从中间引弧，向两端施焊；以后各层控温施焊，层间温度控制在 150～350℃。多层施焊时，可采用回火施焊。

**7.3.5** 在焊接场所应当设置警告标志。

## 8 质量记录

**8.0.1** 钢筋合格证、出厂检验报告及进场复试报告。

**8.0.2** 钢筋化学成分等专项检验报告。

**8.0.3** 焊条合格证。

**8.0.4** 钢筋焊工考试合格证复印件。

**8.0.5** 钢筋电弧焊接头焊接工艺试验报告及接头试验报告。

**8.0.6** 钢筋电弧焊接头外观质量自检记录。

**8.0.7** 钢筋电弧焊接头检验批质量验收记录。

# 第14章 钢筋电渣压力焊接

本工艺标准适用于现浇钢筋混凝土结构中竖向或斜向（倾斜度不大于10°）钢筋焊接。

## 1 引用标准

《混凝土结构工程施工规范》GB 50666—2011
《建筑工程冬期施工规程》JGJ/T 104—2011
《混凝土结构工程施工质量验收规范》GB 50204—2015
《钢筋焊接及验收规程》JGJ 18—2012

## 2 术语

**2.0.1** 钢筋电渣压力焊：将两钢筋安放成竖向对接形式，通过直接引弧法或间接引弧法，利用焊接电流通过两钢筋端面间隙，在焊剂层下形成电弧过程和电渣过程，产生电弧热和电阻热，熔化钢筋，加压完成的一种压焊方法。

## 3 施工准备

### 3.1 作业条件

**3.1.1** 焊工必须有焊工考试合格证，持证上岗，并在规定的范围内进行焊接操作。

**3.1.2** 电渣压力焊的机具以及辅助设备等齐全、完好。施焊前应认真检查机具设备是否处于正常工作状态。

**3.1.3** 施焊前应搭好操作脚手架。焊工配齐安全防护用品。

**3.1.4** 钢筋端头已处理好，并清理干净，焊剂干燥。

**3.1.5** 在焊接施工前，应根据焊接钢筋直径的大小，选定焊接电流、电弧工作电压、电渣工作电压、通电时间等工作参数，符合施焊要求。

**3.1.6** 作业场地应有安全防护措施，制定专项施工方案，加强焊工的劳动保护，防止发生烧伤、火灾及损坏设备等事故。

### 3.2 材料及机具

**3.2.1** 钢筋：HPB300、HRB335、HRB400、HRB500级钢筋的级别、直

径，应符合设计要求，有出厂合格证、质量检验报告，钢筋表面或每捆钢筋均应有标识，进场后应按国家现行相关标准的规定抽取试件并作力学性能和重量偏差检验。进口钢筋还应增加化学成分校验，并应有可焊性试验，合格后方能使用。

**3.2.2** 焊剂：有出厂合格证、产品质量证明书。焊剂应放在干燥的库房内，当焊剂受潮时，使用前应经 250～350℃烘焙 2h。使用回收的焊剂，应清除熔渣和杂物，并与新焊剂混合均匀后使用。电渣压力焊可采用熔炼型 HJ431 焊剂。

**3.2.3** 机具：钢筋无齿切割机、电渣焊机、焊接夹具、焊剂盒、焊接电源、控制箱、电压表、电流表、时间继电器及自动报警器、石棉绳、铁丝球、秒表等。

## 4 操作工艺

### 4.1 工艺流程

钢筋端头制备 → 选择焊接参数 → 试焊、确定焊接参数 → 钢筋电渣压力焊 → 验收

### 4.2 具体操作工艺

**4.2.1 钢筋端头制备**

钢筋安装前，焊接部位和电极钳口接触（150mm 区段内）钢筋表面上的锈斑、油污、杂物等，应清除干净；钢筋端部如有弯折、扭曲，应予以矫正或切除。

**4.2.2 选择焊接参数**

电渣压力焊的焊接参数，包括焊接电流（A）、焊接电压（V）和焊接通电时间（s）；采用 HJ431 焊剂时，宜符合表 14-1 的规定。采用专用焊剂或自动电渣压力焊机时，应根据焊剂或焊机使用说明书，通过试验确定。钢筋负温电渣压力焊的焊接参数可参照表 14-2 的规定执行。不同直径钢筋焊接时，应按较小直径钢筋选择参数。

**电渣压力焊焊接参数** 表 14-1

| 钢筋直径（mm） | 焊接电流（A） | 焊接电压（V） | | 焊接通电时间（s） | |
| --- | --- | --- | --- | --- | --- |
| | | 电弧过程 | 电渣过程 | 电弧过程 | 电渣过程 |
| 12 | 280～320 | 35～45 | 18～22 | 12 | 2 |
| 14 | 300～350 | | | 13 | 4 |
| 16 | 300～350 | | | 15 | 5 |
| 18 | 300～350 | | | 16 | 6 |
| 20 | 350～400 | | | 18 | 7 |

续表

| 钢筋直径（mm） | 焊接电流（A） | 焊接电压（V） | | 焊接通电时间（s） | |
|---|---|---|---|---|---|
| | | 电弧过程 | 电渣过程 | 电弧过程 | 电渣过程 |
| 22 | 350～400 | 35～45 | 18～22 | 20 | 8 |
| 25 | 350～400 | | | 22 | 9 |
| 28 | 400～450 | | | 25 | 10 |
| 32 | 450～500 | | | 30 | 11 |

注：在生产中，对于有较高要求的抗震结构用钢筋，在牌号后加 E，焊接工艺可按同级别热轧钢筋施焊。

**钢筋负温电渣压力焊焊接参数**　　　　表 14-2

| 钢筋直径（mm） | 焊接温度（℃） | 焊接电流（A） | 焊接电压（V） | | 焊接通电时间（s） | |
|---|---|---|---|---|---|---|
| | | | 电弧过程 | 电渣过程 | 电弧过程 | 电渣过程 |
| 14～18 | −10 | 300～350 | 35～45 | 18～22 | 20～25 | 6～8 |
| | −20 | 350～400 | | | | |
| 20 | −10 | 350～400 | | | 25～30 | 8～10 |
| | −20 | 400～450 | | | | |
| 22 | −10 | 400～450 | | | | |
| | −20 | 450～500 | | | | |
| 25 | −10 | 450～500 | | | | |
| | −20 | 550～600 | | | | |

## 4.3　试焊

**4.3.1**　正式焊接前，参与该项工程施焊的焊工必须进行现场条件下钢筋电渣压力焊工艺性能试验，并选择最佳的工艺参数。

**4.3.2**　试验的钢筋应从进场钢筋中截取，每批钢筋焊接三个接头，经外观检验合格后，作拉伸试验，试验合格后按确定的工艺进行电渣压力焊。

## 4.4　钢筋电渣压力焊

**4.4.1**　安装夹具和钢筋：用焊接夹具分别钳固上下待焊接的钢筋，钢筋一经夹紧不得晃动，且两钢筋应同心。

**4.4.2**　安放铁丝圈：抬起上钢筋，将预先准备好的铁丝球安放在上下钢筋焊接端面的中间位置，放下上钢筋，轻压铁丝圈，使其接触良好。放下上钢筋时宜防止铁丝球被压扁变形。采用直接引弧法时，取消此过程。

**4.4.3**　填装焊剂：先在安装焊剂罐底部的位置缠上石棉绳，然后再装上焊剂罐，往焊剂罐内满装焊剂。安装焊剂罐时，焊接口宜位于焊剂罐的中部，石棉绳应缠绕严密，防止焊剂泄露。

### 4.4.4　焊接过程

**1**　引弧过程：通过操纵杆或操纵盒上的开关，先后接通焊机的焊接电流回路和电源的输入回路，在钢筋端面之间引燃电弧，开始焊接；

**2**　电弧过程：引燃电弧后，应控制电压值。借助操纵杆使上下钢筋端面之间保持一定的间距，进行电弧过程的延时，使焊剂不断熔化并形成必要深度的渣池；

**3**　电渣过程：随后逐渐下送钢筋，使上钢筋端部插入渣池，电弧熄灭，进入电渣过程的延时，使钢筋全端面加速熔化；

**4**　顶压过程：电渣过程结束，迅速下压上钢筋，使其端面与下钢筋端面相互接触，趁热排除熔渣和熔化金属，同时切断焊接电源。

### 4.4.5　回收焊剂、拆卸夹具

焊接完毕后，应停歇 20～30s 后（在寒冷地区施焊时，停歇时间适当延长）方可回收焊剂和卸下焊接夹具，并敲去渣壳。回收焊剂应除去熔渣及杂物，受潮的焊剂应烘、焙干燥后，可重复使用。

## 5　质量标准

### 5.1　主控项目

**5.1.1**　施焊的各种钢筋、钢板及辅助材料均应符合设计要求及有关标准规定。

**5.1.2**　在现浇钢筋混凝土结构中，电渣压力焊接头应以 300 个同牌号钢筋接头作为一批；在房屋结构中，应在不超过两楼层中，以 300 个同牌号钢筋接头作为一批；当不足 300 个接头时，仍应作为一批。每批随机切取三个接头做拉伸试验，并应按下列规定对试验结构进行评定：

**1**　符合下列条件之一，应评定该检验批接头拉伸试验合格：①3 个试件均断于钢筋母材，呈延性断裂，其抗拉强度大于或等于钢筋母材抗拉强度标准值。②2 个试件断于钢筋母材，呈延性断裂，其抗拉强度大于或等于钢筋母材抗拉强度标准值；另一个试件断于焊缝，呈脆性断裂，其抗拉强度大于或等于钢筋母材抗拉强度标准值。

注：试件断于热影响区，呈延性断裂，应视作与断于钢筋母材等同；试件断于热影响区，呈脆性断裂，应视作与断于焊缝等同。

**2**　符合下列条件之一，应进行复验：①2 个试件断于钢筋母材，呈延性断裂，其抗拉强度大于或等于钢筋母材抗拉强度标准值；另一试件断于焊缝或热影响区，呈脆性断裂，其抗拉强度小于钢筋母材抗拉强度标准值。②1 个试件断于钢筋母材，呈延性断裂，其抗拉强度大于或等于钢筋母材抗拉强度标准值；另 2 个试件断于焊缝或热影响区，呈脆性断裂。

**3**　3 个试件均断于焊缝，呈脆性断裂，其抗拉强度均大于或等于钢筋母材抗拉强度标准值应进行复验。当 3 个试件中有一个试件抗拉强度小于钢筋母材抗拉强度标准值，应评定该检验批接头拉伸试验不合格。

**4**　复验时，应切取 6 个试件进行试验。试验结果，若有 4 个或 4 个以上试件断于钢筋母材，呈延性断裂，其抗拉强度大于或等于钢筋母材抗拉强度标准值，另 2 个或 2 个以下试件断于焊缝，呈脆性断裂，其抗拉强度大于或等于钢筋母材抗拉强度标准值，应评定该检验批接头拉伸试验复验合格。

**5.2　一般项目**

**5.2.1**　钢筋安装时，受力钢筋焊接接头的位置以及设置在同一区段构件内的接头面积百分率应符合设计要求和现行国家标准《混凝土结构工程施工质量验收规范》GB 50204 的有关规定。

**5.2.2**　钢筋电渣压力焊接头外观质量检查结果，应符合下列规定：

**1**　四周焊包凸出钢筋表面的高度，当钢筋直径为 25mm 及以下时，不得小于 4mm；当钢筋直径为 28mm 及以上时，不得小于 6mm。

**2**　钢筋与电极接触处，应无烧伤缺陷。

**3**　接头处的弯折角不得大于 2°。

**4**　接头处的轴线偏移不得大于 1mm。

# 6　成品保护

**6.0.1**　操作时，不能过早拆卸夹具，以免造成接头弯曲变形。

**6.0.2**　焊后不得敲砸钢筋接头，不得往刚焊完的接头上浇水冷却。

**6.0.3**　在高空焊接时，应搭设临时脚手平台操作，不得踩踏已绑好的钢筋。

**6.0.4**　焊接后未冷却的接头应避免碰到冰雪。

# 7　注意事项

**7.1　应注意的质量问题**

**7.1.1**　直径 12mm 钢筋电渣压力焊时，应采用小型焊接夹具，上下钢筋对正，不偏歪，多做焊接工艺试验，确保焊接质量。

**7.1.2**　在焊接生产中，焊工应自检，当发现偏心、烧伤、弯折等焊接缺陷时，宜按表 14-3 查找原因和采取措施，及时清除。

电渣压力焊接头焊接缺陷及防止措施 表 14-3

| 焊接缺陷 | 产生原因 | 消除措施 |
|---|---|---|
| 轴线偏移 | 1. 钢筋端头歪斜 | 1. 矫直钢筋端部 |
| | 2. 夹具和钢筋未安装好 | 2. 正确安装夹具和钢筋 |
| | 3. 顶压力太大 | 3. 避免过大的顶压力 |
| | 4. 夹具变形 | 4. 及时修理或更换夹具 |
| 弯折 | 1. 钢筋端部弯折 | 1. 矫直钢筋端部 |
| | 2. 上钢筋未夹牢放正 | 2. 注意安装和扶持上钢筋 |
| | 3. 拆卸夹具过早 | 3. 避免焊后过快拆卸夹具 |
| | 4. 夹具损坏松动 | 4. 修理或者更换夹具 |
| 咬边 | 1. 焊接电流太大 | 1. 减小焊接电流 |
| | 2. 焊接通电时间太长 | 2. 缩短焊接时间 |
| | 3. 上钢筋顶压不到位 | 3. 注意上钳口的起点和止点,确保上钢筋顶压到位 |
| 未焊合 | 1. 焊接电流太小 | 1. 增大焊接电流 |
| | 2. 焊接通电时间不足 | 2. 避免焊接时间过短 |
| | 3. 上夹头下送不畅 | 3. 检修夹具,确保上钢筋下送自如 |
| 焊包不均 | 1. 钢筋端面不平整 | 1. 钢筋端面应平整 |
| | 2. 焊剂填装不匀 | 2. 填装焊剂尽量均匀 |
| | 3. 钢筋熔化量不足 | 3. 延长电渣过程时间,适当增加熔化量 |
| 烧伤 | 1. 钢筋夹持部位有锈 | 1. 钢筋导电部位除净铁锈 |
| | 2. 钢筋未夹紧 | 2. 尽量夹紧钢筋 |
| 焊包下淌 | 1. 焊剂筒下方未堵严 | 1. 彻底封堵焊剂筒的漏孔 |
| | 2. 回收焊剂太早 | 2. 避免焊后过快回收焊剂 |

**7.1.3** 雪天、雨天不宜施焊,必须施焊时,应采取有效的遮蔽措施。焊接完毕,应停歇 20s 以上方可卸下夹具回收焊剂,回收的焊剂内不得混入冰雪,接头渣壳应待冷却后清理。

**7.1.4** 电渣压力焊可在负温的条件下进行,焊接前,应进行现场负温条件下的焊接工艺试验,经检验满足要求后方可正式作业,当环境温度低于-20℃时,则不宜进行施焊。

**7.2 应注意的安全问题**

**7.2.1** 高空作业的下方和焊接火星所及范围内,必须彻底清除易燃易爆物品。

**7.2.2** 焊接电线应采用胶皮绝缘电缆,绝缘性能不良的电缆禁止使用。

**7.2.3** 焊接工作区域的防护应符合下列规定:

**1**　焊接设备应安放在通风、干燥、无碰撞、无剧烈振动、无高温、无易燃品存放的地方；特殊环境条件下还应对设备采取特殊的防护措施。

**2**　焊接电弧的辐射及飞溅范围，应设不可燃或耐火板、罩、屏，防止人员受到伤害。

**3**　焊机不得受潮或雨淋，受潮的焊接设备在使用前必须彻底干燥并经适当试验或检测。

**4**　焊接作业应在足够的通风条件下进行，避免操作人员吸入焊接操作产生的有害气体。

**5**　在焊接作业场所应当设置警告标志。

**7.2.4**　各种焊机的配电开关箱内，应安装熔断器和漏电保护开关；焊接电源的外壳应有可靠的接地或接零；焊机的保护接地线应直接从接地极处引接，其接地电阻值不应大于 $4\Omega$。

**7.2.5**　焊接电缆应完好无损，接头处应连接牢固，绝缘良好；发现损坏应及时修理；各种管线和电缆不得挪作拖拉设备的工具。

**7.2.6**　用于作业的工作台、脚手架，应搭设牢固、可靠和安全。

**7.3**　**应注意的绿色施工问题**

**7.3.1**　施工现场垃圾按指定的地点集中收集，并及时运出现场，时刻保持现场的文明。

**7.3.2**　严格遵守有关消防、保卫方面的法令、法规、制定有关消防保卫管理制度，完善消防设施，消防事故隐患。

**7.3.3**　合理安排作业时间，避免进行噪声较大的工作，减少噪声扰民。

# 8　质量记录

**8.0.1**　钢筋出厂合格证、质量检验报告及现场抽样复检报告。

**8.0.2**　钢筋化学成分等专项检验报告。

**8.0.3**　焊剂合格证书。

**8.0.4**　钢筋接头焊接工艺试验报告、钢筋接头焊接试验报告。

**8.0.5**　钢筋焊工考试合格证复印件。

**8.0.6**　钢筋电渣压力焊接头检验批质量验收记录。

**8.0.7**　其他技术文件。

# 第 15 章　钢筋直螺纹连接

本工艺标准适用于房屋建筑和一般构筑物中受力钢筋的直螺纹连接。对直接承受动力荷载的结构构件，接头应满足设计要求的抗疲劳性能。

## 1　引用标准

《混凝土结构工程施工规范》GB 50666—2011
《钢筋机械连接技术规程》JGJ 107—2016
《混凝土结构工程施工质量验收规范》GB 50204—2015
《钢筋机械连接用套筒》JG/T 163—2013

## 2　术语

**2.0.1**　钢筋机械连接：通过钢筋与连接件或其他介入材料的机械咬合作用或钢筋端面承压作用，将一根钢筋中的力传递至另一根钢筋的连接方法。

## 3　施工准备

### 3.1　作业条件

**3.1.1**　钢筋连接开始前，对不同钢筋生产厂的进场钢筋进行接头工艺检验，施工过程中，更换钢筋生产厂时，应补充进行工艺检验。

**3.1.2**　套筒及钢筋端头已清理，按规格分类存放备用。

**3.1.3**　由技术提供单位提交有效的型式检验报告，报告应包括试件基本参数和试验结果。

**3.1.4**　加工钢筋接头的操作工人，应经过专业人员培训合格后方可上岗，人员应相对稳定。

**3.1.5**　设备已进行检查并试运转。

### 3.2　材料及机具

**3.2.1**　材料

**1**　钢筋：HRB335、HRB400、RRB400、HRB500 级钢筋的级别、直径应符合设计要求，品种和性能符合现行国家标准《钢筋混凝土用钢　第 2 部分：热轧带肋钢筋》GB 1499.2 和《钢筋混凝土用余热处理钢筋》GB 13014 的要求，有原材合格证、出厂检验报告及进场复验报告。

**2** 套筒：其原材料、外观及力学性能应符合现行行业标准《钢筋机械连接用套筒》JG/T 163 要求，还应有产品合格证、出厂检验报告、产品质量证明书。标准型套筒可便于正常情况下连接；变径型套筒可满足不同直径的连接；扩口型套筒可满足钢筋较难对中情况下的连接。

### 3.2.2　机具

直螺纹套丝机、角向磨光机、砂轮切割机、螺纹环规、量规（牙形规、卡规、直螺纹塞规）力矩扳手等。

## 4　操作工艺

### 4.1　工艺流程

钢筋下料、切割 → 直螺纹接头加工 → 丝头检验 → 工艺检验 →

钢筋现场连接 → 验收

### 4.2　钢筋下料、切割

**4.2.1** 钢筋应先调直后下料，钢筋端部应切平或墩平后加工螺纹，钢筋切割宜用切割机和砂轮片切割，切口端面应与钢筋轴线垂直，不得有马蹄形或挠曲，不得用气割下料。

**4.2.2** 钢筋丝头宜满足 6f 级精度要求，应用专用直螺纹量规检验，卡规能顺利旋入并达到要求的拧入长度，卡规旋入不得超过 3P。

### 4.3　直螺纹接头加工

直螺纹钢筋接头的加工应保持丝头端面的基本平整，使安装扭矩能有效形成丝头的相互顶力。

**4.3.1** 滚轧螺纹前，根据钢筋直径安设滚丝轮，根据丝头长度调整丝头长度控制点，设置挡块控制钢筋初始位置。

**4.3.2** 滚轧钢筋螺纹时，滚轧机应采用水浴性切削润滑液，当气温低于 0℃ 时，应掺入 15%～20% 亚硝酸钠，不得用机油作润滑液或不加润滑液滚轧螺纹。

**4.3.3** 将待加工的钢筋端头对准加工孔，使端头与加工孔平齐，用夹具夹紧，启动滚轧机电源开关，转动手柄轮，开始滚轧螺纹，滚轧到规定长度后，自动停止退出。

### 4.4　丝头检验

**4.4.1** 松开夹具，取出钢筋，用钢丝刷清理毛刺，操作工人对丝头的外观质量逐个目测检查，钢筋丝头长度应满足企业标准中产品设计要求，公差应为

0～2.0P（P 为螺距），每加工 10 个，利用螺纹环规、量规等对丝头规格尺寸检查一次，剔除不合格丝头。

**4.4.2**　钢筋滚轧螺纹牙形应饱满，无断牙、秃牙缺陷，且与牙形规的牙形吻合，牙齿表面光洁为合格品。钢筋滚轧螺纹直径用专用量规检验，达到量规检验要求为合格品。

**4.4.3**　镦粗头不得有与钢筋轴线相垂直的横向裂纹。

**4.4.4**　自检合格的丝头应立即带上塑料保护帽或拧上连接套筒，并按规格型号分类码放。

### 4.5　钢筋现场连接施工

**4.5.1**　钢筋连接前，回收丝头上的塑料保护帽和套筒端头的塑料密封盖。

**4.5.2**　钢筋连接时，钢筋规格必须与连接套筒的规格一致，钢筋和套筒的丝头应干净、完好无损。如发现杂物或锈蚀，应用铁刷清理干净。

**4.5.3**　采用预埋接头时，连接套筒的位置、规格和数量应符合设计要求，带连接套筒的钢筋应固定牢固，连接套筒的外露端应有保护盖。

**4.5.4**　滚压直螺纹接头应使用管钳和力矩扳手进行施工，将两个钢筋丝头在套筒中间位置相互顶紧，标准型接头安装后的外露螺纹不宜超过 2P。安装后应用力矩扳手校核拧紧扭矩，拧紧扭矩值应符合现行行业标准《钢筋机械连接技术规程》JGJ 107 中第 6.2.1 条内容的规定，力矩扳手的精度为±5%。

**4.5.5**　竖向钢筋连接时，应从下向上依次连接；水平钢筋连接时，应从一端向另一端依次连接，不得从两头往中间连接。

**4.5.6**　同径或异径正丝扣连接时，将待连接两根钢筋丝头拧入连接套筒，用两把专用扳手分别卡住待连接钢筋，将钢筋接头拧紧，钢筋丝头在套筒中央位置应相互顶紧，外露螺纹不超过 2P。

**4.5.7**　正反丝扣连接时，将待连接两根正反丝扣钢筋同时对准正反丝扣连接套筒，用两把专用扳手分别卡住待连接钢筋，再用第三把扳手拧紧连接套筒。

**4.5.8**　可调丝头连接时，先将连接套筒和锁紧螺母全部拧入长丝头钢筋端，再把短丝头端钢筋对准套筒，旋转套筒使其从长丝头钢筋头中逐渐退出，并进入短丝头钢筋头中，与短丝头钢筋头拧紧，然后将锁紧螺母旋出，并与套筒拧紧定位。

**4.5.9**　连接完的接头应立即用油漆作上标记，防止漏拧。

**4.5.10**　钢筋连接套筒的混凝土保护层厚度应符合设计要求，并且不得小于 15mm，连接件之间的横向净距不宜小于 25mm，纵向受力钢筋的接头宜相互错开，其错开间距不应少于 35d，且不大于 500mm，接头端部距钢筋弯起点不得小于 10d。

**4.5.11**　接头应避开设在拉应力最大的截面上和有抗震设防要求的框架梁端与柱端的箍筋加密区，在结构件受拉区段同一截面上的钢筋接头不得超过钢筋总数的 50%。在同一构件的跨间或层高范围内的同一根钢筋上，不得超过两个以上接头。

**4.5.12**　钢筋接头应做到表面顺直，端面平整，其截面与钢筋轴线垂直，不得歪斜、滑丝。

## 5　质量标准

### 5.1　主控项目

**5.1.1**　钢筋的品种、级别和质量以及套筒的材质、规格尺寸和性能应符合设计要求和国家现行有关标准的规定。

**5.1.2**　钢筋连接工程开始前及施工过程中，应对每批钢筋进行接头工艺试验，工艺试验应符合现行行业标准《钢筋机械连接技术规程》JGJ 107 的有关规定。

**5.1.3**　同一施工条件下采用同一批材料的同等级、同形式、同规格接头，应以 500 个为一个验收批进行检验与验收，不足 500 个也作为一个验收批。

**5.1.4**　对接头的每一验收批，必须在工程结构中随机截取 3 个接头试件做抗拉强度试验，并按设计要求的接头等级进行评定，并填写试验报告。当 3 个接头试件的抗拉强度均符合表 15-1 中相应等级的强度要求时，该验收批应评定为合格。如有 1 个试件的抗拉强度不符合要求，应再取 6 个试件进行复检。复检中仍有 1 个试件的抗拉强度不符合要求，则该验收批应评为不合格。

接头的抗拉强度　　　　　　　　　　　　　　　　　　表 15-1

| 接头等级 | Ⅰ级 | Ⅱ级 | Ⅲ级 |
|---|---|---|---|
| 抗拉强度 | $f_{mst}^0 \geq f_{stk}$ 断于钢筋 或 $f_{mst}^0 \geq 1.10 f_{stk}$ 断于接头 | $f_{mst}^0 \geq f_{stk}$ | $f_{mst}^0 \geq 1.25 f_{yk}$ |

注：$f_{mst}^0$——接头试件实测抗拉强度；$f_{stk}$——钢筋抗拉强度标准值；$f_{yk}$——钢筋屈服强度标准值。

**5.1.5**　接头的拧紧力矩值应符合现行标准《钢筋机械连接技术规程》JGJ 107 规定，见表 15-2。

直螺纹接头安装时的最小拧紧扭矩值　　　　　　表 15-2

| 钢筋直径（mm） | ≤16 | 18～20 | 22～25 | 28～32 | 36～40 | 50 |
|---|---|---|---|---|---|---|
| 拧紧力矩（N·m） | 100 | 200 | 260 | 320 | 360 | 460 |

## 5.2 一般项目

**5.2.1** 钢筋的规格、接头位置同一区段有接头面积的百分比，应符合设计要求和现行国家标准《混凝土结构工程施工质量验收规范》GB 50204 的规定。

**5.2.2** 丝头的质量检验应符合表 15-3 的规定。

丝头质量检验要求                                   表 15-3

| 检验项目 | 量具名称 | 检验要求 |
|---|---|---|
| 外观质量 | 目测 | 牙形饱满、牙顶宽超过 0.6mm 秃牙部分累计长度不超过一个螺纹周长，钢筋端部必须切平 |
| 外形尺寸 | 卡尺或专用量具 | 丝头长度应满足设计要求，极限偏差应为 0~2.0P（P 为螺距） |
| 螺纹大径 | 光面轴用量规 | 通端量规应能通过螺纹的大径，而止端量规则不能通过螺纹大径 |
| 螺纹中径及小径 | 通规 | 能顺利旋入并达到要求拧入的长度 |
| | 止规 | 旋入不得超过 3P（P 为螺距） |

**5.2.3** 连接终拧后应做出标识。

# 6 成品保护

**6.0.1** 钢筋连接用套筒放入包装箱存放在库房内，不得露天存放，防止雨淋潮湿。

**6.0.2** 加工好的丝头，带好保护帽或套筒防止磕碰螺纹，并且一端要封闭，塑料保护套应比外螺纹长 10~20mm，防止污物损坏螺纹。

**6.0.3** 连接半成品应规格分类码放整齐，远离酸、盐等可对钢筋造成腐蚀的物品，并防止锈蚀。

**6.0.4** 加工设备尽量放置在防雨篷内，下雨天保护电机及电器部分不受潮湿和雨水浸蚀。

**6.0.5** 不得随意抛掷连接成品。

# 7 注意事项

## 7.1 应注意的质量问题

**7.1.1** 钢筋端头压圆后的直径，应按钢筋直径的负偏差来控制。

**7.1.2** 现场安装时，每个操作点应由一人扶正钢筋对中，一人用管钳拧紧连接套筒。

## 7.2 应注意的安全问题

**7.2.1** 作业人员上岗前，应接受三级安全教育。

**7.2.2**　钢筋矫直应相互照应。

**7.2.3**　机械用电和现场用电应符合现行行业标准《施工现场临时用电安全技术规范》JGJ 46 的规定。

**7.2.4**　压圆滚丝设备操作时应执行现行行业标准《建筑机械使用安全技术规程》JGJ 33 的相关规定。

**7.2.5**　操作时，不得硬拉压圆机的油管。

**7.3**　应注意的绿色施工问题

**7.3.1**　现场进行钢筋加工时，将机械安放在平整度较高的平台上，下垫木板，并定期检查各种零部件。如发现零部件有松动、磨损，及时紧固或更换，以降低噪声。浇筑混凝土时不要振动钢筋，降低噪声排放强度。

**7.3.2**　如果钢筋有片状老锈，在使用前需用钢丝刷或砂盘进行除锈，为减少除锈时灰尘飞扬，现场要设置苫布遮挡并及时将锈屑清理起来，回收再利用。

**7.3.3**　钢筋端面平头及丝头加工时的废料要及时清理回收再利用。

**7.3.4**　润滑油等要防止直接滴落，应在地上铺塑料布，防治污染土地。

# 8　质量记录

**8.0.1**　钢筋合格证、出厂检验报告和进场复验报告。

**8.0.2**　钢筋接头型式检验报告。

**8.0.3**　连接套筒出厂合格证和质量检验报告。

**8.0.4**　钢筋直螺纹接头工艺检验报告。

**8.0.5**　钢筋直螺纹接头拉伸试验报告。

**8.0.6**　钢筋直螺纹加工检验记录。

**8.0.7**　钢筋直螺纹接头质量检查记录。

**8.0.8**　钢筋直螺纹连接接头检验批质量验收记录。

**8.0.9**　其他技术文件。

# 第16章　钢筋套筒挤压连接

本工艺标准适用于房屋与一般构筑物中受力钢筋的套筒挤压连接。对直接承受动力荷载的结构构件，接头应满足设计要求的抗疲劳性能。

## 1　引用标准

《混凝土结构工程施工规范》GB 50666—2011
《混凝土结构工程施工质量验收规范》GB 50204—2015
《钢筋机械连接技术规程》JGJ 107—2016
《钢筋机械连接用套筒》JG/T 163—2013

## 2　术语

**2.0.1**　钢筋套筒挤压接头：带肋钢筋套筒挤压连接将两根待接钢筋插入钢套筒，用挤压连接设备沿径向挤压钢套筒，使之产生塑性变形，依靠变形后的钢套筒与被连接钢筋的纵、横肋产生的机械咬合成为整体形成的接头。见图 16-1。

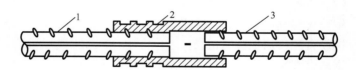

图 16-1　钢筋套筒挤压连接
1—已挤压的钢筋；2—钢套筒；3—未挤压的钢筋

## 3　施工准备

### 3.1　作业条件

**3.1.1**　由技术提供单位提交有效的型式检验报告，报告应包括试件基本参数和试验结果。

**3.1.2**　钢筋接头的加工经过工艺检验合格后方可进行。每批进场钢筋均已进行接头工艺试验。

**3.1.3**　操作人员应经过专业技术人员培训，考核合格后方可上岗，人员应相对稳定。

**3.1.4**　挤压设备经检修、试压并已经过标定，符合施工要求。

**3.1.5**　制定专项施工方案，进行安全技术交底。

**3.2　材料及机具**

**3.2.1**　钢筋：HRB335、HRB400、RRB400、HRB500 级钢筋的级别、直径应符合设计要求。有产品合格证、出厂质量证明及进场复验报告，其性能应符合现行国家标准《钢筋混凝土用钢　第 2 部分：热轧带肋钢筋》GB 1499.2—2013 的要求。

**3.2.2**　钢套筒：钢套筒表面不得有裂缝、折叠、结疤等缺陷，还应有产品合格证、出厂检验报告、产品质量证明书。其原材料、外观及力学性能应符合现行行业标准《钢筋机械连接用套筒》JG/T 163 要求。套筒在运输和储存中，应按不同规格装箱，分别堆放整齐，不得露天堆放，防止锈蚀和污染。

**3.2.3**　机具：超高压电动油泵、挤压机、超高压油管、悬挂平衡器（手动葫芦）、吊挂小车、挤压连接钳、画标志用工具和检查压痕卡板等。

## 4　操作工艺

**4.1　工艺流程**

钢套筒与钢筋检查 → 设置钢筋端头压接标志 → 钢套筒与钢筋试套 →

套筒装配、挤压一端 → 连接挤压另一端 → 外观检查

**4.2　钢筋和套筒检查**

对钢筋进行检查，钢筋端部不得有局部弯曲，如有马蹄、弯折或纵肋尺寸过大，应预先矫正或用砂轮打磨，并清除钢筋锈蚀和附着物。

接头安装前，应检查连接件的产品合格证、质量证明书及套筒表面标记（包括名称代号、特性代号、主参数代号、厂家代号及生产批号标记）；产品合格证、质量证明书及标记应符合现行行业标准《钢筋机械连接用套筒》JG/T 163 要求。

**4.3　设置钢筋端头压接标志**

在钢筋端部画出定位标记和检查标记，定位标记与钢筋端头的距离为钢套筒长度的一半，检查标记与定位标记的距离一般为 20mm。

**4.4　钢套筒与钢筋试套**

按钢筋规格选择套筒，将钢筋与钢套筒进行试套，通过钢筋端头定位标记和检查标记，控制钢筋端头离套筒长度中点不宜超过 10mm。不同直径钢筋的套筒不得相互串用。

当钢筋纵肋过高影响插入时，可以打磨，但钢筋横肋严禁打磨。被连接钢筋

的轴心与钢套筒轴心应保持同一轴线，防止偏心和弯折。

### 4.5　套筒装配、挤压一端

钢筋挤压连接宜在地面上挤压一端套筒，在施工作业区插入待接钢筋后再挤压另一端套筒。挤压宜从套筒中央开始，依次向两端挤压。

先装好高压油管和钢筋配用限位器、套管压模，并在压模内涂润滑油，按手控开关，使套筒对正压模内孔，再按关闭开关，插入钢筋顶到限位器上扶正；按手控开关进行挤压；当听到液压油发出溢流声，再按手控开关，退回柱塞，取下压模，取出半套管接头，即完成一端挤压作业。

### 4.6　连接挤压另一端

先将半套管插入待接的钢筋上，使挤压机就位，再放置与钢筋配用的压模和垫块；然后，按下手控上开关进行挤压；当听到液压油发出溢流声时，按下手控下开关，再退回柱塞及导向板，装上垫块，按下手控上开关进行挤压，按下手控下开关，退回柱塞再加垫块，然后按手控上开关进行挤压，再按手控下开关，退回柱塞；最后，取下垫块、压模，卸下挤压机，钢筋连接即完成。

## 5　质量标准

### 5.1　主控项目

**5.1.1**　钢筋的品种、级别、规格和质量以及套筒的材质、规格尺寸和性能必须符合设计要求和国家现行有关标准的规定。

**5.1.2**　钢筋连接工程开始前及施工过程中，应对不同钢筋生产厂的进场钢筋进行接头工艺试验，施工过程中，更换钢筋生产厂时，应补充进行工艺检验。工艺检验应符合现行行业标准《钢筋机械连接技术规程》JGJ 107 的规定。

**5.1.3**　接头的现场检验按照验收批进行。同一施工条件下采用同一批材料的同等级、同型式、同规格接头，以 500 个为一个验收批进行检验与验收，不足 500 个也作为一个验收批。每一验收批必须在工程中随机抽 3 个试件做抗拉强度试验，应符合设计要求的接头等级。

### 5.2　一般项目

**5.2.1**　钢筋的规格、接头位置、在同一区段内接头钢筋面积百分率，应符合设计要求和现行国家标准《混凝土结构工程施工质量验收规范》GB 50204 的规定。

**5.2.2**　挤压后的套筒不得有肉眼可见的裂纹。

**5.2.3**　钢筋接头挤压压痕直径的波动范围应控制在供应商认定的允许波动范围内，供应商提供专用量规进行检查，当深度不够时应补压；如超压，必须切除重新挤压。

## 6　成品保护

**6.0.1**　在地面预制好的接头应用垫木垫好，分规格码放整齐。

**6.0.2**　套筒应妥善存放，筒内不得有砂浆等杂物。

**6.0.3**　连接成品不得随意抛掷。

**6.0.4**　在高空挤压接头时，应搭设临时脚手架平台操作，不得蹬踩接头。

## 7　注意事项

### 7.1　应注意的质量问题

**7.1.1**　钢套筒的几何尺寸及钢筋接头位置应符合设计要求，套筒表面不得有裂缝、折叠、结疤等缺陷。

**7.1.2**　钢筋端部应平直；钢筋的连接段和套筒内壁严禁有油污、铁锈、泥沙混入，套筒接头外边的油脂也应擦干净。

**7.1.3**　连接带肋钢筋不得砸平花纹。

**7.1.4**　挤压接头压痕直径的波动范围应控制在允许波动范围内，并使用专用量规进行检验。接头的压痕道数应符合钢筋规格要求的挤压道数，压痕深度不够的应补压，超深的必须切除接头重新连接。

### 7.2　应注意的安全问题

**7.2.1**　作业人员上岗前应安全教育，防止发生人身和设备安全事故。

**7.2.2**　挤压前检查高压系统、悬挂设备的锁具是否牢靠、正常。

**7.2.3**　断料时应戴防护眼镜。

**7.2.4**　操作时不得硬拉电线和高压油管，防止高压油管弯折或被尖利物体划伤。

**7.2.5**　高压油管不得打死弯，操作人员应避开高压油管反弹方向。

**7.2.6**　高压油泵应采用液压油，油液应过滤，保持清洁，油箱应密封，防止渗漏或雨水、灰尘混入油箱。

**7.2.7**　高空连接应搭设临时脚手架平台操作，系安全带。

**7.2.8**　操作人员应戴安全帽和手套。

### 7.3　应注意的绿色施工问题

**7.3.1**　现场进行钢筋加工时，将机械安放在平整度较高的平台上，下垫木板，并定期检查各种零部件，如发现零部件有松动、磨损，及时紧固或更换，以降低噪声，浇筑混凝土时不要振动钢筋，降低噪声排放强度。

**7.3.2**　如果钢筋有片状老锈，在使用前需用钢丝刷或砂盘进行除锈，为减少除锈时灰尘飞扬，现场要设置苫布遮挡，并及时将锈屑清理起来，回收再利用。

**7.3.3** 钢筋端面平头及丝头加工时的废料，要及时清理回收再利用。

**7.3.4** 润滑油等要防止直接滴落，应在地上铺塑料布防治污染土地。

# 8　质量记录

**8.0.1** 钢筋合格证、出厂检验报告和进场复验报告。

**8.0.2** 钢筋套筒合格证、出厂检验报告。

**8.0.3** 挤压接头型式检验报告。

**8.0.4** 施工现场单向拉伸试验记录。

**8.0.5** 施工现场挤压接头外观检查记录。

**8.0.6** 钢筋安装工程检验批质量验收记录。

**8.0.7** 钢筋套筒挤压连接接头检验批质量验收记录。

**8.0.8** 钢筋分项工程质量验收记录。

**8.0.9** 其他技术文件。

# 第17章 混凝土配合比设计与试配

本工艺标准适用于密度为 2000~2800kg/m³ 的普通混凝土和自密实混凝土配合比设计。

## 1 引用标准

《混凝土结构工程施工规范》GB 50666—2011
《自密实混凝土应用技术规程》JGJ/T 283—2012
《混凝土泵送施工技术规范》JGJ/T 10—2011
《普通混凝土配合比设计规程》JGJ 55—2011
《混凝土结构工程施工质量验收规范》GB 50204—2015
《普通混凝土用砂、石质量及检验方法标准》JGJ 52—2006
《建设用砂》GB/T 14684—2011
《建设用卵石、碎石》GB/T 14685—2011
《用于水泥和混凝土中的粉煤灰》GB/T 1596—2017
《用于水泥和混凝土中的粒化高炉矿渣粉》GB/T 18046—2008
《混凝土外加剂》GB 8076—2008
《混凝土防冻剂》JC 475—2004
《混凝土膨胀剂》GB 23439—2009
《混凝土用水标准》JGJ 63—2006

## 2 术语

**2.0.1** 普通混凝土：干表观密度为 2000~2800kg/m³ 的混凝土。

**2.0.2** 高强混凝土：强度等级不低于 C60 的混凝土。

**2.0.3** 泵送混凝土：可在施工现场通过压力泵及输送管道进行浇筑的混凝土。

**2.0.4** 胶凝材料：混凝土中水泥和活性矿物掺合料的总称。

**2.0.5** 水胶比：混凝土中用水量与胶凝材料用量的质量比。

**2.0.6** 矿物掺合料掺量：混凝土中矿物掺合料用量占胶凝材料用量的质量百分比。

**2.0.7** 自密实混凝土：具有高流动性、均匀性和稳定性，浇筑时无需外力振捣，能够在自重作用下流动并充满模板空间的混凝土。

## 3　施工准备

### 3.1　作业条件

**3.1.1**　混凝土配合比应按试验任务委托的要求进行试配。

**3.1.2**　混凝土试配委托应根据工程结构写明施工部位，原材料的规格、品种、混凝土搅拌、运输、振捣、浇筑方式、环境条件，以及混凝土强度等级、坍落度、凝结时间要求等情况。

**3.1.3**　试配时混凝土操作室温度应保持在20±5℃。

**3.1.4**　试配时的材料应与工程中使用的原材料一致。

### 3.2　材料及机具

**3.2.1**　水泥：采用普通硅酸盐水泥、硅酸盐水泥、矿渣硅酸盐水泥、火山灰质硅酸盐水泥和粉煤灰硅酸盐水泥，水泥质量应符合现行国家标准《通用硅酸盐水泥》GB 175 的规定。

**3.2.2**　骨料：采用的粗、细骨料，应符合现行行业标准《普通混凝土用砂、石质量及检测方法标准》JGJ 52 及现行国家标准《建设用砂》GB/T 14684、《建设用卵石、碎石》GB/T 14685 的规定。

**3.2.3**　拌合水，宜采用饮用水，当采用其他水源时，水质应符合现行行业标准《混凝土用水标准》JGJ 63 的规定。

**3.2.4**　掺合料：掺量应通过试验确定，并应符合现行国家标准《粉煤灰混凝土应用技术规程》GB/T 50146、《用于水泥与混凝土中的粒化高炉矿渣粉》GB/T 18046、《用于水泥和混凝土中的粉煤灰》GB/T 1596 等的规定。

**3.2.5**　外加剂：掺用的外加剂质量应符合现行国家标准《混凝土外加剂应用技术规范》GB 50119、《混凝土外加剂》GB 8076、《混凝土防冻剂》JC 475、《混凝土膨胀剂》GB 23439 等的规定。

**3.2.6**　机具：搅拌机、振动台、振捣棒、试模、铁锹、台秤、案秤、流量计（或量筒）、坍落度筒、维勃筒度仪、J 环、钢板尺、刚性水平底板、装料铲、容量筒等。

## 4　操作工艺

### 4.1　工艺流程

试配强度确定 → 水胶比确定 → 用水量和外加剂用量确定 →

胶凝材料、矿物掺合料和水泥用量确定 → 砂率确定 → 粗、细骨料用量确定 →

配合比试配 → 配合比调整 → 配合比确定

### 4.2 试配强度确定

**4.2.1** 试配强度应按式（17-1）、（17-2）确定：

$$f_{cu,o} \geqslant f_{cu,k} + 1.645\sigma \tag{17-1}$$

$$f_{cu,o} \geqslant 1.15 f_{cu,k} \tag{17-2}$$

式中　$f_{cu,o}$——混凝土配制强度（MPa）；

$\quad\quad f_{cu,k}$——混凝土立方体抗压强度标准值（MPa）；

$\quad\quad \sigma$——混凝土强度标准差（MPa）。

当设计强度等级不小于 C60 时，配制强度应按式（17-2）确定。

**4.2.2** 混凝土强度标准差（$\sigma$）应按下列规定确定：

**1** 当具有近 1～3 个月的同一品种、同一强度等级混凝土的强度资料，且试件组数不小于 30 时，其混凝土强度标准差 $\sigma$ 按式（17-3）计算：

$$\sigma = \sqrt{\dfrac{\sum\limits_{i=1}^{n} f_{cu,i}^2 - n m_{fcu}^2}{n-1}} \tag{17-3}$$

式中　$\sigma$——混凝土强度标准差；

$\quad\quad f_{cu,i}$——第 i 组试件强度（MPa）；

$\quad\quad m_{fcu}$——n 组试件的强度平均值（MPa）；

$\quad\quad n$——试件组数。

对于强度等级不大于 C30 的混凝土，当混凝土强度标准差计算值不小于 3.0MPa 时，应按上述公式计算结果取值；当混凝土强度标准计算值小于 3.0MPa 时，应取 3.0MPa。对于强度等级大于 C30 且小于 C60 的混凝土，当混凝土标准差不小于 4.0MPa 时，应按上述公式计算结果取值；当混凝土标准差计算值小于 4.0MPa 时，应取 4.0MPa。

**2** 当没有近期的同一品种、同一强度等级混凝土强度资料时，其混凝土强度标准差 $\sigma$ 按表 17-1 取值。

标准差 $\sigma$ 值（MPa）　　　　　　　　　　　　　　　表 17-1

| 混凝土强度标准值 | ≤C20 | C25～C45 | C50～C55 |
|---|---|---|---|
| $\sigma$ | 4.0 | 5.0 | 6.0 |

### 4.3 水胶比确定

**4.3.1** 混凝土强度等级小于 C60 时，混凝土水胶比宜按公式（17-4）计算：

$$W/B = \dfrac{\alpha_a f_b}{f_{cu,o} + \alpha_a \alpha_b f_b} \tag{17-4}$$

式中　$W/B$——混凝土水胶比；

$\alpha_{\mathrm{a}}$、$\alpha_{\mathrm{b}}$——回归系数;

$f_{\mathrm{b}}$——胶凝材料 28d 胶砂抗压强度 (MPa),可实测,且试验方法应按现行国家标准《水泥胶砂强度检验方法 (ISO 法)》GB/T 17671—1999 执行;也可按本文 4.3.2 条确定。

**4.3.2** 当胶凝材料 28d 胶砂抗压强度值 ($f_{\mathrm{b}}$) 无实测值时,可按式 (17-5) 确定:

$$f_{\mathrm{b}} = \gamma_{\mathrm{f}} \gamma_{\mathrm{s}} f_{\mathrm{ce}} \tag{17-5}$$

式中　$\gamma_{\mathrm{f}}$、$\gamma_{\mathrm{s}}$——粉煤灰影响系数和粒化高炉矿渣粉影响系数,按表 17-2 选用;

$f_{\mathrm{ce}}$——水泥 28d 胶砂抗压强度 (MPa),可实测,也可按本文 4.3.3 条确定。

**粉煤灰影响系数 ($\gamma_{\mathrm{f}}$) 和粒化高炉矿渣粉影响系数 ($\gamma_{\mathrm{s}}$)**　　表 17-2

| 种类<br>掺量 (%) | 粉煤灰影响系数 $\gamma_{\mathrm{f}}$ | 粒化高炉矿渣粉影响系数 $\gamma_{\mathrm{s}}$ |
|---|---|---|
| 0 | 1.00 | 1.00 |
| 10 | 0.85~0.95 | 1.00 |
| 20 | 0.75~0.85 | 0.95~1.00 |
| 30 | 0.65~0.75 | 0.90~1.00 |
| 40 | 0.55~0.65 | 0.80~0.90 |
| 50 | — | 0.70~0.80 |

注: 1. 采用Ⅰ级、Ⅱ级粉煤灰宜取上限值。
　　2. 采用 S75 级粒化高炉矿渣粉宜取下限值,采用 S95 级粒化高炉矿渣粉宜取上限值,采用 S105 级粒化高炉矿渣粉可取上限值加 0.05。
　　3. 当超出表中的掺量时,粉煤灰和粒化高炉矿渣粉影响系数应经试验确定。

**4.3.3** 当水泥 28d 胶砂抗压强度值 ($f_{\mathrm{ce}}$) 无实测值时,可按公式 (17-6) 确定:

$$f_{\mathrm{ce}} = \gamma_{\mathrm{c}} \cdot f_{\mathrm{ce.g}} \tag{17-6}$$

式中　$\gamma_{\mathrm{c}}$——水泥强度等级值的富余系数,可按实际统计资料确定;当缺乏实际统计资料时也可按表 17-3 选用;

$f_{\mathrm{ce.g}}$——水泥强度等级值 (MPa)。

**水泥强度等级值的富余系数 ($\gamma_{\mathrm{c}}$)**　　表 17-3

| 水泥强度等级值 | 32.5 | 42.5 | 52.5 |
|---|---|---|---|
| 富余系数 | 1.12 | 1.13 | 1.10 |

**4.3.4**　回归系数 $\alpha_a$ 和 $\alpha_b$ 宜按下列规定确定：

**1**　根据工程所使用的原材料，通过试验建立的水胶比与混凝土强度关系式来确定；

**2**　当不具备上述试验统计资料时，可按表 17-4 选用。

回归系数 $\alpha_a$、$\alpha_b$ 选用表　　　　　　　　　　表 17-4

| 系数 | 粗骨料品种 | |
|---|---|---|
| | 碎石 | 卵石 |
| $\alpha_a$ | 0.53 | 0.49 |
| $\alpha_b$ | 0.20 | 0.13 |

**4.3.5**　计算所得混凝土的水胶比，应符合现行国家标准《混凝土结构设计规范》GB 50010 结构混凝土材料的耐久性基本要求的规定，详见表 17-5，除配制 C15 及其以下强度等级的混凝土外，混凝土的最小胶凝材料用量应符合表 17-6 的规定。

结构混凝土材料的耐久性基本要求　　　　　　　表 17-5

| 环境类别 | 结构物类别 | 最大水胶比 | 最低强度等级 |
|---|---|---|---|
| 一 | 室内干燥环境；<br>无侵蚀性静水浸没环境 | 0.60 | C20 |
| 二 a | 室内潮湿环境；<br>非严寒和非寒冷地区的露天环境；<br>非严寒和非寒冷地区与无侵蚀的水或土壤直接接触的环境；<br>严寒和寒冷地区的冰冻线以下与无侵蚀性的水或土壤直接接触的环境 | 0.55 | C25 |
| 二 b | 干湿交替环境；<br>水位频繁变动环境；<br>严寒和寒冷地区的露天环境；<br>严寒和寒冷地区冰冻线以上与无侵蚀性的水或土壤直接接触的环境 | 0.50 (0.55) | C30 (C25) |
| 三 a | 严寒和寒冷地区冬季水位变动区环境；<br>受除冰盐影响环境；<br>海风环境 | 0.45 (0.50) | C35 (C30) |
| 三 b | 盐渍土环境；<br>受除冰盐作用环境；<br>海岸环境 | 0.40 | C40 |

注：1. 室内潮湿环境是指构件表面经常处于结露或湿润状态的环境。
　　2. 严寒和寒冷地区的划分应符合现行国家标准《民用建筑热工设计规范》GB 50176—2016 的有关规定。
　　3. 受除冰盐影响环境是指受到除冰盐盐雾影响的环境；受除冰盐作用环境是指被除冰盐溶液溅射的环境以及使用除冰盐地区的洗车房、停车楼等建筑。
　　4. 暴露的环境是指混凝土结构表面所处的环境。

混凝土的最小胶凝材料用量　　　表 17-6

| 最大水胶比 | 最小胶凝材料用量（kg/m³） | | |
|---|---|---|---|
| | 素混凝土 | 钢筋混凝土 | 预应力混凝土 |
| 0.60 | 250 | 280 | 300 |
| 0.55 | 280 | 300 | 300 |
| 0.50 | 320 | | |
| ≤0.45 | 330 | | |

**4.3.6**　矿物掺合料在混凝土中的掺量应通过试验确定。采用硅酸盐水泥或普通硅配盐水泥时，钢筋混凝土中矿物掺合料最大掺量宜符合表 17-7 的规定，预应力混凝土中矿物掺合料最大掺量符合表 17-8 的规定。对基础大休积混凝土，粉煤灰、粒化高炉矿渣粉和复合掺合料的最大掺量可增加 5%。采用掺量大于 30% 的 C 类粉煤灰的混凝土应以实际使用的水泥和粉煤灰掺量进行安全性检验。

钢筋混凝土中矿物掺合料最大掺量　　　表 17-7

| 矿物掺合料种类 | 水胶比 | 最大掺量（%） | |
|---|---|---|---|
| | | 采用硅酸盐水泥时 | 采用普通硅酸盐水泥时 |
| 粉煤灰 | ≤0.40 | 45 | 35 |
| | <0.40 | 40 | 30 |
| 粒化高炉矿渣粉 | ≤0.40 | 65 | 55 |
| | >0.40 | 55 | 45 |
| 钢渣粉 | — | 30 | 20 |
| 磷渣粉 | — | 30 | 20 |
| 硅灰 | — | 10 | 10 |
| 复合掺合料 | ≤0.40 | 65 | 55 |
| | >0.40 | 55 | 45 |

注：1. 采用其他通用硅酸盐水泥时，宜将水泥混合材掺量 20% 以上的混合材量计入矿物掺合料。
　　2. 复合掺合料各组分的掺量不宜超过单掺时的最大掺量。
　　3. 在混合使用两种或两种以上矿物掺合料时，矿物掺合料总掺量应符合表中复合掺合料的规定。

预应力混凝土中矿物掺合料最大掺量　　　表 17-8

| 矿物掺合料种类 | 水胶比 | 最大掺量（%） | |
|---|---|---|---|
| | | 采用硅酸盐水泥时 | 采用普通硅酸盐水泥时 |
| 粉煤灰 | ≤0.40 | 35 | 30 |
| | <0.40 | 25 | 20 |
| 粒化高炉矿渣粉 | ≤0.40 | 55 | 45 |
| | >0.40 | 45 | 35 |

续表

| 矿物掺合料种类 | 水胶比 | 最大掺量（%） | |
|---|---|---|---|
| | | 采用硅酸盐水泥时 | 采用普通硅酸盐水泥时 |
| 钢渣粉 | — | 20 | 10 |
| 磷渣粉 | — | 20 | 10 |
| 硅灰 | — | 10 | 10 |
| 复合掺合料 | ≤0.40 | 55 | 45 |
| | >0.40 | 45 | 35 |

注：1. 采用其他通用硅酸盐水泥时，宜将水泥混合材掺量 20% 以上的混合材量计入矿物掺合料。
　　2. 复合掺合料各组分的掺量不宜超过单掺时的最大掺量。
　　3. 在混合使用两种或两种以上矿物掺合料时，矿物掺合料总掺量应符合表中复合掺合料的规定。

### 4.4　用水量和外加剂用量确定

**4.4.1**　干硬性和塑性混凝土用水量按下列规定确定：

**1**　水胶比为 0.40～0.80 时，根据粗骨料品种、粒径及施工要求的混凝土拌合物稠度，其用水量可按表 17-9 和表 17-10 选取。

**2**　水胶比小于 0.40 的混凝土以及采用特殊成型工艺的混凝土用水量应通过试验确定。

干硬性混凝土的用水量（kg/m³） 表 17-9

| 拌合物稠度 | | 卵石最大公称粒径（mm） | | | 碎石最大公称粒径（mm） | | |
|---|---|---|---|---|---|---|---|
| 项目 | 指标 | 10 | 20 | 30 | 16 | 20 | 40 |
| 维勃稠度（s） | 16～20 | 175 | 160 | 145 | 180 | 170 | 155 |
| | 11～15 | 180 | 165 | 150 | 185 | 175 | 160 |
| | 5～16 | 185 | 170 | 155 | 190 | 180 | 165 |

塑性混凝土的用水量（kg/m³） 表 17-10

| 拌合物稠度 | | 卵石最大粒径（mm） | | | | 碎石最大粒径（mm） | | | |
|---|---|---|---|---|---|---|---|---|---|
| 项目 | 指标 | 10 | 20 | 31.5 | 40 | 16 | 20 | 31.5 | 40 |
| 坍落度（mm） | 10～30 | 190 | 170 | 160 | 150 | 200 | 185 | 175 | 165 |
| | 30～50 | 200 | 180 | 170 | 160 | 210 | 195 | 185 | 175 |
| | 55～70 | 210 | 190 | 180 | 170 | 220 | 205 | 195 | 185 |
| | 75～90 | 215 | 195 | 185 | 175 | 230 | 215 | 205 | 195 |

注：1. 本表用水量是采用中砂时的取值。采用细砂时，每立方米混凝土用水量可增加 5～10kg；采用粗砂时，则可减少 5～10kg。
　　2. 掺用矿物掺合料和外加剂时，用水量相应调整。

**4.4.2**　掺外加剂时，每立方米流动性或大流动性混凝土的用水量（$m_{w0}$）可按公式（17-7）计算：

$$m_{w0} = m'_{w0}(1-\beta) \tag{17-7}$$

式中　$m_{w0}$——计算配合比每立方米混凝土的用水量（kg/m³）；

$m'_{w0}$——未掺外加剂时推定的满足实际坍落度要求的每立方米混凝土用水量（kg/m³）以本书中表 17-10 中 90mm 坍落度的用水量为基础，按每增大 20mm 坍落度相应增加用水量增加 5kg/m³ 用水量来计算，当坍落度增大到 180mm 以上时，随坍落度相应增加的用水量可减少；

$\beta$——外加剂的减水率（%），应经混凝土试验确定。

**4.4.3**　每立方米混凝土中外加剂用量（$m_{a0}$）按式（17-8）计算：

$$m_{a0} = m_{b0} \cdot \beta_a \tag{17-8}$$

式中　$m_{a0}$——计算配合比每立方米混凝土中外加剂用量（kg/m³）；

$m_{b0}$——计算配合比每立方米混凝土中胶凝材料用量（kg/m³），计算应符合 4.5.1 的规定；

$\beta_a$——外加剂掺量（%），应经混凝土试验确定。

**4.5**　**胶凝材料、矿物掺合料和水泥用量确定**

**4.5.1**　每立方米混凝土的胶凝材料用量（$m_{b0}$）应按公式（17-9）计算，并应进行试拌调整，在拌合物性能满足的情况下，取经济、合理的胶凝材料用量。

$$m_{b0} = \frac{m_{w0}}{W/B} \tag{17-9}$$

式中　$m_{b0}$——计算配合比每立方混凝土胶凝材料用量（kg/m³）；

$m_{w0}$——计算配合比每立方米混凝土的用水量（kg/m³）；

$W/B$——混凝土水胶比。

**4.5.2**　每立方米混凝土的矿物掺合料用量（$m_{f0}$）应按式（17-10）计算：

$$m_{f0} = m_{b0} \cdot \beta_f \tag{17-10}$$

式中　$m_{f0}$——计算配合比每立方米混凝土中矿物掺合料用量（kg/m³）；

$\beta_f$——矿物掺合料掺量（%），可结合表 17-7、表 17-8 的规定确定。

**4.5.3**　每立方米混凝土的水泥用量（$m_{c0}$）应按式（17-11）计算：

$$m_{c0} = m_{b0} - m_{f0} \tag{17-11}$$

式中　$m_{c0}$——计算配合比每立方米混凝土中水泥用量（kg/m³）。

**4.6**　**砂率确定**

**4.6.1**　砂率应根据骨料的技术指标、混凝土拌合物性能和施工要求，参考既有历史资料确定。

**4.6.2**　当缺乏历史砂率的历史资料时，混凝土砂率的确定应符合下列规定：

**1**　坍落度小于 10mm 的混凝土，其砂率应经试验确定。

**2** 坍落度为 10～60mm 的混凝土，其砂率可根据粗骨料品种、最大公称粒径及水胶比按表 17-11 选取。

**3** 坍落度大于 60mm 的混凝土，其砂率可经试验确定，也可在表 17-11 的基础上，按坍落度每增大 20mm，砂率增大 1% 的幅度予以调整。

<table>
<tr><td rowspan="2">水胶比</td><td colspan="3">卵石最大公称粒径（mm）</td><td colspan="3">碎石最大公称粒径（mm）</td></tr>
<tr><td>10</td><td>20</td><td>40</td><td>16</td><td>20</td><td>40</td></tr>
<tr><td>0.40</td><td>26～32</td><td>25～31</td><td>24～30</td><td>30～35</td><td>29～34</td><td>27～32</td></tr>
<tr><td>0.50</td><td>30～35</td><td>29～34</td><td>28～33</td><td>33～38</td><td>32～37</td><td>30～35</td></tr>
<tr><td>0.60</td><td>33～38</td><td>32～37</td><td>31～36</td><td>36～41</td><td>35～40</td><td>33～38</td></tr>
<tr><td>0.70</td><td>36～41</td><td>35～40</td><td>34～39</td><td>39～44</td><td>38～43</td><td>36～41</td></tr>
</table>

混凝土的砂率（%）　　　　　　　　表 17-11

注：1. 本表数值系中砂的选用砂率，对细砂或粗砂，可相应减少或增大砂率。
　　2. 采用人工砂配制混凝土时，砂率可适当增大。
　　3. 只用一个单粒级粗骨料配制混凝土时，砂率应适当增大。

### 4.7　粗、细骨料用量确定

**4.7.1**　当采用质量法计算混凝土配合比时，粗、细骨料用量、砂率应按公式（17-12）、式（17-13）计算。

$$m_{f0} + m_{c0} + m_{g0} + m_{s0} + m_{w0} = m_{cp} \qquad (17\text{-}12)$$

$$\beta_s = \frac{m_{s0}}{m_{g0} + m_{s0}} \times 100\% \qquad (17\text{-}13)$$

式中　$m_{g0}$——计算配合比每立方米混凝土的粗骨料用量（kg/m³）；

$m_{s0}$——计算配合比每立方米混凝土的细骨料用量（kg/m³）；

$m_{w0}$——每立方米混凝土的用水量（kg）；

$\beta_s$——砂率（%）；

$m_{cp}$——每立方米混凝土拌和物的假定质量（kg），其值可取 2350～2450kg。

**4.7.2**　当采用体积法计算混凝土配合比时，砂率按式（17-13）、粗、细骨料用量应按式（17-14）计算：

$$\frac{m_{c0}}{\rho_c} + \frac{m_{f0}}{\rho_f} + \frac{m_{g0}}{\rho_g} + \frac{m_{s0}}{\rho_s} + \frac{m_{w0}}{\rho_w} + 0.01\alpha = 1 \qquad (17\text{-}14)$$

式中　$\rho_c$——水泥密度（kg/m³），可按现行国家标准《水泥密度测定方法》GB/T 208—2014 测定，也可取 2900～3100kg/m³；

$\rho_f$——矿物掺合料密度（kg/m³），可按现行国家标准《水泥密度测定方法》GB/T 208—2014 测定；

$\rho_w$——水的密度（$kg/m^3$），可取 $1000kg/m^3$；

$\rho_s$——细骨料的表观密度（$kg/m^3$），应按现行行业标准《普通混凝土用砂、石质量及检验方法标准》JGJ 52—2006 测定；

$\rho_g$——粗骨料的表观密度（$kg/m^3$），应按现行行业标准《普通混凝土用砂、石质量及检验方法标准》JGJ 52—2006 测定；

$\alpha$——混凝土的含气量百分数，在不使用引气剂或引气型外加剂时，$\alpha$ 可取为1。

### 4.8　配合比试配

**4.8.1**　混凝土试配时，应采用工程中使用的原材料，并采用强制式搅拌机进行搅拌，并应符合现行行业标准《混凝土试验用搅拌机》JG 244—2009 的规定，搅拌方法宜与施工时使用的方法相同。

**4.8.2**　混凝土试配时，每盘混凝土的最小搅拌量应符合表 17-12 中的规定，并不应小于搅拌机公称容量的 1/4 且不应大于搅拌机公称容量。

混凝土试配用最小搅拌量

表 17-12

| 粗骨料最大公称粒径（mm） | 拌和物数量（L） | 粗骨料最大公称粒径（mm） | 拌和物数量（L） |
|---|---|---|---|
| ≤31.5 | 20 | 40 | 25 |

**4.8.3**　在计算配合比的基础上进行试拌，然后检验拌合物的性能。当试拌得出的拌和物坍落度或维勃不能满足要求，或黏聚性和保水性不好时，应在保证水胶比不变的条件下，通过调整配合比其他参数使混凝土拌合物性能符合设计和施工要求，然后修正计算配合比，提出试拌配合比。

**4.8.4**　在试拌配合比的基础上应进行混凝土强度试验，并应符合下列规定：

**1**　应采用三个不同的配合比，其中一个应为试拌配合比，另外两个配合比的水胶比宜较试拌配合比分别增加或减少 0.05，用水量应与试拌配合比相同，砂率可分别增加或减少 1%。

**2**　进行混凝土强度试验时，拌合物性能应符合设计和施工要求。

**3**　进行混凝土强度试验时，每个配合比应至少制作一组试件，并应标准养护 28d 或设计规定龄期时试压。

### 4.9　配合比调整

**4.9.1**　根据本章 4.8.4 条混凝土强度试验结果，宜绘制强度和胶水比的线性关系图或插直法确定略大于配制强度对应的胶水比。

**4.9.2**　在试拌配合比的基础上，用水量（$m_w$）和外加剂用量（$m_a$）应根据确定的水胶比作调整。

**4.9.3**　胶凝材料用量（$m_b$）应以用水量乘以确定的胶水比计算得出。

**4.9.4**　粗骨料和细骨料用量（$m_g$ 和 $m_s$）应根据用水量和胶凝材料用量进行调整。

**4.9.5**　混凝土拌合物表观密度和配合比校正系数的计算应符合下列规定。

**1**　配合比调整后的混凝土拌合物的表观密度应按式（17-15）计算：

$$\rho_{c,c} = m_c + m_f + m_s + m_g + m_w \qquad (17\text{-}15)$$

式中　$\rho_{c,c}$——混凝土拌合物的表观密度计算值（kg/m³）；

　　　$m_c$——每立方米混凝土的水泥用量（kg/m³）；

　　　$m_f$——每立方米混凝土的矿物掺合料用量（kg/m³）；

　　　$m_g$——每立方米混凝土的粗骨料用量（kg/m³）；

　　　$m_s$——每立方米混凝土的细骨料用量（kg/m³）；

　　　$m_w$——每立方米混凝土的用水量（kg/m³）。

**2**　混凝土配合比校正系数应按式（17-6）计算：

$$\delta = \frac{\rho_{c,t}}{\rho_{c,c}} \qquad (17\text{-}16)$$

式中　$\delta$——混凝土配合比校正系数；

　　　$\rho_{c,t}$——混凝土拌合物的表观密度实测值（kg/m³）。

#### 4.10　配合比确定

**4.10.1**　当混凝土拌合物表观密度实测值与计算值之差的绝对值不超过计算值的 2% 时，按本章 4.9 调整的配合比可维持不变；当两者之差超过 2% 时，应将配合比中每项材料用量均乘以校正系数（$\delta$）。

**4.10.2**　配合比调整后，应测定拌合物水溶性氯离子含量，试验结果应符合表 17-13 的规定。

混凝土拌合物水溶性氯离子最大含量　　　　　　　　　　表 17-13

| 环境条件 | 水溶性氯离子最大含量（%，水泥用量的质量百分比） | | |
| --- | --- | --- | --- |
| | 钢筋混凝土 | 预应力混凝土 | 素混凝土 |
| 干燥环境 | 0.30 | | |
| 潮湿但不含氯离子的环境 | 0.20 | 0.06 | 1.00 |
| 潮湿且含有氯离子的环境、盐渍土环境 | 0.10 | | |
| 除冰盐等侵蚀性物质的腐蚀环境 | 0.06 | | |

**4.10.3**　对耐久性有设计要求的混凝土应进行相关耐久性试验验证。

#### 4.11　高强度混凝土

**4.11.1**　高强度混凝土原材料应符合下列规定：

**1** 水泥应选用硅酸盐水泥或普通硅酸盐水泥。

**2** 粗骨料宜采用连续级配，其最大公称粒径不宜小于25.0mm，针片状颗粒含量不宜大于5.0%，含泥量不应大于2.0%，泥块含量不应大于0.5%。

**3** 宜采用减水率不小于25%的高性能减水剂。

**4** 宜复合掺用粒化高炉矿渣粉、粉煤灰和硅灰等矿物掺合料；粉煤灰等级不应低于Ⅱ级，对强度等级不低于C80的高强混凝土宜掺用硅灰。

**4.11.2** 高强混凝土配合比应经试验确定，在缺乏试验依据的情况下配合比宜符合下列规定：

**1** 水胶比、胶凝材料用量和砂率按表17-14选取，并应经试配确定。

水胶比、胶凝材料用量和砂率 表 17-14

| 强度等级 | 水胶比 | 胶凝材料用量（kg/m³） | 砂率（%） |
|---|---|---|---|
| ≥C60，<C80 | 0.28～0.34 | 480～560 | |
| ≥C80，<C100 | 0.26～0.28 | 520～580 | 35～42 |
| 100 | 0.24～0.26 | 550～600 | |

**2** 外加剂和矿物掺合料的品种、掺量，应通过试配确定；矿物掺合料掺量宜为25%～40%；硅灰掺量不宜大于10%。

**3** 水泥用量不宜大于500kg/m³。

**4.11.3** 在试配过程中，应采用三个不同的配合比进行混凝土强度试验，其中一个可为依据4.11.2条计算后调整拌合物的试拌配合比；另外两个配合比的水胶比，宜较试拌配合比分别增加和减少0.02。

**4.11.4** 高强混凝土设计配合比确定后，尚应采用该配合比进行不少于三盘混凝土的重复试验，每盘混凝土应至少成型一组试件，每组混凝土的抗压强度不应低于配制强度。

**4.11.5** 高强混凝土抗压强度测定宜采用标准尺寸试件，使用非标准尺寸试件时，尺寸折算系数应经试验确定。

**4.12 泵送混凝土**

**4.12.1** 泵送混凝土原材料应符合下列规定：

**1** 水泥宜选用硅酸盐水泥、普通硅酸盐水泥、矿渣硅酸盐水泥和粉煤灰硅酸盐水泥。

**2** 粗骨料宜采用连续级配，其针片状颗粒含量不宜大于10%；粗骨料的最大公称粒径与输送管径之比应符合表17-15的规定。

粗骨料的最大公称粒径与输送管径之比　　　　　　表 17-15

| 粗骨料品种 | 泵送高度（m） | 粗骨料最大公称粒径与输送管径之比 |
|---|---|---|
| 碎石 | ＜50 | ≤1：3.0 |
| | 50～100 | ≤1：4.0 |
| | ＞100 | ≤1：5.0 |
| 卵石 | ＜50 | ≤1：2.5 |
| | 50～100 | ≤1：3.0 |
| | ＞100 | ≤1：4.0 |

**3**　细骨料宜采用中砂，其通过公称直径为 $315\mu m$ 筛孔的颗粒含量不宜少于 15％。

**4**　泵送混凝土应掺用泵送剂或减水剂，并宜掺用矿物掺合料。

**4.12.2**　泵送混凝土配合比应符合下列规定：

**1**　胶凝材料用量不宜小于 $300kg/m^3$。

**2**　砂率宜为 35％～45％。

**4.12.3**　泵送混凝土试配时应考虑坍落度经时损失。

### 4.13　自密实混凝土

**4.13.1**　一般规定：

**1**　自密实混凝土应根据工程结构形式、施工工艺以及环境因素进行配合比设计，并应在综合考虑混凝土自密实性能、强度、耐久性以及其他性能要求的基础上，计算初始配合比，经试验室试配、调整得出满足自密实性能要求的基准配合比，经强度、耐久性复核得到设计配合比。

**2**　自密实混凝土配合比设计宜采用绝对体积法。自密实混凝土水胶比宜小于 0.45，胶凝材料用量宜控制在 400～550kg/m³。

**3**　自密实混凝土宜采用通过增加粉体材料的方法适当增加浆体体积，也可通过添加外加剂的方法来改善浆体的黏聚性和流动性。

**4**　钢管自密实混凝土配合比设计时，应采取减少收缩的措施。

**4.13.2**　自密实混凝土初始配合比设计宜符合下列规定：

**1**　配合比设计应确定拌合物中粗骨料体积、砂浆中砂的体积分数、水胶比、胶凝材料用量、矿物掺合料的比例等参数。

**2**　粗骨料体积及质量的计算宜符合下列规定：

1）每立方米混凝土中粗骨料的体积（$V_g$）可按表 17-16 选用。

每立方米混凝土中粗骨料的体积　　　　　　表 17-16

| 填充指标 | SF1 | SF2 | SF3 |
|---|---|---|---|
| 每立方米混凝土中粗骨料的体积（m³） | 0.32～0.35 | 0.30～0.33 | 0.28～0.30 |

2）每立方米混凝土中粗骨料的质量（$m_g$）可按下式计算：

$$m_g = V_g \cdot \rho_g \tag{17-17}$$

式中　$\rho_g$——粗骨料的表观密度（$kg/m^3$）。

**3**　砂浆体积（$V_m$）可按式（17-18）计算：

$$V_m = 1 - V_g \tag{17-18}$$

**4**　砂浆中砂的体积分数（$\Phi_s$）可取 0.42～0.45。

**5**　每立方米混凝土中砂的体积（$V_s$）和质量（$m_s$）可按式（17-19）、式（17-20）计算：

$$V_s = V_m \cdot \Phi_s \tag{17-19}$$

$$m_s = V_s \cdot \rho_s \tag{17-20}$$

式中　$\rho_s$——砂的表观密度（$kg/m^3$）。

**6**　浆体体积（$V_p$）可按式（17-21）计算：

$$V_p = V_m - V_s \tag{17-21}$$

**7**　胶凝材料表观密度（$\rho_b$）可根据矿物掺合料和水泥的相对含量及各自的表观密度确定，并可按式（17-22）计算：

$$\rho_b = \frac{1}{\dfrac{\beta}{\rho_m} + \dfrac{(1-\beta)}{\rho_c}} \tag{17-22}$$

式中　$\rho_m$——矿物掺合料的表观密度（$kg/m^3$）；

$\rho_c$——水泥的表观密度（$kg/m^3$）；

$\beta$——每立方米混凝土中矿物掺合料占胶凝材料的质量分数（%）；当采用两种或两种以上矿物掺合料时，可以 $\beta_1$、$\beta_2$、$\beta_3$ 表示，并进行相应计算；根据自密实混凝土工作性、耐久性、温升控制等要求，合理选择胶凝材料中水泥，矿物掺合料类型，矿物掺合料占胶凝材料用量的质量分数 $\beta$ 不宜小于 0.2。

**8**　自密实混凝土配制强度按 4.2.1 进行计算。

**9**　水胶比（$m_w/m_b$）应符合下列规定：

1）当具备试验统计资料时，可根据工程使用的原材料，通过建立的水胶比与自密实混凝土抗压强度关系式来计算得到水胶比；

2）当不具备上述试验统计资料时，水胶比可按式（17-23）计算：

$$m_w/m_b = \frac{0.42 f_{ce}(1-\beta+\beta \cdot \gamma)}{f_{cu,0} + 1.2} \tag{17-23}$$

式中　$m_b$——每立方米混凝土中胶凝材料的质量（kg）；

$m_w$——每立方米混凝土中用水的质量（kg）；

$f_{ce}$——水泥的 28d 实测抗压强度（MPa）；当水泥 28d 抗压强度未能进行实测时，可采用水泥强度等级对应值乘以 1.1 得到的数值作为水泥抗压强度值；

$\gamma$——矿物掺合料的胶凝系数；粉煤灰（$\beta \leqslant 0.3$）可取 0.4、矿渣粉（$\beta \leqslant 0.4$）可取 0.9。

**10**　每立方米自密实混凝土中胶凝材料的质量（$m_b$）可根据自密实混凝土中的浆体体积（$V_p$）、胶凝材料的表观密度（$\rho_b$）、水胶比（$m_w/m_b$）等参数确定，并可按式（17-24）计算：

$$m_b = \frac{(V_p - V_a)}{\left( \dfrac{1}{\rho_b} + \dfrac{m_w/m_b}{\rho_w} \right)} \tag{17-24}$$

式中　$V_a$——每立方米混凝土中引入空气的体积（L），对于非引气型的自密实混凝土，$V_a$ 可取 10～20L；

$\rho_b$——每立方米混凝土中拌合水的表观密度（kg/m³），取 1000kg/m³。

**11**　每立方米混凝土中用水的质量（$m_w$）应根据每立方米混凝土中胶凝材料质量（$m_b$）以及水胶比（$m_w/m_b$）确定，并可按式（17-25）计算：

$$m_w = m_b \cdot (m_w/m_b) \tag{17-25}$$

**12**　每立方米混凝土中水泥的质量（$m_c$）和矿物掺合料的质量（$m_m$）应根据每立方米混凝土中胶凝材料的质量（$m_b$）和胶凝材料中矿物掺合料的质量分数（$\beta$）确定，并可按公式（17-26）、（17-27）计算：

$$m_m = m_b \cdot \beta \tag{17-26}$$

$$m_c = m_b - m_m \tag{17-27}$$

**13**　外加剂的品种和用量应根据试验确定，外加剂用量可按式（17-28）计算：

$$m_{ca} = m_b \cdot \alpha \tag{17-28}$$

式中　$m_{ca}$——每立方米混凝土中外加剂的质量（kg）；

$\alpha$——每立方米混凝土中外加剂占胶凝材料总量的质量百分数（%）。

**4.13.3**　自密实混凝土配合比的试配、调整与确定应符合表 17-17 及表 17-18 规定：

**1**　混凝土试配时应采用工程实际使用的原材料，每盘混凝土的最小搅拌量不宜小于 25L。

**2**　试配时，首先应进行试拌，拌合物凝结时间、黏聚性和保水性满足要求后，先检查拌合物自密实性能必控指标，再检查拌合物自密实性能可选指标。当试拌得出的拌合物自密实性能不满足要求时，应在水胶比不变、胶凝材料用量和外加剂用量合理的原则下调整胶凝材料用量、外加剂用量或砂的体积分数等，直到符合要求为止。应根据试拌结果提出混凝土强度试验用的基准配合比。

**自密实混凝土拌合物的自密实性能及要求**　　　　　　表 17-17

| 自密实性能 | 性能指标 | 性能等级 | 技术要求 |
|---|---|---|---|
| 填充性 | 坍落扩展度（mm） | SF1 | 550～655 |
| | | SF2 | 660～755 |
| | | SF3 | 760～850 |
| | 扩展时间 T500（s） | VS1 | ≥2 |
| | | VS2 | <2 |
| 间隙通过性 | 坍落扩展度与 J 环扩展度差值（mm） | PA1 | 25<PA1≤50 |
| | | PA2 | 0<PA2≤25 |
| 抗离析性 | 离析率（%） | SR1 | ≤20 |
| | | SR2 | ≤15 |
| | 粗骨料振动离析率（%） | fm | ≤10 |

注：当抗离析性试验结果有争议时，以离析率筛析法试验结果为准。

**不同性能等级自密实混凝土的应用范围**　　　　　　表 17-18

| 自密实性能 | 性能等级 | 应用范围 | 重要性 |
|---|---|---|---|
| 填充性 | SF1 | 从顶部浇筑的无配筋或配筋较少的混凝土结构物泵送浇筑施工的工程；截面较小、无需水平长距离流动的竖向结构物 | 控制指标 |
| | SF2 | 适合一般的普通钢筋混凝土结构 | |
| | SF3 | 适用于结构紧密的竖向构件、形状复杂的结构等（粗骨料最大公称粒径小于 16mm） | |
| | VS1 | 适用于一般的普通钢筋混凝土结构 | |
| | VS2 | 适用于配筋较多的结构或有较高混凝土外观性能要求的结构，应严格控制 | |
| 间隙通过性 | PA1 | 适用于钢筋净距 80～100mm | 可选指标 |
| | PA2 | 适用于钢筋净距 60～80mm | |
| 抗离析性 | SR1 | 适用于流动距离小于 5m、钢筋净距大于 80mm 的薄板结构和竖向结构 | 可选指标 |
| | SR2 | 适用于流动距离超过 5m、钢筋净距大于 80mm 的竖向结构。也适用于流动距离小于 5m、钢筋净距小于 80mm 的竖向结构，当流动距离超过 5m 时，SR 值宜小于 10% | |

注：1. 钢筋净距小于 60mm 时宜进行浇筑模拟试验，对于钢筋净距大于 80mm 的薄板结构或钢筋净距大于 100mm 的其他结构可不作间隙通过性指标要求。

2. 高填充性（坍落扩展度指标为 SF2 或 SF3）的自密实混凝土，应有抗离析性要求。

3. 混凝土强度试验时至少应采用三个不同的配合比。当采用不同的配合比时，其中一个应为基准配合比，另外两个配合比的水胶比宜较基准配合比分别增加和减少 0.02；用水量与基准配合比相同，砂的体积分数可分别增加或减少 1%。

4. 制作混凝土强度试验试件时，应验证拌合物自密实性能是否达到设计要求，并以该结果代表相应配合比的混凝土拌合物性能指标。

5. 混凝土强度试验时每种配合比至少应制作一组试件，标准养护到 28d 或设计要求的龄期时试压，也可同时多制作几组试件，按《早期推定混凝土强度试验方法标准》JGJ/T 15 早期推定混凝土强度，用于配合比调整，但最终应满足标准养护 28d 或设计规定龄期的强度要求。如有耐久性要求时，还应检测相应的耐久性指标。

6. 应根据试配结果对基准配合比进行调整，调整与确定按 4.9、4.10 执行，确定的配合比即为设计配合比。

7. 对于应用条件特殊的工程，宜采用确定的配合比模拟试验，以检测所设计的配合比是否满足工程应用条件。

## 5　质量标准

### 5.1　主控项目

**5.1.1**　混凝土所用的水泥、水、骨料、掺合料、外加剂等原材料，使用前应检查出厂合格证和质量检验报告。使用的原材料应符合设计要求和现行国家标准《混凝土结构工程施工质量验收规范》GB 50204 的规定。

**5.1.2**　混凝土配合比应符合现行行业标准《普通混凝土配合比设计规程》JGJ 55 和《自密实混凝土应用技术规程》JGJ/T 283 的规定。

### 5.2　一般项目

**5.2.1**　首次使用的混凝土配合比应进行开盘鉴定，其工作性应满足设计配合比的要求。开始生产时应至少留置一组标准养护试件，作为验证配合比的依据。混凝土拌制前，应测定砂、石含水率，并根据测试结果调整材料用量，提出施工配合比。

**5.2.2**　混凝土装入试模应振捣密实，防止出现蜂窝、孔洞等缺陷。

**5.2.3**　混凝土拌和物的各组成材料应拌和均匀，不得有离析和泌水现象。

**5.2.4**　混凝土坍落度不大于 40mm 时，坍落度误差控制在 ±10mm；混凝土坍落度不大于 90mm 时坍落度误差控制在 ±15mm；混凝土坍落度大于或等于 100mm 时坍落度误差控制在 ±20mm。

**5.2.5**　自密实混凝土性能指标检验包括坍落度和扩展时间；实测坍落度扩展度应符合设计要求，混凝土拌合物不得出现外沿泌浆和中心骨料堆积现象。

**5.2.6**　自密实混凝土在搅拌机中的搅拌时间不应少于 60s，且应符合表 17-19 的规定，并应比非自密实适当延长。

混凝土搅拌的最短时间（s）　　　　　　　　　　表 17-19

| 混凝土坍落度（mm） | 搅拌机机型 | 搅拌机出料量（L） | | |
| --- | --- | --- | --- | --- |
| | | <250 | 250～500 | >500 |
| ≤40 | 强制式 | 60 | 90 | 120 |
| >40，且<100 | 强制式 | 60 | 60 | 90 |
| ≥100 | 强制式 | 60 | | |

注：1. 混凝土搅拌时间指从全部材料装入搅拌筒中起，至开始卸料时止的时间段。
　　2. 当掺有外加剂与矿物掺合料时，搅拌时间应适当延长。
　　3. 采用自落式搅拌机时，搅拌时间宜延长 30s。
　　4. 当采用其他形式的搅拌设备时，搅拌的最短时间也可按设备说明书的规定或经验确定。

## 6　成品保护

**6.0.1**　混凝土拌合物性能测试完毕，应及时将拌合物装入试模，且振捣密实。

**6.0.2**　采用标准养护的试件成型后应覆盖表面，并在 20±5℃的温度下静置 1～2 昼夜，然后编号拆模。

**6.0.3**　混凝土试模应在混凝土强度达到其棱角不因拆模而受损坏时，方可拆模。

**6.0.4**　拆模后的试件应立即放在温度为 20±3℃，湿度为 90％以上的标养室中养护。在标养室内，试件放在架上，彼此间隔为 10～20mm，并应避免用水直接冲淋试件。当无标养室时，混凝土试件可在温度为 20±3℃的不流动水中养护，水的 pH 酸碱度不应小于 7。

## 7　注意事项

**7.0.1**　混凝土运输、输送、浇筑过程中严禁加水；混凝土运输、输送、浇筑过程中散落的混凝土严禁用于混凝土结构构件的浇筑。

## 8　质量记录

**8.0.1**　混凝土所用原材料产品合格证、出厂检验报告和进场复验报告。

**8.0.2**　砂、石含水率测定记录。

**8.0.3**　混凝土试配记录。

**8.0.4**　混凝土配合比通知单。

**8.0.5**　混凝土试件强度试验报告（包括开盘鉴定）。

**8.0.6**　其他技术文件。

# 第18章 现场混凝土拌制与浇筑

本工艺标准适用于普通混凝土的现场拌制、运输、浇筑、养护。

## 1 引用标准

《混凝土结构工程施工规范》GB 50666—2011

《建筑工程绿色施工规范》GB/T 50905—2014

《普通混凝土配合比设计规程》JGJ 55—2011

《混凝土强度检验评定标准》GB/T 50107—2010

《混凝土质量控制标准》GB 50164—2011

《混凝土泵送施工技术规程》JGJ/T 10—2011

《建筑工程冬期施工规程》JGJ/T 104—2011

《混凝土结构工程施工质量验收规范》GB 50204—2015

《通用硅酸盐水泥》GB 175—2007

《普通混凝土用砂、石质量及检验方法标准》JGJ 52—2006

《海砂混凝土应用技术规范》JGJ 206—2010

《混凝土用再生骨料》GB/T 25177—2010

《混凝土和砂浆用再生细骨料》GB/T 25176—2010

《混凝土拌和用水标准》JGJ 63—2006

《混凝土外加剂应用技术规范》GB 50119—2013

《用于水泥和混凝土中的粉煤灰》GB 1596—2017

《用于水泥和混凝土中的粒化高炉矿渣粉》GB/T 8046—2008

《天然沸石粉在混凝土和砂浆中应用技术规程》JG/T 112—1997

《建筑施工机械与设备 混凝土搅拌站（楼）》GB/T 10171—2016

《混凝土结构设计规范》GB 50010—2010（2015 版）

《普通混凝土拌合物性能试验方法标准》GB/T 50080—2016

《普通混凝土力学性能试验方法标准》GB/T 50081—2002

《建筑施工场界噪声限值》GB 12523—2011

## 2　术语 （略）

## 3　施工准备

### 3.1　作业条件

**3.1.1**　应编制混凝土工程施工方案，采用泵送混凝土应根据工程特点在混凝土工程施工方案中增加泵送内容或编制专项混凝土泵送施工方案，编制试验计划，见证取样和送检计划，含混凝土标准养护试件强度。

**3.1.2**　模板、钢筋及预埋管线全部安装完毕，模板内的木屑、泥土、垃圾等已清理干净。钢筋上的油污已除净，检查模板支撑和加固是否牢靠。

**3.1.3**　施工前对操作人员进行安全技术交底。

**3.1.4**　水泥、砂、石子、外加剂等材料已经备齐，经送检试验合格。试验室通过对原材料进行试配，下达混凝土配合比通知单。

**3.1.5**　混凝土搅拌、运输、浇筑和振捣机械设备经检修、试运转情况良好，可满足连续浇筑要求。

**3.1.6**　所有计量器具均须有资质单位鉴定合格，并贴有有效标识。

**3.1.7**　检查复核轴线、标高，在钢筋或模板上引测混凝土浇筑标高控制点。新下达的混凝土施工配合比，应进行开盘鉴定，并符合要求。

**3.1.8**　浇筑混凝土的脚手架及马道搭设完成，经检查合格。现场混凝土搅拌棚应采用封闭降噪措施。

**3.1.9**　需浇筑混凝土的工程部位已办理隐检、预检手续，混凝土浇筑的申请单应有监理批准。

### 3.2　材料及机具

**3.2.1**　水泥：应符合现行国家标准《通用硅酸盐水泥》GB 175 的规定。水泥有出厂合格证、质量检验报告及现场抽样复验报告，并应核对其厂家、品种、级别、包装、散装水泥仓号、出厂日期。发现受潮、质量怀疑或过期的，应重新取样试验。

**3.2.2**　粗、细骨料：应符合现行行业标准《普通混凝土用砂、石质量及检验方法标准》JGJ 52 的规定，使用经过净化处理的海砂应符合现行行业标准《海砂混凝土应用技术规范》JGJ 206 的有关规定，再生混凝土骨料应符合现行国家标准《混凝土用再生骨料》GB/T 25177 和《混凝土和砂浆用再生细骨料》GB/T 25176 的规定。

**3.2.3**　水：宜采用饮用水，当采用其他水源时，水质应符合现行行业标准《混凝土拌和用水标准》JGJ 63 的规定。

**3.2.4**　外加剂：所使用的外加剂品种、生产厂家和牌号应符合配合比通知单的要求。外加剂的质量应符合现行国家标准《混凝土外加剂应用技术规范》GB 50119 等的规定。钢筋混凝土结构或预应力钢筋混凝土结构严禁使用含氯化物的外加剂。

**3.2.5**　矿物掺合料：所用材料的品种、生产厂家及牌号应符合配合比通知单的要求，粉煤灰、粒化高炉矿渣粉、天然沸石粉，应分别符合现行国家标准《用于水泥和混凝土中的粉煤灰》GB 1596 、《用于水泥和混凝土中的粒化高炉矿渣粉》GB/T 8046 和现行行业标准《天然沸石粉在混凝土和砂浆中应用技术规程》JG/T 112 的规定。

**3.2.6**　机具：搅拌机、配料机、混凝土泵、有降噪措施的搅拌棚、布料机、塔吊、装载机、混凝土运输车、振捣器、台秤、铁锹、串筒、溜槽、试模、坍落度筒等。

# 4　操作工艺

## 4.1　工艺流程

$$\boxed{混凝土搅拌} \rightarrow \boxed{混凝土运输} \rightarrow \boxed{混凝土浇筑} \rightarrow \boxed{混凝土振捣} \rightarrow \boxed{养护}$$

## 4.2　混凝土搅拌

**4.2.1**　混凝土配制优先选用具有自动计量装置的设备集中搅拌；当不具备自动计量装置时，应用台秤计量，按配合比由专人进行配料，在搅拌地点设置混凝土配合比标识牌。

**4.2.2**　搅拌混凝土前应先加水空转数分钟，使滚筒充分湿润后，将剩余水倒净。搅拌第一罐时，石子用量应按配合比的规定减少一半用以润滑搅拌机，以后各罐均按规定投料。冬施时，应采用热水、蒸汽冲洗搅拌机。

**4.2.3**　混凝土开始搅拌前，应对出盘混凝土的坍落度、和易性等进行检查，如不符合配合比通知单时，须经调整后方可正式搅拌。

**4.2.4**　每罐投料顺序为：石子→水泥→砂→水。如掺入粉煤灰等掺合料时，应在倒入水泥时一并加入；如掺入干粉外加剂时，应在倒入水泥时一并加入；如掺入液态外加剂时，应和水一并加入。

**4.2.5**　施工配合比应经技术负责人批准。首次使用的配合比应进行开盘鉴定，在使用过程中，应根据反馈的混凝土动态质量信息对混凝土配合比及时进行调整。

**4.2.6**　混凝土搅拌的最短时间应按表 18-1 的规定。

混凝土搅拌的最短时间（s） 表 18-1

| 混凝坍落度（mm） | 搅拌机型 | 搅拌机出料量（L） | | |
|---|---|---|---|---|
| | | <250 | 250～500 | >500 |
| ≤40 | 强制式 | 60 | 90 | 120 |
| >40，且<100 | 强制式 | 60 | 60 | 90 |
| ≥100 | 强制式 | 60 | | |

注：1. 混凝土搅拌时间指从全部材料装入搅拌筒中起，到开始卸料时止的时间段。
　　2. 当采用其他形式的搅拌设备时，搅拌的最短时间应按设备说明书的规定或经试验确定。
　　3. 当掺有外加剂与矿物掺合料时，搅拌时间应适当延长。
　　4. 采用自落式搅拌机时，搅拌时间宜延长 30s。

**4.2.7**　混凝土搅拌时应对原材料用量准确计量，并应符合下列规定：

**1**　计量设备的精度应符合现行国家标准《建筑施工机械与设备混凝土搅拌站（楼）》GB 10171 的有关规定，并应定期校准。使用前设备应归零。

**2**　原材料的计量应按重量计，水和外加剂溶液可按体积计，其允许偏差应符合表 18-2 的规定。

混凝土原材料计量允许偏差（％） 表 18-2

| 原材料品种 | 水泥 | 细骨料 | 粗骨料 | 水 | 矿物掺合料 | 外加剂 |
|---|---|---|---|---|---|---|
| 每盘计量允许偏差 | ±2 | ±3 | ±3 | ±1 | ±2 | ±1 |
| 累计计量允许偏差 | ±1 | ±2 | ±2 | ±1 | ±1 | ±1 |

注：1. 现场搅拌时原材料计量允许偏差应满足每盘计量允许偏差要求。
　　2. 累计计量允许偏差指每一运输车中各盘混凝土的每种材料累计称量的偏差，该项指标仅使用于采用计算机控制计量的搅拌站。

## 4.3　混凝土运输

**4.3.1**　混凝土搅拌完后，应及时运至浇筑地点，并符合浇筑时规定的坍落度；当混凝土出现离析现象时，应在浇筑前进行二次搅拌。运输道路应平整顺畅，若有凹凸不平，应铺垫脚手板。

**4.3.2**　采用搅拌运输车输送混凝土，当混凝土坍落度损失较大不能满足施工要求时，可在运输车罐内加入与原配合比相同成分的减水剂，减水剂加入量应事先由试验确定，并应作出记录。加入减水剂时，搅拌运输车罐体应快速旋转搅拌均匀，并应达到要求的工作性能后再泵送或浇筑。

**4.3.3**　混凝土宜采用泵送方式。混凝土泵的选择及布设应满足现行行业标准《混凝土泵送施工技术规程》JGJ/T 10 的规定。

**4.3.4**　布料设备的选择应与输送泵相匹配。布料设备的数量及位置应依据布料设备的工作半径、施工作业面大小以及施工要求确定。

**4.3.5**　混凝土在浇筑地点进行坍落度检测，每工作班至少应检查两次。混凝土实测的坍落度与要求坍落度之间的偏差应符合表 18-3 的规定。

混凝土坍落度允许偏差　　　　　　　　表 18-3

| 要求坍落度（mm） | 允许偏差（mm） |
|---|---|
| ≤40 | ±10 |
| 50～90 | ±20 |
| ≥100 | ±30 |

### 4.4　混凝土浇筑

**4.4.1**　浇筑混凝土前，对模板内的杂物和钢筋上的油污等应清理干净；模板的缝隙和孔洞应予堵严；表面干燥的地基、垫层、木模板上应洒水湿润；现场环境温度高于 35℃ 时，宜对金属模板进行洒水降温；洒水后不得有积水。

**4.4.2**　混凝土应分层浇筑，分层厚度应符合表 18-4 的规定，上层混凝土应在下层混凝土初凝之前浇筑完毕。

混凝土分层浇筑的最大厚度　　　　　　　表 18-4

| 振捣方法 | 混凝土分层振捣最大厚度 |
|---|---|
| 振动棒 | 振捣棒作用部分长度的 1.25 倍 |
| 平板振动器 | 200mm |
| 附着振动器 | 根据设置方式，通过试验确定 |

**4.4.3**　混凝土应连续浇筑，当必须间歇时，应在前层混凝土初凝之前，将次层混凝土浇筑完毕。混凝土运输、浇筑和间歇的全部时间不宜超过表 18-5 的规定，且不应超过表 18-6 的规定。掺早强减水剂、早强剂的混凝土，以及有特殊要求的混凝土，应根据设计及施工要求，通过试验确定允许时间。

混凝土运输到输送入模的延续时间（min）　　　表 18-5

| 条件 | 气温 | |
|---|---|---|
| | ≤25℃ | >25℃ |
| 不掺外加剂 | 90 | 60 |
| 掺外加剂 | 150 | 120 |

混凝土运输、浇筑和间歇总的允许时间限值（min）　　表 18-6

| 条件 | 气温 | |
|---|---|---|
| | ≤25℃ | >25℃ |
| 不掺外加剂 | 180 | 150 |
| 掺外加剂 | 240 | 210 |

### 4.4.4 基础混凝土浇筑

**1** 浇筑混凝土的下料口距离所浇筑的混凝土面高度如超过 2m，应使用串筒、溜槽下料，防止混凝土发生离析。

**2** 浇筑台阶式基础，应按每一台阶高度内分层一次连续浇筑完成，每层先浇边角，后浇中间，均匀摊铺，振捣密实。每一台阶浇完，台阶部分表面应随即原浆抹平。

**3** 浇筑柱基础应保证柱子插筋位置的准确，防止位移和倾斜。浇筑时，先满铺一层 5～10cm 厚的混凝土，并捣实，使柱子插筋下端与钢筋网片的位置基本固定，然后再继续浇筑，并避免碰撞钢筋。

**4** 浇筑条基应分段连续进行，一般不留施工缝。各段各层间应相互衔接，每段长 2～3m，使逐层呈台阶梯形推进，并注意使混凝土充满模板边角，然后浇筑中间部分，以保证混凝土密实。

**5** 基础底板混凝土浇筑，一般沿长方向分 2～3 个区，由一端向另一端分层推进，分层均匀下料。当底板面积很大，宜分段分组浇筑，当底板厚度小于 500mm，可不分层，采用斜向赶浆法浇筑，表面及时平整。当板厚大于 500mm，宜分层浇筑，每层厚 250～300mm，分层用插入式振动器捣固密实，防止漏振，每层应在混凝土初凝时间内浇筑完成。

**6** 基础墙体一般先浇筑外墙，后浇筑内墙柱，或内外墙柱同时浇筑，外墙浇筑采用分层分段循环浇筑法，绕周长循环转圈进行，直至外墙浇筑完成。

### 4.4.5 墙柱混凝土浇筑

**1** 拉墙柱顶标高 500mm 混凝土标高控制线。

**2** 墙柱混凝土浇筑应先填 30～50mm 厚与混凝土同配比的去碎石水泥砂浆。

**3** 墙柱混凝土应分层浇筑，每层厚度不大于 50cm，振捣时振动棒不得碰动钢筋。墙柱高 3m 以内，可在墙柱顶直接下灰浇筑。超过 3m，应用串筒或在模板侧面开门子洞装斜溜槽分段浇筑，每段浇筑高度不得超过 2m，每段浇筑完成将门子洞封严并箍牢。

**4** 墙柱混凝土应一次浇筑完毕，如有间歇，施工缝应留在主梁下面，无梁楼板应留在柱帽下面，浇筑完成应停歇 1～1.5h，使混凝土初步沉实，再浇筑上部梁板。

**5** 浇筑主梁交叉处的混凝土时，一般钢筋较密集，宜用小直径振动棒从梁的上部钢筋较稀处插入梁端振捣，必要时可以辅以细石子同等级的混凝土浇筑，并用人工配合捣固。

**6** 墙柱在浇筑过程中，看模板人员必须到位，在浇筑过程中要跟中检查，防止在浇筑混凝土过程中支撑及加固松动，混凝土浇筑完成后要重新复核墙柱的垂直度，对垂直度偏差严重超标的要重新校正柱模板。

**4.4.6　梁板混凝土浇筑**

**1**　顶板混凝土浇筑路线由一端开始，连续浇筑。混凝土下料点宜分散布置，间距控制在 2m 左右。先浇筑墙体接茬混凝土，达到楼板标高时再与板的混凝土一起浇筑，随着阶梯形不断延伸。

**2**　对梁板同时浇筑时，应顺次梁方向，先将梁的混凝土分层浇筑，用"赶浆法"由梁一端向另一端作成阶梯形向前推进，当起始点的混凝土达到板底的位置时，再与板的混凝土一起浇筑，随着阶梯的不断延伸，梁板混凝土连续向前推进直至完成。

**3**　与板连成整体的大截面梁，亦可将梁单独浇筑，其施工缝应留在板下 2～3cm 处。浇筑时，应从大截面梁的两端向中间浇筑，浇筑与振捣应紧密配合，第一层下料宜慢，梁底充分振实后再下二层料。

**4**　浇筑顶板混凝土的虚铺厚度应略大于板厚，用平板振动器垂直浇筑方向来回振捣，板厚较大时，亦可用插入式振动器顺浇筑方向拖拉振捣，并用铁插钎检查混凝土厚度，振捣完毕用长杠刮平。

**5**　浇筑悬挑板时，应注意不得使上部的负弯矩筋下移，当铺完底层混凝土后，应随即将钢筋调整到设计位置，再继续浇筑。

**4.4.7　后浇带混凝土浇筑**

**1**　施工后浇带按照设计要求进行浇筑。

**2**　后浇带混凝土采用掺微膨胀剂，无收缩水泥配置的比原混凝土高一强度等级的混凝土。

**3**　在浇筑后浇带混凝土之前，应清除垃圾、水泥薄膜，剔除表面上松动砂石、软弱混凝土层及浮浆，同时还应加以凿毛，用水冲洗干净并充分湿润不少于 24h，残留在混凝土表面的积水应予清除，并在施工缝处铺 30mm 厚与混凝土内成分相同的一层水泥砂浆，然后再浇筑混凝土。

**4**　后浇带在底板、墙位置处混凝土要分层振捣，每层不超过 400mm，混凝土要细致捣实，使新旧混凝土紧密结合。

**5**　在后浇带混凝土达到设计强度之前的所有施工期间，后浇带跨的梁板的底模及支撑均不得拆除。

**4.4.8　大体积混凝浇筑**

**1**　混凝土浇筑可根据面积大小和混凝土供应能力采取全面分层（适用于结构平面尺寸≯14m、厚度 1m 以上）、分段分层（适用于厚度不太大，面积或长度较大）或斜面分层（适用于结构的长度超过宽度的 3 倍）连续浇筑，分层厚度 300～500mm 且不大于振动棒长 1.25 倍。分段分层多采取踏步式分层推进，按从远至近布灰（原则上不反复拆装泵管），一般踏步宽为 1.5～2.5m。斜面分层浇灌每层厚 300～350mm，坡度一般取 1：6～1：7。

**2**　混凝土浇筑应配备足够的混凝土输送泵，既不能造成混凝土流浆冬季受冻，也不能常温时出现混凝土冷缝。

**3**　局部厚度较大时先浇深部混凝土，然后再根据混凝土的初凝时间确定上层混凝土浇筑时间间隔。

**4**　振捣混凝土应使用高频振动器，振动器的插点间距为 1.4 倍振动器的作用半径，防止漏振。斜面推进时振动应在坡脚与坡顶处插振。

**4.4.9**　在浇筑柱、墙等竖向结构混凝土时，混凝土浇筑不得发生离析，倾落高度应符合表 18-7 的规定；当不能满足要求时，应加设串筒、溜管、溜槽等装置。

柱、墙模板内混凝土浇筑倾落高度限值（m）　　　　　表 18-7

| 条件 | 浇筑倾落高度限值 |
| --- | --- |
| 粗骨料粒径大于 25mm | ≤3 |
| 粗骨料粒径小于等于 25mm | ≤6 |

**4.4.10**　按设计要求留置后浇带，施工缝应留置在结构受剪力较小且便于施工部位，并符合以下规定：

**1**　柱、墙施工缝可留在基础、楼层结构顶面，柱施工缝与结构上表面的距离宜为 0～100mm，墙施工缝与结构上表面的距离宜为 0～300mm；柱、墙施工缝也可留设在楼层结构底面，施工缝与结构下表面的距离宜为 0～50mm；当板下有梁托时，可留设在梁托下 0～20mm；高度较大的柱、墙、梁以及厚度较大的基础，可根据施工需要在其中部留设水平施工缝；当因施工缝留设改变受力状态而需要调整构件配筋时，应经设计单位确认。

**2**　有主次梁的楼板施工缝应留设在次梁跨度中间 1/3 范围内；单向板施工缝应留设在与跨度方向平行的任何位置；楼梯梯段施工缝宜留置在梯段板跨度端部 1/3 范围内；墙的施工缝宜设置在门洞口过梁跨中 1/3 范围内，也可留设在纵横墙交接处。

**3**　设备基础施工缝应符合下列规定：水平施工缝应低于地脚螺栓底端，与地脚螺栓底端的距离应大于 150mm；当地脚螺栓直径小于 30mm 时，水平施工缝可留设在深度不小于地脚螺栓埋入混凝土部分总长度的 3/4 处。竖向施工缝与地脚螺栓中心线的距离不应小于 250mm，且不应小于螺栓直径的 5 倍。

**4**　承受动力作用的设备基础施工缝留设位置应符合下列规定：标高不同的两个水平施工缝，其高低结合处应留设成台阶形，台阶的高宽比不应大于 1.0；

竖向施工缝或台阶形施工缝的断面处应加插钢筋，插筋数量和规格应由设计确定；施工缝的留设应经设计单位确认。

**4.4.11**　施工缝或后浇带处继续浇筑混凝土时应符合下列规定：

**1**　结合面应为粗糙面，并应清除浮浆、松动石子、软弱混凝土层。

**2**　结合面处应洒水湿润，但不得有积水。

**3**　已浇筑混凝土的抗压强度不应小于 $1.2N/mm^2$。

**4**　柱、墙水平施工缝水泥砂浆接浆层厚度不应大于 50mm，接浆层水泥砂浆应与混凝土浆液成分相同。

**5**　后浇带混凝土强度等级及性能应符合设计要求；当设计无具体要求时，后浇带混凝土强度等级宜比两侧混凝土提高一个强度等级，并采用减少收缩的技术措施。

**4.4.12**　柱、墙混凝土设计强度等级高于梁、板混凝土设计强度等级时，混凝土浇筑应符合下列规定：

**1**　柱、墙混凝土设计强度比梁、板混凝土设计强度高一个等级时，柱、墙位置梁、板高度范围内的混凝土经设计单位确认，可采用与梁、板混凝土设计强度等级相同的混凝土进行浇筑。

**2**　柱、墙混凝土设计强度比梁、板混凝土设计强度高两个等级及以上时，应在交界区域采取分隔措施；分隔位置应在低强度等级的构件中，且距高强度等级构件边缘不应小于 500mm。

**3**　宜先浇筑强度等级高的混凝土，后浇筑强度等级低的混凝土。

**4.4.13**　泵送混凝土浇筑应符合下列规定：

**1**　宜结合结构形状、尺寸、混凝土供应情况、浇筑设备、场地内外条件等因素划分每台输送泵的浇筑区域及浇筑顺序；采用输送泵浇筑混凝土时，宜由远及近浇筑；采用多根输送管同时浇筑时，其浇筑速度宜保持一致。

**2**　泵送混凝土前，先把储料斗内的清水从管道泵出，湿润和清洁管道，然后向料斗内加入纯水泥砂浆（水泥砂浆应与混凝土浆液成分相同），润滑管道后即可开始泵送混凝土。

**3**　开始泵送混凝土时，活塞应保持最大行程运转，水箱或活塞清洗室中应保持充满水。泵送速度宜慢，油压变化应在允许值范围内，待混凝土送出管道端部时，速度可逐渐加快，并转入正常速度进行泵送。

**4**　泵送期间，料斗内的混凝土量应保持在不低于缸筒口上 100mm 到料斗口下 150mm 之间，避免吸入空气而造成塞管。如输送管内吸入了空气，应立即反泵吸出混凝土至料斗中重新搅拌，排出空气后再泵送。

**5**　混凝土泵送浇筑应连续进行，如运行不正常或混凝土供应不及时，需降低泵送速度。泵送暂时中断供料时，应每隔 5～10min 利用泵机抽吸往复推动 2～3 次，以防堵管。混凝土间歇 30min 以上时，应排净管路内存留的混凝土，以防堵管。泵送中断时间不得超过混凝土从搅拌至浇筑完毕允许的延续时间。

　　**6**　混凝土输送管的水平换算长度总和应小于设备的最大泵送距离，混凝土输送管的水平换算长度应符合表 18-8 的规定。

混凝土输送管的水平换算长度 　　　　　　　　　　表 18-8

| 泵管种类 | 管道特征 | 水平换算长度（mm） | |
| --- | --- | --- | --- |
| 向上垂直管<br>（每米） | $\phi$100mm | 3 | |
| | $\phi$125mm | 4 | |
| | $\phi$150mm | 5 | |
| 橡胶软管 | 每 3～5m 长的 1 根 | 20 | |
| 弯管<br>（每个） | 90°角 | 转弯半径 $r=1$m | 转弯半径 $r=0.5$m |
| | | 9 | 12 |
| | 45°角 | 4.5 | 6 |
| | 30°角 | 3 | 4 |
| | 15°角 | 1.5 | 2 |
| 锥形管<br>（每根） | 175→150mm | 4 | — |
| | 150→125mm | 8 | — |
| | 125→100mm | 16 | — |

　　**7**　混凝浇筑后，应清洗输送泵和输送管。

## 4.5　混凝土振捣

　　**4.5.1**　使用插入式振捣器振捣混凝土时，插点应均匀，振捣棒快插慢拔，振捣间距不应大于作用半径的 1.4 倍，振捣器与模板的距离不应大于其作用半径的 50%，并应避免碰撞钢筋、芯管、吊环、预埋件等；振捣器插入下层混凝土内的深度不应小于 50mm。

　　**4.5.2**　使用平板振捣器振捣混凝土时，平板移动的间距应保证每次能覆盖已振实部分混凝土边缘及覆盖振捣平面边角；振捣倾斜表面时，应由低处向高处进行振捣。

　　**4.5.3**　使用附着式振捣器振捣混凝土时，振捣器的设置间距应通过试验确定，并应与模板紧密相连；振捣器宜从下往上振捣；模板上同时使用多台附着振捣器时，应使各振捣器的频率一致，并应交错设置在相对面的模板上。

　　**4.5.4**　特殊部位混凝土振捣措施：宽度大于 0.3m 的预留洞底部区域，应在洞口两侧进行振捣，并应适当延长振捣时间；宽度大于 0.8m 的洞口底部，应采取特殊的技术措施；后浇带及施工缝边角处应加密振捣点，并应适当延长振捣时间；钢筋密集区域应选择小型振捣器辅助、加密振捣点，并应适当延长振捣时间。

**4.5.5**　每处混凝土的振捣时间，应以混凝土表面出现浮浆和不再显著沉落为准。

### 4.6　养护

**4.6.1**　混凝土的养护时间应符合下列规定：

**1**　采用硅酸盐水泥、普通硅酸盐水泥或矿渣硅酸盐水泥配置的混凝土，应在 12h 内加以覆盖进行养护，养护时间不应少于 7d；采用其他品种水泥时，养护时间应根据水泥性能确定。

**2**　采用缓凝型外加剂、大掺量矿物掺合料配置的混凝土，不应少于 14d。

**3**　抗渗混凝土不应少于 14d。

**4**　地下室底层墙、柱和上部结构首层墙、柱，宜适当增加养护时间。

**4.6.2**　洒水养护宜在混凝土裸露表面覆盖麻袋或草帘后进行，也可采用直接洒水、蓄水等养护方式；当日平均气温低于 5℃时，不得洒水。

**4.6.3**　采用塑料薄膜覆盖时，薄膜应紧贴混凝土裸露表面，四周覆盖严密，薄膜内应保持有凝结水。

**4.6.4**　采用喷涂养护剂养护时，养护剂应均匀涂在结构构件表面，不得漏涂；养护剂使用方法应符合产品说明书的相关要求。

**4.6.5**　地下室底层和上部结构首层柱、墙混凝土宜采用带模养护的方式养护。

**4.6.6**　养护用水与拌制用水相同或饮用水。

## 5　质量标准

### 5.1　主控项目

**5.1.1**　水泥进场时应对其品种、级别、包装或散装仓号，出厂日期等进行检查，并对其强度、安定性及其他必要的性能指标进行复验。严禁使用含氯化物水泥。

**5.1.2**　掺用外加剂的质量及应用技术应符合现行国家标准《混凝土外加剂应用技术规范》GB 50119 等和有关环境保护的规定。预应力混凝土结构中严禁使用含氯化物的外加剂。钢筋混凝土结构中，使用含氯化物外加剂时，氯化物的含量应符合《混凝土质量控制标准》GB 50164 规定。混凝土中氯化物和碱的总含量应符合设计和《混凝土结构设计规范》GB 50010 规范的规定。

**5.1.3**　混凝土配合比设计应符合设计要求和现行行业标准《普通混凝土配合比设计规程》JGJ 55 的规定。有特殊要求的混凝土尚应符合专门标准规定。

**5.1.4**　结构混凝土的强度和抗渗性必须符合设计和现行国家标准《混凝土

强度检验评定标准》GBJ/T 50107 的规定。

**5.1.5**　混凝土搅拌、运输、浇筑、养护必须符合现行国家标准《混凝土结构工程施工质量验收规范》GB 50204 的规定。

**5.1.6**　混凝土运输、浇筑及间歇的全部时间不应超过初凝时间。同一施工段的混凝土应连续浇筑，并应在底层混凝土初凝之前将上层混凝土浇筑完毕，否则应按施工方案的要求对施工缝进行处理。

**5.1.7**　现浇混凝土结构的外观质量不应有严重缺陷。现浇结构不应有影响结构性能和使用功能的尺寸偏差；混凝土设备基础不应有影响结构性能和设备安装的尺寸偏差。

**5.2　一般项目**

**5.2.1**　混凝土中矿物掺合料的质量应符合现行国家标准《用于水泥和混凝土中的粉煤灰》GB 1596 的规定，掺量应通过试验确定。混凝土所用的粗、细骨料的质量应符合《普通混凝土用砂、石质量及检验方法标准》JGJ 52—2006 的规定。拌制混凝土宜采用饮用水，当采用其他水源时，水质应符合《混凝土用水标准》JGJ 63 的规定。

**5.2.2**　首次使用的混凝土配合比应进行开盘鉴定，其工作性应满足设计配合比的要求。开始生产时，至少留一组标养试块作为验证配比的依据。混凝土拌制前，应测定砂、石含水率；并根据测试结果调整材料用量，提出施工配合比。

**5.2.3**　混凝土施工缝、后浇带的留置位置应按设计要求和施工技术方案确定。

**5.2.4**　混凝土浇筑完毕后，应按施工技术方案及时采取有效的养护措施。

**5.2.5**　对已经出现的蜂窝、孔洞、缝隙、夹渣等缺陷，施工单位应按技术处理方案进行处理，并重新检查验收。

**5.2.6**　现浇混凝土结构和混凝土设备基础拆模后的尺寸偏差应符合表 18-9 和表 18-10 的规定。

现浇结构位置和尺寸允许偏差及检验方法　　　　　　　　　　　表 18-9

| 项目 | | | 允许偏差（mm） | 检验方法 |
|---|---|---|---|---|
| 轴线位置 | 整体基础 | | 15 | 经纬仪及尺量 |
| | 独立基础 | | 10 | 经纬仪及尺量 |
| | 墙、柱、梁 | | 8 | 尺量 |
| 垂直度 | 层高 | ≤6m | 10 | 经纬仪或吊线、尺量 |
| | | >6m | 12 | 经纬仪或吊线、尺量 |
| | 全高（H）≤300m | | $H/30000+20$ | 经纬仪、尺量 |
| | 全高（H）>300m | | $H/10000$ 且 ≤80 | 经纬仪、尺量 |

续表

| 项目 | | 允许偏差（mm） | 检验方法 |
|---|---|---|---|
| 标高 | 层高 | ±10 | 水准仪或拉线、尺量 |
| | 全高 | ±30 | 水准仪或拉线、尺量 |
| 截面尺寸 | 基础 | +15，−10 | 尺量 |
| | 柱、梁、板、墙 | +10，−5 | 尺量 |
| | 楼梯相邻踏步高差 | 6 | 尺量 |
| 电梯井 | 中心位置 | 10 | 尺量 |
| | 长、宽尺寸 | +25，0 | 尺量 |
| 表面平整度 | | 8 | 2m 靠尺和塞尺量测 |
| 预埋件中心位置 | 预埋板 | 10 | 尺量 |
| | 预埋螺栓 | 5 | 尺量 |
| | 预埋管 | 5 | 尺量 |
| | 其他 | 10 | 尺量 |
| 预留洞、孔中心线位置 | | 15 | 尺量 |

注：1. 检查柱轴线、中心线位置时，沿纵、横两个方向测量，并取其偏差的较大值。

2. $H$ 为全高，单位为 mm。

**现浇设备基础位置和尺寸允许偏差及检验方法**　　　　表 18-10

| 项目 | | 允许偏差（mm） | 检验方法 |
|---|---|---|---|
| 坐标位置 | | 20 | 经纬仪及尺量 |
| 不同平面标高 | | 0，−20 | 水准仪或拉线、尺量 |
| 平面外形尺寸 | | ±20 | 尺量 |
| 凸台上平面外形尺寸 | | 0，−20 | 尺量 |
| 凹槽尺寸 | | +20，0 | 尺量 |
| 平面水平度 | 每米 | 5 | 水平尺、塞尺量测 |
| | 全长 | 10 | 水准仪或拉线、尺量 |
| 垂直度 | 每米 | 5 | 经纬仪或吊线、尺量 |
| | 全高 | 10 | 经纬仪或吊线、尺量 |
| 预埋地脚螺栓 | 中心位置 | 2 | 尺量 |
| | 顶标高 | +20，0 | 水准仪或拉线、尺量 |
| | 中心距 | ±2 | 尺量 |
| | 垂直度 | 5 | 吊线、尺量 |
| 预埋地脚螺栓孔 | 中心线位置 | 10 | 尺量 |
| | 截面尺寸 | +20，0 | 尺量 |
| | 深度 | +20，0 | 尺量 |
| | 垂直度 | $h/100$ 且≤10 | 吊线、尺量 |

续表

| 项目 | | 允许偏差（mm） | 检验方法 |
|---|---|---|---|
| 预埋活动地脚螺栓锚板 | 中心线位置 | 5 | 尺量 |
| | 标高 | +20, 0 | 水准仪或拉线、尺量 |
| | 带槽锚板平整度 | 5 | 直尺、塞尺量测 |
| | 带螺纹孔锚板平整度 | 2 | 直尺、塞尺量测 |

注：1. 检查坐标、中心线位置时，应沿纵、横两方面量测，并取其中偏差的较大值。

　　2. h 为预埋地脚螺栓孔孔深，单位为 mm。

## 6　成品保护

**6.0.1**　施工中，不得用重物冲击模板，或在模板和支撑上搭脚手板，以保证模板牢固、不变形。

**6.0.2**　混凝土振捣时，应避免振动或踩碰模板、钢筋及预埋件。

**6.0.3**　混凝土浇筑完后的强度未达 1.2MPa 及以上时，不得在其上进行下一道工序操作或堆置重物。

**6.0.4**　混凝土承重结构底模拆模时，同条件养护的混凝土强度应符合设计要求和表 18-11 的规定。

**底模拆除时的混凝土强度要求**　　　　　　　　　表 18-11

| 结构类型 | 结构跨度（m） | 混凝土强度标准值的百分率（%） |
|---|---|---|
| 板 | ≤2 | ≥50 |
| | >2, ≤8 | ≥75 |
| | >8 | ≥100 |
| 梁、拱、壳 | ≤8 | ≥75 |
| | >8 | ≥100 |
| 悬臂构件 | ≤2 | ≥75 |
| | >2 | ≥100 |

**6.0.5**　雨期施工应及时对已浇筑混凝土的部位进行遮盖，下大雨时应停止露天作业。

## 7　注意事项

### 7.1　应注意的质量问题

**7.1.1**　混凝土应振捣密实，防止漏振或振捣使钢筋产生位移，出现蜂窝、孔洞、漏筋、夹渣等缺陷，应分析产生原因，及时采取有效措施处理。

**7.1.2**　浇筑混凝土的施工现场，应派专人检查模板是否牢固，钢筋是否错误。

**7.1.3**　混凝土浇筑时应注意施工缝的留设，避免留在受力较大和钢筋密集处，并仔细做好施工缝的处理。

**7.1.4**　大流动性混凝土与低流动性混凝土或两种不同品种水泥配制的混凝土不得混合浇筑，以免造成强度不均。

**7.1.5**　不同等级混凝土接缝处施工，宜先浇筑高等级的混凝土，也可同时浇筑，但低等级的混凝土不得扩散到高等级混凝土结构中。

**7.1.6**　混凝土拌合物性能检查及混凝土试块制作应满足现行国家标准《普通混凝土拌合物性能试验方法标准》GB/T 50080 与《普通混凝土力学性能试验方法标准》GB/T 50081 的相关规定。

**7.1.7**　混凝土输送管道的直管应布置顺直，管道接头应严密、不漏浆，转弯位置的锚固应牢固可靠。

**7.1.8**　混凝土输送泵与垂直向上管的距离宜大于 10m，以抵消反冲力和保证泵的振动不直接传到垂直立管，并在立管根部装设一个截流阀，防止停泵时上面管内混凝土倒流产生负压。

**7.1.9**　向下泵送时，混凝土的坍落度应适当减小，混凝土泵前应有一段水平管道和弯上管道方可折向下方。应避免采用垂直向下的装设方式，以防离析和混入空气，影响泵送效果。

**7.1.10**　管道经过的位置应平整，管道应用支架或木枋等垫固，不得直接与模板和钢筋接触，管道放在脚手架上时，应采取加固措施，垂直立管穿越每一楼层时，应用木枋和预埋螺栓支撑固定。

## 7.2　应注意的安全问题

**7.2.1**　机械设备的操作人员应经安全技术培训、考核持证上岗。

**7.2.2**　各种机械设备在开机前应严格检查机械、电器是否正常并空机试运转，填写检查记录。

**7.2.3**　搅拌机应设开关箱，并装有漏电保护器。

**7.2.4**　混凝土浇筑前，应对振捣器进行试运转，操作时应戴绝缘手套，穿胶鞋。振捣器不应挂在钢筋上，湿手不得接触电源开关。

**7.2.5**　使用井架提升混凝土时，应设制动安全装置，升降应有明确信号，操作人员未离开提升台时，不得发升降信号。提升台内停放手推车应平稳，车把不得伸出台外，车辆前后应挡牢。

**7.2.6**　使用溜槽及串筒下料时，溜槽和串筒应固定牢固，人员不得直接站到溜槽帮上操作。

**7.2.7**　浇筑单梁、柱混凝土时，操作人员不得直接站在模板或支撑上操作；浇筑框架梁或圈梁时，应有可靠的脚手架，严禁站在模板上操作。浇筑挑檐、阳台、雨棚时，应设安全网或安全栏杆。

**7.2.8**　楼面上的预留孔洞应设置盖板或围栏，所有操作人员应戴安全帽；高空作业应正确系好安全带；夜间作业应有足够的照明。

**7.2.9**　输送泵管应采用支架固定，支架应与结构牢固连接，输送泵管转向处支架应加密；支架应通过计算确定，设置位置的结构应进行验算。

**7.2.10**　布料设备应安装牢固，且应采取抗倾覆措施；布料设备安装位置处的结构或专用装置应进行验算。布料设备作业范围内不应有阻碍物，并应有防范高空坠物的设施。

**7.2.11**　采用搅拌运输车运输混凝土时，施工现场车辆出入口处设置交通安全指挥人员，施工现场道路应顺畅；危险区域设置警戒标志；夜间施工时应有良好的照明。

**7.2.12**　泵送混凝土在浇筑面处不应堆积过量，防止引起局部超载。

**7.2.13**　当输送管内还有 10m 左右混凝土时，应将压缩机缓慢减压，拆除管道接头时，应先进行多次反抽，卸除管内混凝土压力，以防混凝土喷出伤人。

**7.2.14**　清管时，管端应设置挡板或安全罩，并严禁管端站人，以防喷射伤人。

**7.3**　**应注意的绿色施工问题**

**7.3.1**　现场搅拌混凝土时，宜使用散装水泥；搅拌机棚应有封闭降噪和防尘措施。

**7.3.2**　混凝土配合比设计时，应减少水泥用量，增加工业废料、矿山废渣的掺量；当混凝土中添加粉煤灰时，宜利用其后期强度。

**7.3.3**　混凝土宜采用泵送、布料机布料浇筑。

**7.3.4**　超长无缝混凝土结构宜采用滑动支座法、跳仓法和综合治理法施工；当裂缝控制要求较高时，可采用低温补仓法施工。

**7.3.5**　混凝土振捣应采用低噪声振捣设备，也可采用围挡等降噪措施。

**7.3.6**　混凝土采用洒水或喷雾养护时，养护用水宜使用回收的基坑降水或雨水；竖向构件宜采用养护剂进行养护。

**7.3.7**　混凝土浇筑余料应制成小型预制件，或采用其他措施加以利用，不得随意倾倒。

**7.3.8**　清洗泵送设备和管道的污水应经沉淀后回收利用，浆料分离后可用作室外道路、地面垫层的回填材料。

**7.3.9**　现场砂、石料场场地应硬化，砂应适当覆盖密目网，周围设置围挡；水泥及掺合料应设库管理。

**7.3.10**　现场搅拌混凝土要采取设置隔音棚等有效措施，降低施工噪声。根据现行国家标准《建筑施工场界噪声限值》GB 12523 的规定，混凝土拌制、振捣等施工作业在施工场界的允许噪声级：昼间为 70dB（A 声级），夜间为 55 dB（A 声级）。

## 8 质量记录

**8.0.1** 混凝土所用原材料产品合格证、出厂检验报告及进场复验报告。

**8.0.2** 见证取样记录。

**8.0.3** 原材料/构配件进场检验记录。

**8.0.4** 混凝土配合比通知单。

**8.0.5** 混凝土浇灌申请书。

**8.0.6** 混凝土开盘鉴定表。

**8.0.7** 混凝土施工记录。

**8.0.8** 混凝土坍落度检查记录。

**8.0.9** 混凝土隐蔽验收记录。

**8.0.10** 混凝土标准养护及同条件养护试件强度试验报告。

**8.0.11** 混凝土试件抗渗试验报告。

**8.0.12** 混凝土抗压强度统计表。

**8.0.13** 混凝土拆模申请表。

**8.0.14** 冬期混凝土原材料搅拌及浇灌测温记录。

**8.0.15** 混凝土养护测温记录。

**8.0.16** 混凝土结构同条件试件等效养护龄期温度记录。

**8.0.17** 混凝土原材料及配合比检验批质量验收记录。

**8.0.18** 混凝土施工检验批质量验收记录。

**8.0.19** 现浇混凝土外观及尺寸偏差检验批质量验收记录。

**8.0.20** 混凝土设备基础外观及尺寸偏差检验批质量验收记录。

**8.0.21** 混凝土分项工程质量验收记录。

**8.0.22** 混凝土结构实体混凝土强度检验记录。

**8.0.23** 其他技术文件。

# 第19章　预拌混凝土运输与浇筑

本工艺标准适用于集中搅拌站（厂）生产供应的预拌混凝土运输与浇筑。

## 1　引用标准

《混凝土结构工程施工规范》GB 50666—2011

《建筑工程绿色施工规范》GB/T 50905—2014

《混凝土泵送施工技术规程》JGJ/T 10—2011

《混凝土质量控制标准》GB 50164—2011

《混凝土强度检验评定标准》GB/T 50107—2010

《建筑工程冬期施工规程》JGJ/T 104—2011

《混凝土结构工程施工质量验收规范》GB 50204—2015

《预拌混凝土》GB/T 14902—2012

《混凝土结构设计规范》GB 50010—2010（2015 版）

《普通混凝土拌合物性能试验方法标准》GB/T 50080—2016

《普通混凝土力学性能试验方法标准》GB/T 50081—2002

## 2　术语（略）

## 3　施工准备

### 3.1　作业条件

**3.1.1**　商品混凝土供货合同签订完毕。

**3.1.2**　应编制混凝土工程施工方案，编制试验计划，见证取样和送检计划。向混凝土厂家提供商品混凝土需用量计划，并正确注明浇筑时间、浇筑部位、浇筑数量、混凝土强度等级及技术要求等。

**3.1.3**　模板、钢筋及预埋管线全部安装完毕，模板内的木屑、泥土、垃圾等已清理干净。钢筋上的油污已除净，检查模板支撑和加固是否牢靠并办完隐蔽验收手续。

**3.1.4**　对操作人员进行安全技术交底。

**3.1.5**　混凝土运输、浇筑和振捣机械设备经检修、试运转情况良好，可满足连续浇筑要求。

**3.1.6**　检查复核在钢筋或模板上引测完成的混凝土浇筑标高控制点满足精度要求。

**3.1.7**　浇筑混凝土的脚手架及马道搭设完成，经检查合格。

**3.1.8**　混凝土浇灌申请书已经项目监理工程师批准。

**3.1.9**　混凝土运输车的运送频率，应能够保证混凝土连续浇筑，能保持混凝土拌合物均匀、不产生分层离析现象。

**3.1.10**　混凝土泵送和振捣时有隔音、降噪、降尘措施。

## 3.2　材料及机具

**3.2.1**　材料：预拌混凝土应符合现行国家标准《预拌混凝土》GB 14902 的规定；泵送工艺时，应同时满足现行行业标准《混凝土泵送施工技术规程》JGJ/T 10 的相关规定。商品混凝土一进场要求提供商品混凝土出厂合格证，待 28d 后厂家提供商品混凝土强度报告。

**3.2.2**　机具：混凝土泵、布料机、塔吊、混凝土搅拌运输车、振捣器、铁锹、串筒、溜槽、试模、坍落度筒等。

# 4　操作工艺

## 4.1　工艺流程

$$\boxed{混凝土运输} \rightarrow \boxed{进场检验} \rightarrow \boxed{混凝土浇筑} \rightarrow \boxed{混凝土养护}$$

## 4.2　混凝土运输

**4.2.1**　搅拌运输车在装料前应将搅拌筒中的积水排净。

**4.2.2**　运送时，严禁往运输车内任意加水。当混凝土坍落度损失较大不能满足施工要求时，可在运输车罐内加入适量的与原配合比相同成分的减水剂。减水剂加入量应事先由试验确定，并应作出记录。加入减水剂时，搅拌运输车罐体应快速旋转搅拌均匀，并应达到要求的工作性能后再泵送或浇筑。

**4.2.3**　混凝土的运送时间应满足合同要求，当合同未规定时，所运送的混凝土宜在 1.5h 内卸料；当最高气温低于 25℃时，运送时间可延长 0.5h，如混凝土中掺有缓凝型减水剂时，应根据试验结果确定。

**4.2.4**　预拌混凝土运送至浇筑现场，在给混凝土泵喂料前，应使罐体快速旋转搅拌 1min，使混凝土拌和均匀，然后再反转卸料。如混凝土拌和物出现离析或分层，应使搅拌筒高速旋转，对混凝土拌和物作二次搅拌。

**4.2.5**　卸料完毕，到施工现场指定地点（防止水土污染），用洗涤喷嘴把粘附在卸料溜槽和搅拌筒外表面的砂浆和混凝土冲刷干净，收起并锁紧卸料溜槽。

### 4.3　进场检验

**4.3.1**　混凝土进场检验应随机从同一运输车卸料量的 1/4~3/4 之间抽取。

**4.3.2**　进场检验取样及坍落度试验应在混凝土到达现场时开始算起 20min 内完成，试件制作应在混凝土运到现场时开始算起 40min 内完成。

**4.3.3**　混凝土坍落度检查每 100m³ 不应少于一次，且每一工作班不应少于 2 次。

**4.3.4**　混凝土强度的试件检验频率，每 100 盘相同配合比的混凝土，取样不得少于一次；每个工作班相同配合比的混凝土不足 100 盘时，取样不得少于一次；连续浇筑超过 1000m³ 时，每 200m³ 取样不得少于一次；每一楼层取样不得少于一次；每次取样应至少留置一组试件。

**4.3.5**　有抗渗、抗冻要求的试件检验频率，同一工程、同一配合比的混凝土，取样不得少于一次。

**4.3.6**　混凝土拌合物的含气量及其他特殊要求项目的试样检验频率应按合同规定进行。

### 4.4　混凝土浇筑

**4.4.1**　混凝土宜采用泵送方式。布料设备的选择应与输送泵相匹配。布料设备的数量及位置应依据布料设备的工作半径、施工作业面大小以及施工要求确定。

**4.4.2**　浇筑混凝土前，模板的缝隙和孔洞应予堵严；表面干燥的地基、垫层、模板上应洒水湿润；现场环境温度高于 35℃ 时，宜对金属模板进行洒水降温；洒水后不得有积水。

**4.4.3**　混凝土应分层浇筑，分层厚度应符合表 19-1 的规定，上层混凝土应在下层混凝土初凝之前浇筑完毕。

混凝土分层浇筑的最大厚度　　　　　　　　　表 19-1

| 振捣方法 | 混凝土分层振捣最大厚度 |
| --- | --- |
| 振动棒 | 振捣棒作用部分长度的 1.25 倍 |
| 平板振动器 | 200mm |
| 附着振动器 | 根据设置方式，通过试验确定 |

**4.4.4**　混凝土应连续浇筑，当必须间歇时，应在前层混凝土初凝之前，将次层混凝土浇筑完毕。混凝土运输、浇筑和间歇的全部时间不宜超过表 19-2 的规定，且不应超过表 19-3 的规定。掺早强减水剂、早强剂的混凝土，以及有特殊要求的混凝土，应根据设计及施工要求，通过试验确定允许时间。

混凝土运输到输送入模的延续时间（min）　　　　　　表 19-2

| 条件 | 气温 | |
|---|---|---|
| | ≤25℃ | >25℃ |
| 不掺外加剂 | 90 | 60 |
| 掺外加剂 | 150 | 120 |

混凝土运输、浇筑和间歇总的允许时间限值（min）　　　　表 19-3

| 条件 | 气温 | |
|---|---|---|
| | ≤25℃ | >25℃ |
| 不掺外加剂 | 180 | 150 |
| 掺外加剂 | 240 | 210 |

**4.4.5** 柱、墙模板内的混凝土浇筑不得发生离析，倾落高度应符合表 19-4 的规定；当不能满足要求时，应加设串筒、溜管、溜槽等装置。

柱、墙模板内混凝土浇筑倾落高度限值（m）　　　　　表 19-4

| 条件 | 浇筑倾落高度限值 |
|---|---|
| 粗骨料粒径大于 25mm | ≤3 |
| 粗骨料粒径小于等于 25mm | ≤6 |

**4.4.6** 施工缝和后浇带应留置结构受剪力较小且便于施工的部位，参照（现场混凝土拌制与浇筑）相关内容执行。

**4.4.7** 施工缝或后浇带处继续浇筑混凝土时应符合下列规定：

**1** 结合面应为粗糙面，并应清除浮浆、松动石子、软弱混凝土层。

**2** 结合面处应洒水湿润，但不得有积水。

**3** 已浇筑混凝土的抗压强度不应小于 $1.2N/mm^2$。

**4** 柱、墙水平施工缝水泥砂浆接浆层厚度不应大于 50mm，接浆层水泥砂浆应与混凝土浆液成分相同。

**5** 后浇带混凝土强度等级及性能应符合设计要求；当设计无具体要求时，后浇带混凝土强度等级宜比两侧混凝土提高一个强度等级，并采用减少收缩的技术措施。

**4.4.8** 柱、墙混凝土设计强度等级高于梁、板混凝土设计强度等级时，混凝土浇筑应符合下列规定：

**1** 柱、墙混凝土设计强度比梁、板混凝土设计强度高一个等级时，柱、墙位置梁、板高度范围内的混凝土经设计单位确认，可采用与梁、板混凝土设计强度等级相同的混凝土进行浇筑。

**2** 柱、墙混凝土设计强度比梁、板混凝土设计强度高两个等级及以上时，应在交界区域采取分隔措施；分隔位置应在低强度等级的构件中，且距高强度等级构件边缘不应小于 500mm。

**3** 宜先浇筑强度等级高的混凝土，后浇筑强度等级低的混凝土。

**4.4.9** 采用机械振捣混凝土时应符合下列规定：

**1** 使用插入式振捣器振捣混凝土时，插点应均匀，振捣棒快插慢拔，移动的间距不应大于作用半径的 1.4 倍，振捣器与模板的距离不应大于其作用半径的 50%，并应避免碰撞钢筋、芯管、吊环、预埋件等；振捣器插入下层混凝土内的深度不应小于 50mm。

**2** 使用平板振捣器振捣混凝土时，平板移动的间距应保证每次能覆盖已振实部分混凝土边缘及覆盖振捣平面边角；振捣倾斜表面时，应由低处向高处进行振捣。

**3** 使用附着式振捣器振捣混凝土时，振捣器的设置间距应通过试验确定，并应与模板紧密相连；振捣器宜从下往上振捣；模板上同时使用多台附着振捣器时，应使各振捣器的频率一致，并应交错设置在相对面的模板上。

**4** 特殊部位混凝土振捣措施：宽度大于 0.3m 的预留洞底部区域，应在洞口两侧进行振捣，并应适当延长振捣时间；宽度大于 0.8m 的洞口底部，应采取特殊的技术措施；后浇带及施工缝边角处应加密振捣点，并应适当延长振捣时间；钢筋密集区域应选择小型振捣器辅助、加密振捣点，并应适当延长振捣时间。

**5** 每处混凝土的振捣时间，应以混凝土表面出现浮浆和不再显著沉落为准。

### 4.5 混凝土养护

**4.5.1** 混凝土的养护时间应符合下列规定：

**1** 采用硅酸盐水泥、普通硅酸盐水泥或矿渣硅酸盐水泥配置的混凝土，应在 12h 内加以覆盖进行养护，不应少于 7d；采用其他品种水泥时，养护时间应根据水泥性能确定。

**2** 采用缓凝型外加剂、大掺量矿物掺合料配置的混凝土，不应少于 14d。

**3** 抗渗混凝土不应少于 14d。

**4** 地下室底层墙、柱和上部结构首层墙、柱，宜适当增加养护时间。

**4.5.2** 洒水养护宜在混凝土裸露表面覆盖麻袋或草帘后进行，也可采用直接洒水、蓄水等养护方式；当日平均气温低于 5℃ 时，不得洒水。

**4.5.3** 采用塑料薄膜覆盖时，薄膜应紧贴混凝土裸露表面，薄膜内应保持有凝结水。

**4.5.4** 采用喷涂养护剂养护时，养护剂应均匀涂在结构构件表面，不得漏涂；养护剂使用方法应符合产品说明书的相关要求。

**4.5.5**　地下室底层和上部结构首层柱、墙混凝土宜采用带模养护的方式养护。

**4.5.6**　养护用水与预拌混凝土拌制用水相同或饮用水。

**4.5.7**　结构实体混凝土强度试块应按结构实体检验方案留置。

**4.5.8**　混凝土的浇筑宜按以下顺序进行：在采用混凝土输送管输送混凝土时，应由远而近浇筑；在同一区的混凝土，应按先竖向结构后水平结构的顺序，分层连续浇筑；当不允许留施工缝时同一区域之间、上下层之间的混凝土浇筑时间，不得超过混凝土初凝时间。

## 5　质量标准

### 5.1　主控项目

**5.1.1**　预拌混凝土进场时，其质量应符合现行国家标准《预拌混凝土》GB/T 14902 的规定。

**5.1.2**　混凝土拌合物不应离析。

**5.1.3**　混凝土中氯离子含量和碱总含量应符合现行国家标准《混凝土结构设计规范》GB 50010 的规定和设计要求。

**5.1.4**　首先使用的混凝土配合比应进行开盘鉴定，其原材料、强度、凝结时间、稠度等应满足设计配合比的要求。

**5.1.5**　混凝土的强度等级必须符合设计要求。用于检验混凝土强度的试件应在浇筑地点随机抽取。

**5.1.6**　现浇结构的外观质量不应有严重缺陷。现浇结构不应有影响结构性能或使用功能的尺寸偏差；混凝土设备基础不应有影响结构性能或设备安装的尺寸偏差。

### 5.2　一般项目

**5.2.1**　混凝土拌合物稠度应满足施工方案要求。

**5.2.2**　混凝土有耐久性指标要求，应在施工现场随机抽取试件进行耐久性检验，其检验结果应符合国家现行有关标准的规定和设计要求。

**5.2.3**　混凝土有抗冻要求时，应在施工现场检验混凝土含气量，其检验结果应符合国家现行有关标准的规定和设计要求。

**5.2.4**　后浇带的留设位置应按设计要求，后浇带和施工缝的留设及处理方法应符合施工方案要求。

**5.2.5**　混凝土浇筑完毕后应及时进行养护，养护时间以及养护方法应符合施工方案要求。

**5.2.6** 现浇结构的位置和尺寸偏差及检验方法应符合表19-5的规定。

现浇结构位置和尺寸允许偏差检验方法 表 19-5

| 项目 | | | 允许偏差（mm） | 检验方法 |
|---|---|---|---|---|
| 轴线位置 | 整体基础 | | 15 | 经纬仪及尺量 |
| | 独立基础 | | 10 | 经纬仪及尺量 |
| | 墙、柱、梁 | | 8 | 尺量 |
| 垂直度 | 层高 | ≤6m | 10 | 经纬仪或吊线、尺量 |
| | | >6m | 12 | 经纬仪或吊线、尺量 |
| | 全高（H）≤300m | | $H/30000+20$ | 经纬仪、尺量 |
| | 全高（H）>300m | | $H/10000$ 且≤80 | 经纬仪、尺量 |
| 标高 | 层高 | | ±10 | 水准仪或拉线、尺量 |
| | 全高 | | ±30 | 水准仪或拉线、尺量 |
| 截面尺寸 | 基础 | | +15，−10 | 尺量 |
| | 柱、梁、板、墙 | | +10，−5 | 尺量 |
| | 楼梯相邻踏步高差 | | 6 | 尺量 |
| 电梯井 | 中心位置 | | 10 | 尺量 |
| | 长、宽尺寸 | | +25，0 | 尺量 |
| 表面平整度 | | | 8 | 2m靠尺和塞尺量测 |
| 预埋件中心位置 | 预埋板 | | 10 | 尺量 |
| | 预埋螺栓 | | 5 | 尺量 |
| | 预埋管 | | 5 | 尺量 |
| | 其他 | | 10 | 尺量 |
| 预留洞、孔中心线位置 | | | 15 | 尺量 |

注：1. 检查柱轴线、中心线位置时，沿纵、横两个方向测量，并取其中偏差的较大值。
　　2. H 为全高，单位为 mm。

**5.2.7** 现浇设备基础的位置和尺寸应符合设计和设备安装的要求。其位置和尺寸偏差及检验方法应符合表19-6的规定。

现浇设备基础位置和尺寸允许偏差及检验方法 表 19-6

| 项目 | | 允许偏差（mm） | 检验方法 |
|---|---|---|---|
| 坐标位置 | | 20 | 经纬仪及尺量 |
| 不同平面标高 | | 0，−20 | 水准仪或拉线、尺量 |
| 平面外形尺寸 | | ±20 | 尺量 |
| 凸台上平面外形尺寸 | | 0，−20 | 尺量 |
| 凹槽尺寸 | | +20，0 | 尺量 |
| 平面水平度 | 每米 | 5 | 水平尺、塞尺量测 |
| | 全长 | 10 | 水准仪或拉线、尺量 |

190

续表

| 项目 | | 允许偏差（mm） | 检验方法 |
|---|---|---|---|
| 垂直度 | 每米 | 5 | 经纬仪或吊线、尺量 |
| | 全高 | 10 | 经纬仪或吊线、尺量 |
| 预埋地脚螺栓 | 中心位置 | 2 | 尺量 |
| | 顶标高 | +20，0 | 水准仪或拉线、尺量 |
| | 中心距 | ±2 | 尺量 |
| | 垂直度 | 5 | 吊线、尺量 |
| 预埋地脚螺栓孔 | 中心线位置 | 10 | 尺量 |
| | 截面尺寸 | +20，0 | 尺量 |
| | 深度 | +20，0 | 尺量 |
| | 垂直度 | $h/100$ 且≤10 | 吊线、尺量 |
| 预埋活动地脚螺栓锚板 | 中心线位置 | 5 | 尺量 |
| | 标高 | +20，0 | 水准仪或拉线、尺量 |
| | 带槽锚板平整度 | 5 | 直尺、塞尺量测 |
| | 带螺纹孔锚板平整度 | 2 | 直尺、塞尺量测 |

注：1. 检查坐标、中心线位置时，应沿纵、横两方面量测，并取其中偏差的较大值。

　　2. $h$ 为预埋地脚螺栓孔孔深，单位为 mm。

# 6　成品保护

**6.0.1**　严格执行"三不准"制度。即搅拌车筒体积水不除不准装料，重车运行时不准停止筒体转动，出厂混凝土不准任意加水。

**6.0.2**　下雨时搅拌车的筒口应有遮盖以防雨水流入。

**6.0.3**　冬期施工在搅拌筒外应有适当的保温措施。

**6.0.4**　成品混凝土应在限定的时间内，运抵施工现场并浇筑入模。

**6.0.5**　搅拌车应按额定量装载，不准超载，防止水泥浆流失。

**6.0.6**　混凝土振捣时，应避免振动或踩碰模板、钢筋及预埋件。

**6.0.7**　混凝土浇筑完后的强度未达 1.2MPa 及以上时，不得在其上进行下一道工序操作或堆置重物。

**6.0.8**　混凝土承重结构底模及架体拆模时，需进行同条件试块强度检测，同条件养护的混凝土强度应符合设计要求和表 19-7 的规定。

底模拆除时的混凝土强度要求 表 19-7

| 结构类型 | 结构跨度（m） | 混凝土强度标准值的百分率（%） |
|---|---|---|
| 板 | ≤2 | ≥50 |
| | >2，≤8 | ≥75 |
| | >8 | ≥100 |

续表

| 结构类型 | 结构跨度（m） | 混凝土强度标准值的百分率（%） |
|---|---|---|
| 梁、拱、壳 | ≤8 | ≥75 |
| | >8 | ≥100 |
| 悬臂构件 | ≤2 | ≥75 |
| | >2 | ≥100 |

**6.0.9** 雨期施工应及时对已浇筑混凝土的部位进行遮盖，下大雨时应停止露天作业。

## 7 注意事项

### 7.1 应注意的质量问题

**7.1.1** 混凝土卸料前，应检查搅拌筒内拌和物是否搅拌均匀。

**7.1.2** 混凝土运输车在现场交货地点抽查的坍落度，超过允许偏差值时应及时处理。

**7.1.3** 搅拌车的转速应按搅拌站对装料、搅拌、卸料等不同要求或搅拌车产品说明书要求运转，以保证产品质量。

**7.1.4** 搅拌车开工前应用水湿润搅拌筒，并在装料前排除积水。

**7.1.5** 混凝土应振捣密实，防止漏振或振捣使钢筋产生位移，出现蜂窝、孔洞、漏筋、夹渣等缺陷，应分析产生原因，及时采取有效措施处理。

**7.1.6** 浇筑混凝土的施工现场，应派专人检查模板是否牢固，钢筋是否错误。

**7.1.7** 混凝土浇筑时应注意施工缝的留设，避免留在受力较大和钢筋密集处，并仔细做好施工缝的处理。

**7.1.8** 按照现行国家标准《混凝土结构工程施工规范》GB 50666 做好施工前及过程中的质量检查。

**7.1.9** 混凝土拌合物性能检查及混凝土试块制作应满足现行国家标准《普通混凝土拌合物性能试验方法标准》GB/T 50080 与现行国家标准《普通混凝土力学性能试验方法标准》GB/T 50081 的相关规定。

**7.1.10** 混凝土在冬期施工时，应采取措施确保混凝土温度降到0℃或设计温度前，混凝土强度达到受冻临界强度。

### 7.2 应注意的安全问题

**7.2.1** 开机前应严格检查机械、电器是否正常，并空载试运转，填写检查记录。

**7.2.2**　采用搅拌运输车运输混凝土时，施工现场车辆出入口处设置交通安全指挥人员，施工现场道路应顺畅；危险区域设置警戒标志；夜间施工时应有良好的照明。

**7.2.3**　混凝土搅拌车经过的道路应有足够的承载力及平整度，在凹凸不平的道路上行走时，车速一般保持在 15km/h 以内。

**7.2.4**　搅拌车经过开挖区的边沿时，应验证边坡支护是否满足要求。

**7.2.5**　混凝土浇筑前，应对振捣器进行试运转，操作时应戴绝缘手套，穿胶鞋。振捣器不应挂在钢筋上，湿手不得接触电源开关。

**7.2.6**　使用物料提升机提升混凝土时，应设制动安全装置，升降应有明确信号，操作人员未离开提升台时，不得发升降信号。提升台内停放手推车应平稳，车辆前后应挡牢。

**7.2.7**　使用溜槽及串筒下料时，溜槽和串筒应固定牢固，人员不得直接站到溜槽帮上操作。

**7.2.8**　浇筑单梁、柱混凝土时，操作人员不得直接站在模板或支撑上操作；浇筑框架梁或圈梁时，应有可靠的脚手架，严禁站在模板上操作。浇筑挑檐、阳台、雨棚时，应设安全网或安全栏杆。

**7.2.9**　楼面上的预留孔洞应设置盖板或围栏，所有操作人员应戴安全帽；高空作业应系安全带；夜间作业应有足够的照明。

**7.2.10**　输送泵管应采用支架固定，支架应与结构牢固连接，输送泵管转向处支架应加密；支架应通过计算确定，设置位置的结构应进行验算。

**7.2.11**　布料设备应安装牢固，且应采取抗倾覆措施；布料设备安装位置处的结构或专用装置应进行验算。布料设备作业范围内不应有阻碍物，并应有防范高空坠物的设施。

**7.3　应注意的绿色施工问题**

**7.3.1**　施工现场应设置污水处理和回收装置，满足混凝土搅拌车冲洗和混凝土养护用水重复利用的要求。

**7.3.2**　预拌混凝土在生产过程中应尽量减少对周围环境的污染，搅拌站机房宜采用封闭的建筑，并设有收尘、降尘装置。

**7.3.3**　对于混凝土泵管内的余料，现场应用于路面块石或小型构件的预制使用，实现节约材料、保证回收利用效果。

# 8　质量记录

**8.0.1**　混凝土质量合格证、出厂检验报告及进场复验报告。

**8.0.2**　氯离子总含量计量书。

**8.0.3**　混凝土配合比通知单。

**8.0.4**　混凝土浇灌申请书。

**8.0.5**　混凝土施工记录。

**8.0.6**　混凝土坍落度检查记录。

**8.0.7**　混凝土隐蔽验收记录。

**8.0.8**　混凝土标准养护（预拌厂与现场均做）及同条件养护试件强度试验报告。

**8.0.9**　混凝土试件抗渗试验报告。

**8.0.10**　混凝土抗压强度统计表。

**8.0.11**　混凝土拆模申请表。

**8.0.12**　冬期混凝土原材料搅拌及浇灌测温记录。

**8.0.13**　混凝土养护测温记录。

**8.0.14**　混凝土结构同条件试件等效养护龄期温度记录。

**8.0.15**　混凝土施工检验批质量验收记录。

**8.0.16**　现浇混凝土外观及尺寸偏差检验批质量验收记录。

**8.0.17**　混凝土设备基础外观及尺寸偏差检验批质量验收记录。

**8.0.18**　混凝土分项工程质量验收记录。

**8.0.19**　混凝土结构实体混凝土强度检验记录。

**8.0.20**　其他技术文件。

# 第 20 章　BDF 现浇混凝土空心楼盖

本工艺标准适用于各种跨度和各种荷载的建筑，特别适用于大跨度和大荷载、大空间的多层和高层建筑，并可发展应用于竖向结构构件中，但楼盖内承受较大集中荷载的区格不应采用空心楼盖。

## 1　引用标准

《现浇混凝土空心楼盖结构技术规程》CECS 175：2004
《现浇混凝土空心楼盖技术规程》JGJ/T 268—2012
《高层建筑混凝土结构技术规程》JGJ 3—2002
《钢筋混凝土结构设计规范》GB 50010—2015
《建筑抗震设计规范》GB 50011—2001
《混凝土结构工程施工规范》GB 50666—2011
《混凝土结构工程施工质量验收规范》GB 50204—2015
《建筑工程冬期施工规程》JGJ/T 104—2011

## 2　术语

**2.0.1**　空心楼盖：按一定规则放置内模后经浇筑混凝土而成空腔的楼盖。

**2.0.2**　埋入式内模：设置在现浇混凝土空心楼盖结构中用于形成空腔的筒芯、箱体以及筒体、块体的总称，统称内模式。

**2.0.3**　箱体、块体：用于现浇混凝土空心楼盖结构的空心、实心箱形内模。

**2.0.4**　间距：相邻内模中心之间的距离。

**2.0.5**　肋宽：相邻内膜侧面之间的最小距离。

## 3　施工准备

### 3.1　作业条件

**3.1.1**　现浇混凝土空心楼盖结构施工现场应有健全的质量管理体系、施工质量控制和质量检验制度。

**3.1.2**　施工前应按空心楼盖规格、使用部位进行深化设计。

**3.1.3**　BDF 现浇混凝土空心楼盖结构施工项目应有专门的施工技术方案，

并经审查批准。

**3.1.4** 楼板模架支设完并通过验收，框架结构的框架梁及现浇楼板下钢筋等已绑扎完成。

**3.1.5** 水、电、消防套管已经安装完毕，并通过验收。

**3.2　材料及机具**

**3.2.1** BDF空心箱体必须采用相应专利人的合格产品，进场时应有产品合格证和出厂检验报告，并进行现场抽样检验，除应满足规格和外观质量要求外，尚应具有符合施工要求的物理力学性能。应按现行行业标准《现浇混凝土空心楼盖技术规程》CECS 175：2004的检验数量和检验方法的规定进行验收并合格。

**3.2.2** BDF空心箱体应有可靠的密封性。箱体外表不得有孔洞和影响混凝土形成空腔的其他缺陷。

**3.2.3** 水泥、钢筋、砂、石、外加剂、掺合料等原材料或预拌混凝土进场，应按现行国家标准《混凝土结构工程施工质量验收规范》GB 50204的检验数量和检验方法的规定进行验收并合格。

**3.2.4** 机具：经纬仪、水准仪、木工加工设备、钢筋加工设备、箱体专用吊篮、塔吊、手提式电钻、混凝土输送泵、混凝土振动棒。

## 4　操作工艺

**4.1　工艺流程**

施工准备 → 测量放线 → 楼盖模板及支架安装 →

暗梁、柱帽、肋、预留、预埋设施及填充体等位置定位划线 →

梁、柱帽、板底及肋钢筋安装 → 预留预埋设施安装 →

填充体安装（内置填充体抗浮及防漂移）→ 板面钢筋安装 → 隐蔽工程验收 →

混凝土浇筑 → 混凝土养护 → 模架拆除

**4.2** 施工准备。熟悉施工图纸，按设计要求明确箱体的规格、各项技术参数。根据柱网开间尺寸和安装预留预埋情况，具体确定预留预埋位置，明确补空1/2尺寸大小的箱体数量，下单订制BDF箱体。同时严格按照规范要求对BDF空心箱体进行进场验收。

**4.3** 测量放线。利用经纬仪或全站仪引测轴线，为支架支模做准备。

**4.4　楼盖模板及支架安装**

**4.4.1** 根据支撑和受力承载状态，确定模板施工技术方案。

**4.4.2** 下部结构应具有承受上层荷载的能力，上下层支架的立柱应对准，并铺设垫板。

**4.4.3**　对于跨度不小于 4m 的现浇板，其模板应按设计要求起拱；当设计无具体要求时，起拱高度宜为跨度的 2/1000～3/1000。

**4.5**　暗梁、柱帽、肋、预留、预埋设施及填充体等位置定位划线。模板支撑设置完成后，根据图纸设计要求，在模板上划出肋梁位置线、箱体控制线、钢筋分布线及水电安装管道等预埋预留位置线。减少安装误差，以方便施工中控制和校核。

**4.6**　**梁、柱帽、板底及肋钢筋安装**

**4.6.1**　按定位线标识，先绑扎肋梁钢筋，再绑扎底板钢筋，且先绑扎短跨钢筋，再绑扎长跨钢筋，并按要求设置钢筋保护层垫块。

**4.6.2**　设计没有板底部钢筋时应铺设细铁丝网，与钢筋搭接区域不应小于100mm，并应与相邻钢筋绑扎牢固。

**4.7**　**预留预埋设施安装**

**4.7.1**　各种管线的预留预埋工作必须与肋梁及板底钢筋或钢丝网绑扎之后、箱体安装之前进行，否则事后很难插入。

**4.7.2**　板内预埋水平管线应根据管径大小尽量布置在肋梁中。当水平管线、线盒等与箱体无法避开时，应采用 1/2 尺寸箱体进行避让。遇到特殊部位无法设置时，局部可以按实心板处理。

**4.7.3**　竖向管道穿过楼盖时设置预埋钢套管，并按定位线与相邻骨架钢筋焊牢，其中心允许偏差应控制在 3mm 以内，钢套管与箱体的净间距不应小于50mm，严禁事后剔凿。

**4.8**　**箱体安装**（内置填充体抗浮及防漂移）

在板肋梁、底部钢筋绑扎和水电等管线预埋完工后，按控制线准确安放箱体，在施工过程中应注意：

**4.8.1**　箱体在运卸、堆放、吊运过程中，应小心轻放，严禁抛甩，防止箱体损坏，吊运时应用专用吊篮吊至操作部位。

**4.8.2**　在安装过程中，应采取可靠的技术措施，保证其位置准确和整体顺直，以保证空心楼盖肋梁及其上下板混凝土的几何尺寸。箱体安放时底部宜设置20mm×20mm 四块混凝土垫块，厚度应根据板厚和箱体在板中的位置确定，四周与肋梁钢筋的净间距应满足设计要求，设计无要求时宜为 15～25mm。

**4.8.3**　箱体安装过程中要随时铺设架板，对钢筋和箱体成品进行保护，严禁直接踩踏。当板上层钢筋绑扎之前发生箱体损坏，应全部更换；当板上层钢筋绑扎之后发生箱体小面积损坏，应采用麻袋填充或胶带纸封堵，以免混凝土灌入箱体内。

**4.8.4** 当箱体安装好后，确认箱底已垫至设计标高，且垫平、垫稳，并检查箱体四周与肋梁之间的净间距均符合设计要求后，方可采用抗浮技术措施。

**4.8.5** 抗浮措施采用"压筋式"。"压筋式"是在箱体四周利用 12 号～14 号铁丝穿过模板把压紧箱体的钢筋棒（一般用 $\phi10～\phi14mm$）与支模架体扭固紧密。

**4.8.6** 根据结构具体情况，考虑箱体的规格、流态混凝土对箱体的浮力以及振动棒振激混凝土时对其的顶托力，对压箱体钢筋直径、数量和铁丝规格、拉接间距通过计算，在施工方案中予以确定。

**4.8.7** 对箱体安装质量进行验收，确保安装位置及抗浮措施符合设计要求。

**4.9** 板面钢筋安装。在板肋梁、底部钢筋绑扎和水电等管线预埋、箱体安装完工后，再绑扎楼盖上层钢筋和板端支座负筋。

**4.10** 隐蔽工程验收。首先应进行自检，合格后，再报监理进行隐蔽工程验收，验收合格后方可进行下一道工序施工，并做好记录。

**4.11** 铺设混凝土浇筑便道。根据混凝土浇筑路线，架空铺设便道，禁止施工机具直接压在箱体上，操作人员不得直接踩踏箱体和钢筋，以免损坏箱体和钢筋成品。

**4.12 浇筑混凝土**

**4.12.1** 非冬期混凝土浇筑之前，应湿润模板和箱体。在混凝土浇筑时，应派专人对箱体进行观察、维护和修补，当其位置偏移时，应及时校正。

**4.12.2** 混凝土浇筑宜采用泵送，一次浇筑成型，混凝土坍落度宜控制在 $160～180mm$ 之间。混凝土卸料应均匀，严防堆积过高而压坏箱体。

**4.12.3** 振捣混凝土时，混凝土宜为先后交替浇筑完成。应采用小振捣棒或高频振动片，利用其作用范围，使混凝土挤进箱体底部，严禁振动棒直接振动箱体。先注入少量混凝土后用振动棒直接振捣肋梁混凝土至底模，对箱体四周的肋梁反复振捣，并加大先注入混凝土的振捣量和振捣时间，让混凝土渗入箱底。如果箱体中央设置有注入混凝土的孔洞，观察箱体中央孔洞，待混凝土流入孔洞后，用振动棒直接插入预置孔洞至底模，确保箱底混凝土密实。底层振捣密实后，再浇注所需的全部混凝土，并再次振捣。尽量避免振捣棒直接接触箱体，尽量采用小型振捣棒振捣，防止箱体破坏。如在振捣中不慎损坏，马上用轻体填料填充振裂处，防止混凝土灌入箱体。

**4.13** 养护混凝土。宜采用毛毡、草帘或塑料薄膜覆盖，保持混凝土表面潮湿，如若环境干燥、气温较高应相应增加洒水次数。冬期施工，严禁洒水养护，注意采取保温措施，以免混凝土遭受冻害。

**4.14** 拆除模板。当混凝土的强度达到设计或规范要求的拆模强度后，模板及支架拆除的顺序及安全措施应按施工技术方案进行操作。

## 5　质量标准

### 5.1　主控项目

**5.1.1**　模板及其支架应具有足够的承载能力、刚度和稳定性。箱体规格、数量应符合设计要求，箱体边长允许偏差＋0mm，－20mm，高度允许误差为±5mm，表面平整度允许误差为 5mm，箱体的竖向抗压荷载不应小于 1000N，侧向抗压荷载不应小于 800N。箱体材料中氯化物和碱的含量应符合现行有关标准的规定，且不应含有影响环境保护和人身健康的有害成分。

**5.1.2**　安装位置应符合设计要求；间距、肋宽、板顶厚度、板底厚度允许偏差士 10mm；箱体底部和肋部定位措施符合要求。

**5.1.3**　抗浮技术措施应合理，方法应正确。

### 5.2　一般项目

**5.2.1**　箱体更换或封堵应采取防止内模损坏的措施，出现破损时应及时更换或封堵。

**5.2.2**　箱体整体顺直度允许偏差为 3/1000，且不应大于 15mm。

**5.2.3**　区格板周边和柱周围混凝土实心部分的尺寸应满足设计要求；允许偏差为±10mm。保证箱体下 100mm 混凝土保护层，用混凝土试模 100mm×100mm×100mm 事先做 C40 混凝土块，做垫块计算出数量，以满足施工需要。

## 6　成品保护

**6.0.1**　在箱体安装和混凝土浇筑前，应铺设架空马道。

**6.0.2**　浇筑混凝土时，应对箱体进行观察和维护。发生异常情况时，应按施工技术方案及时处理。

**6.0.3**　振捣器应避免触碰定位马凳。

## 7　注意事项

### 7.1　应注意的质量问题

**7.1.1**　设计没有板底部钢筋时应铺设细铁丝网，与钢筋搭接区域不应小于100mm，并应与相邻钢筋绑扎牢固。

**7.1.2**　现浇混凝土空心楼盖混凝土，应遵照现行《混凝土结构工程施工质量验收规范》GB 50204 的规定。

**7.1.3**　在浇筑混凝土时必须采取防止单个箱体上浮、楼板底模局部上浮和钢筋移位的有效措施，箱体抗浮技术措施应在检查确认内模位置、间距符合要求后施行。

### 7.2　应注意的安全问题

**7.2.1**　施工人员应遵守建筑工地有关安全生产的规定。

**7.2.2**　箱体卸货、堆放、运输、安装过程中应采取限位措施，防止箱体滑滚或坠落伤人。

**7.2.3**　电器设备及架设应符合安全用电规定，应有接零或接地保护，严禁零线与相线搞混，避免相线与结构钢筋连接造成触电事故。

**7.2.4**　操作人员应穿工作服、防滑鞋、戴安全帽、手套、安全带等劳保用品。

**7.2.5**　作业面四周、洞口、脚手架边均应设有防护栏杆和支设安全网，高空作业防止坠物伤人和坠落事故。

### 7.3　应注意的绿色施工问题

**7.3.1**　优先选用先进的环保设备，采取设立隔音墙、隔音罩等消音措施，降低施工噪声到允许值以下，同时尽可能避免夜间施工。

**7.3.2**　现场应做到现场文明施工，工完料净，现场清洁。设立二级污水沉淀池，对废水、污水进行集中无害化处理，从根本上解决防止施工废浆乱流。

**7.3.3**　根据施工平面图，对所放的物料，统一安排，统一堆放，保证现场文明。BDF薄壁箱体垃圾严禁乱堆，其中的玻璃纤维对人体有害，可由产品厂家运回集中处理。

## 8　质量记录

**8.0.1**　BDF箱体出厂合格证、质量检验报告。

**8.0.2**　BDF箱体进场验收记录表。

**8.0.3**　BDF箱体隐蔽验收记录表。

**8.0.4**　模板安装工程检验批质量验收记录。

**8.0.5**　模板拆除工程检验批质量验收记录。

**8.0.6**　模板分项工程质量验收记录。

**8.0.7**　钢筋隐蔽工程检查验收记录。

**8.0.8**　钢筋安装工程检验批质量验收记录。

**8.0.9**　钢筋分项工程质量验收记录。

**8.0.10**　混凝土施工检验批质量验收记录。

**8.0.11**　混凝土分项工程质量验收记录。

# 第 21 章　轻骨料混凝土

本工艺标准适用于工业与民用建筑轻骨料混凝土的生产与施工。

## 1　引用标准

《轻骨料混凝土技术规程》JGJ 51—2002
《混凝土泵送施工技术规程》JGJ/T 10—2011
《轻骨料混凝土结构技术规程》JGJ 12—2006
《建筑工程冬期施工规程》JGJ/T 104—2011
《混凝土结构工程施工质量验收规范》GB 50204—2015
《普通混凝土用砂、石质量检验及检验方法标准》JGJ 52—2006
《轻集料及其试验方法　第 1 部分：轻集料》GB/T 17431.1—2010
《轻集料及其试验方法　第 2 部分：轻集料试验方法》GB/T 17431.2—2010

## 2　术语

**2.0.1**　轻骨料混凝土：用轻粗骨料、轻砂（或普通砂）、水泥和水配制而成的干表观密度不大于 1950kg/m³ 的混凝土。

**2.0.2**　圆球形轻骨料：原材料经造粒、煅烧或非煅烧而成的，呈圆球状的轻骨料。

**2.0.3**　普通型轻骨料：原材料经破碎烧胀而成的，呈非圆球状的轻骨料。

**2.0.4**　碎石型轻骨料：由天然轻骨料、自燃煤矸石或多孔烧结块经破碎加工而成的；或由页岩块烧胀后破碎而成的，呈碎石状的轻骨料。

## 3　施工准备

### 3.1　作业条件

**3.1.1**　现场搅拌应编制轻骨料混凝土生产与施工方案，采用商品混凝土应编制轻骨料混凝土施工方案。

**3.1.2**　搅拌机及其配套的设备运转灵活、安全、可靠。电源及配电系统符合要求，安全可靠。

**3.1.3**　试验室已下达轻骨料混凝土配合比通知单，现场根据测定的轻粗砂含水率及时调整混凝土施工配合比，并将其转换为每盘实际使用的施工配合比，公布于搅拌配料地点的标牌上。

**3.1.4**　所有计量器具必须有检定的有效期标识。地磅下面及周围的砂、石清理干净，计量器具灵敏可靠，并按施工配合比设专人定磅、监磅。

**3.1.5**　对所有原材料的规格、品种、产地、牌号及质量进行检查并合格，与混凝土施工配合比进行核对。

**3.1.6**　管理人员向作业班组进行配合比、操作规程和安全技术交底。

**3.1.7**　需浇筑轻骨料混凝土的工程部位已办理隐检、预检手续，轻骨料混凝土浇筑的申请单已经有关管理人员批准。

**3.1.8**　新下达的轻骨料混凝土配合比，应进行开盘鉴定。开盘鉴定的工作已进行并符合要求后，再开始混凝土浇筑。

**3.1.9**　安装的模板已验收合格，符合设计要求，并办完预检手续。

**3.2　材料及机具**

**3.2.1**　水泥：水泥应符合现行国家标准《通用硅酸盐水泥》GB 175 的规定。水泥有出厂合格证、质量检验报告及现场抽样复验报告，水泥的品种、标号、厂别及牌号应符合混凝土配合比通知单的要求。对水泥质量有怀疑或出厂超过三个月，在使用前必须进行复检，并按复验结果使用。

**3.2.2**　砂：质量应符合现行行业标准《普通混凝土用砂质量标准及检验方法》JGJ 52 的规定，砂的粒径及产地应符合混凝土配合比通知单的要求，进场后应取样复验合格。砂中含泥量：当混凝土强度等级≥LC30 时，其含泥量应≤3%；混凝土强度等级＜LC30 时，其含泥量应≤5%。砂中泥块的含量（大于5mm的纯泥）：当混凝土强度等级≥LC30 时，应＜1%；混凝土强度等级＜LC30 时，应≤2%。

**3.2.3**　轻粗细骨料：

**1**　轻粗细骨料的品种、粒径、产地应符合混凝土配合比通知单的要求。轻粗细骨料应有出厂质量证明书和进场试验报告，并应符合现行国家标准《轻集料及其试验方法》GB/T 17431.1 和《膨胀珍珠岩》JC 209 的要求；

**2**　轻粗骨料必须试验的项目有：颗粒级配、堆积密度、粒型系数、筒压强度、吸水率；轻细骨料必须试验的项目有：细度模数、堆积密度。以上检验项目应符合标准的相关规定；

**3**　轻骨料应按不同品种分批运输和堆放，运输和堆放应保持颗粒混合均匀，采用自然级配时，堆放高度不宜超 2m，并应防止树叶、泥土和其他有害物质混入。轻砂在运输和堆放时，宜采取防雨、防风措施，并防止风刮飞扬；

**4**　堆放场地应形成一定坡度，周围应做好排水措施；

**5**　在气温高于或等于 5℃ 的季节施工时，根据工程需要，预湿时间可按外界气温和来料的自然含水状态确定，应提前半天或一天对轻粗骨料进行淋水或泡水预湿，然后滤干水分进行投料。在气温低于 5℃时，不宜进行预湿处理。

**3.2.4**　水：宜采用饮用水。当采用其他水源时，水质必须符合现行《混凝土拌合用水标准》JGJ 63 的规定。

**3.2.5**　外加剂：所用轻骨料混凝土外加剂应符合现行国家标准《混凝土外加剂》GB 8076 的规定，品种、生产厂家及牌号应符合配合比通知单的要求。外加剂应有出厂质量证明书、使用说明书、性能检测报告，进场应取样复验合格。国家规定要求认证的产品，还应有准用证件。

**3.2.6**　掺和料（目前主要是掺粉煤灰、矿粉）：轻骨料混凝土矿物掺和料应符合现行国家标准《用于水泥和混凝土的粉煤灰》GB 1596、《粉煤灰在混凝土和砂浆中应用技术规程》JGJ 28、《粉煤灰混凝土应用技术规范》GB/T 50146 和《用于水泥和混凝土中的粒化高炉矿渣粉》GB/T 18046 的要求。所用掺和料的品种、生产厂家及牌号应符合配合比通知单的要求。掺和料应有出厂质量证明书及使用说明，并应有进场试验报告。掺和料须有掺量试验。掺合料在运输存储时，应有标示，掺合料严禁与水泥等其他粉状材料混淆，并应存放在防雨、防潮的库房中。

**3.2.7**　机具：

**1**　搅拌机采用强制式搅拌机。计量设备一般采用磅秤或电子计量设备。水计量采用流量计、时间继电器控制的流量计或水箱水位管标志计量器；

**2**　上料设备：双轮手推车、铲车、装载机及粗、细骨料贮料斗、输送泵、振动棒和配套的其他设备；

**3**　现场试验器具：坍落度测试设备、试模等。

## 4　操作工艺

### 4.1　工艺流程

确定配合比 → 材料进场 → 生产前预湿轻骨料 → 调整搅拌控制程序 →

拌合物拌制 → 拌合物运输 → 拌合物浇筑 → 养护 → 缺陷修补

### 4.2　确定配合比

配合比设计参照现行行业标准《轻骨料混凝土技术规程》JGJ 51 的有关规定，施工前应将实验室提供的配合比换算为施工配合比。

### 4.3　材料进场

根据配合比材料用量、工程量及施工进度合理组织轻骨料进场数量。堆放场地应单独隔离，并对堆放场地提前做好清理，防止混入其他类骨料或杂质。

### 4.4 生产前预湿轻骨料（吸水率大于5%时）

**4.4.1** 根据轻骨料堆积料场面积安装预湿喷淋装置。喷淋装置的布置应保证对轻骨料进行连续均匀的喷淋，不留死角。喷淋用水采用混凝土拌合用水。

**4.4.2** 喷淋装置采用离心水泵上接消防水管，消防水管一般采用 20～30m长，直径以 100～150mm 为宜，一端接水泵，一端进行绑扎。在水管的截面上半部分两侧对称开孔，距离为 150～200mm，孔径不超过 5mm。

**4.4.3** 轻骨料预湿时的最高堆积厚度不超过 1.5m。

**4.4.4** 喷淋按试验确定的预湿处理时间进行（结合当地气温）。生产前 1h停止预湿（使用前应先进行翻拌）。

### 4.5 调整搅拌控制程序

**4.5.1** 在生产轻骨料混凝土时，使用预湿处理的轻粗骨料宜采用图 21-1 投料顺序，使用未预湿处理的轻粗骨料宜采用图 21-2 投料顺序。

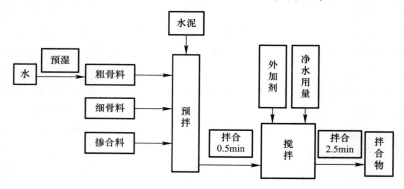

图 21-1 使用预湿处理的轻粗骨料时的拌合物投料顺序

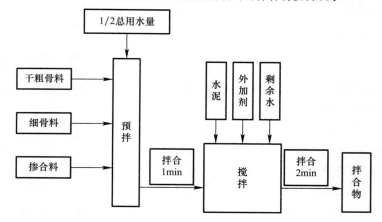

图 21-2 使用未预湿处理的轻粗骨料时的拌合物投料顺序

注：等室外气温低于 5℃ 时，或对抗冻要求较高的混凝土，轻骨料不宜进行预湿处理，轻骨料也不宜进行预吸水。

**4.5.2**　第一盘混凝土搅拌前，加水空转数分钟，待搅拌筒充分预湿后，将余水排净。第一盘混凝土搅拌时，因水泥砂浆粘筒壁会影响混凝土质量，所以在投料时应适当增加水泥用量，并延长搅拌时间。

**4.5.3**　外加剂应在轻骨料吸水后加入，采用粉状外加剂时，可与水泥同时加入。

**4.5.4**　轻骨料混凝土全部加料完毕后的搅拌时间，在不采用搅拌运输车运送混凝土拌合物时，砂轻混凝土不宜少于 3min，全轻或干硬性砂轻混凝土宜为 3～4min。强度低而易破碎的轻骨料，应严格控制混凝土的搅拌时间。

### 4.6　拌合物拌制

**4.6.1**　应对轻粗骨料的含水率及其堆积密度进行测定，测定原则如下：

**1**　在批量拌制轻骨料混凝土拌合物前进行测定；

**2**　在批量生产过程中进行抽查测定；

**3**　雨天施工或发现拌合物稠度反常时进行测定；

**4**　预湿处理的轻粗骨料可不测含水率，但应测定其湿堆积密度。

**4.6.2**　轻砂混凝土拌合物中的各组分材料应以质量计量，全轻混凝土拌合物中轻骨料组分可采用体积计量，但宜按质量进行校核。轻粗、细骨料和掺合料的质量计量允许偏差为 ±3%，水、水泥和外加剂的质量计量允许偏差为 ±2%。

**1**　轻粗、细骨料计量：采用体积计量时，必须使用专用计量手推车或专用体积量器，每盘要严格计量；采用质量计量，使用手推车时，必须车车过磅。有储料斗及配套的计量设备，采用自动或半自动上料时，需调整好斗门开关的提前量，以保证计量准确；

**2**　水泥计量：采用袋装水泥时，应对每批进场水泥抽检 10 袋的重量，取实际重量的平均值，少于标定重量的要开袋补足。采用散装水泥时，应每盘精确计量；

**3**　外加剂及掺合料计量：粉状的外加剂和掺合料应按施工配合比和每盘的用量，预先在外加剂和掺合料存放的仓库中进行计量，并以小包装运至搅拌地点备用；液态外加剂应随用随搅拌，并用密度计检查其浓度，用量筒或计量器计量；

**4**　砂计量：用手推车上料、磅秤计量时，必须车车过磅；有储料斗及配套的计量设备，采用自动或半自动上料时，需调整好斗门开关的提前量，以保证计量准确；

**5**　搅拌用水：保证每盘计量。

**4.6.3**　搅拌机出料的轻骨料混凝土应保证良好的均质性，不离析，轻骨料不上浮。

**4.6.4**　出厂混凝土坍落度和现场混凝土坍落度必须符合混凝土坍落度技术要求。

**4.6.5**　超过以上控制范围应从以下几方面查找原因并进行调整：

**1**　轻骨料预湿是否均匀或按要求达到了预定时间。生产前轻骨料是否已提前停止预湿轻骨料表面已达到面干状态；

**2**　外加剂的掺量是否发生了变化，生产系统计量是否准确；

**3**　搅拌机内或搅拌运输车内是否有积水。

## 4.7　拌合物运输

**4.7.1**　拌合物的运输距离应尽量缩短，运输距离不宜超过30km，拌合物从搅拌机卸料起到现场浇筑入模的时间不宜超过45min。

**4.7.2**　拌合物在运输中应合理控制发车频率，保持前车卸完料，后车到达现场不超过5min的频率。减少坍落度损失过大和出现分层离析的情况。

**4.7.3**　搅拌运输车在运输轻骨料混凝土过程中应保持罐体的匀速转动，转动速度应控制在$2\sim3r/min$。当拌合物稠度损失或离析较重时，浇筑前应进行二次拌合，但不得二次加水，可采取在卸料前掺入适量减水剂进行搅拌的措施，满足施工所需的和易性要求。

## 4.8　拌合物浇筑

**4.8.1**　轻骨料混凝土拌合物浇筑倾落的自由高度不应超过1.5m，如超出时应增加串筒、斜槽或溜管等辅助工具。

**4.8.2**　轻骨料混凝土输送泵车采用管径不小于125mm泵车输送管，泵车输送前先采用砂浆润滑管壁。

**4.8.3**　经搅拌运输车卸料入泵车料斗时，应尽量缩小搅拌运输车下料口与料斗的高度差。卸料时随时观察泵车料斗内混凝土装入情况，混凝土在泵车料斗内的放入量应控制在不超过斗内搅拌叶片且不低于料斗喂料弯管口顶部的范围内。

**4.8.4**　开始泵送时，要使混凝土泵处于慢速、匀速并随时可反泵的状态。正常泵送时，保证混凝土施工的连续性，防止因施工衔接时间过长而引起堵泵。

**4.8.5**　短时间泵送时，再运转时要注意观察压力表，逐渐过渡到正常泵送，长时间停泵时，应每隔$4\sim5min$开泵一次，使泵正转和反转各两个冲程，同时搅拌斗中的混凝土，使混凝土进行循环，防止混凝土离析与堵泵。

**4.8.6**　泵送混凝土当采用分层浇筑时，每次分层应尽可能趋于水平，尽量避免形成较陡的斜坡，防止轻骨料从混凝土拌合物中脱离。为保证轻骨料混凝土在整个构件断面上具有较好的匀质性，同时利于振动密实，每次分层浇筑的高度以 300～350mm 为宜。

**4.8.7** 当混凝土在摊铺厚度小于 200mm 时，应采用振动横梁或表面振动器振动成型。当摊铺厚度大于 200mm 时，应采用插入式振捣方式成型，并辅以表面振动方式修整。

**4.8.8** 由于轻骨料的密度小于砂浆，混凝土在振动过程中无法看到普通混凝土达到振动密实时出现的如砂浆泛起，停止下沉等表观现象。轻骨料混凝土的振动时间应控制 10～30s 为宜，采用振动棒振捣时应快插慢拔，插点均匀，同时应增加插点，振点距离应缩小至振动作用半径的 1 倍，从而保证振捣充分。

**4.8.9** 混凝土浇筑完毕，表面会有上浮的轻骨料，首先用长刮尺刮平，待表面收干后，必须用木抹搓压表面，将表面压实收平，以防止表面裂缝出现和上浮的轻骨料造成的表面不平整现象，抹压三遍，最后一遍抹压时间控制在混凝土初凝后终凝前，可用手按压方法控制。

**4.9　养护**

**4.9.1** 轻骨料混凝土最后一遍抹压后，立即覆盖塑料薄膜，表面混凝土终凝或能上人后，立刻进行洒水养护。

**4.9.2** 采用自然养护时，每天洒水 4～6 次，养护期不少于 14d，轻骨料混凝土构件用塑料薄膜覆盖养护时，表面应覆盖严密，保持膜内有凝结水。

**4.10　缺陷修补**

保湿和结构保湿类轻骨料混凝土构件及构筑物的表面缺陷，宜采用原配合比的砂浆修补。结构轻骨料混凝土构件及构筑物的表面缺陷可采用水泥砂浆修补。

# 5　质量标准

## 5.1　主控项目

**5.1.1** 轻骨料混凝土所用水泥、骨料、外加剂、混合料的规格、品种和质量必须符合现行施工规范及有关规定。

**5.1.2** 轻骨料混凝土配合比、原材料计量及混凝土搅拌运输，必须符合现行行业标准《轻骨料混凝土技术规程》JGJ 51 和本标准的有关规定。

**5.1.3** 轻骨料混凝土的强度、密度以及其他性能指标必须符合设计要求，评定轻骨料混凝土强度的试块，必须按现行国家标准《混凝土强度检验评定标准》GB/T 50107 的规定取样制作。

## 5.2　一般项目

**5.2.1** 首次使用的轻骨料混凝土配合比应开盘鉴定，其工作性应满足配合比设计的要求。

**5.2.2** 轻骨料混凝土应搅拌均匀、颜色一致，具有良好的和易性。

**5.2.3** 轻骨料混凝土拌合物的坍落度应符合现行施工规范或其配合比通知单的要求。

**5.2.4** 轻骨料混凝土干表观密度的平均值不应超过配合比设计值的±3％。

# 6 成品保护

**6.0.1** 混凝土浇筑时，不得任意在轻骨料混凝土中加水，以确保轻骨料混凝土的强度等级。

**6.0.2** 当混凝土坍落度损失较大时，可采取在卸料前掺入适量减水剂进行搅拌的措施，满足施工所需的和易性要求。

**6.0.3** 混凝土浇筑完毕，应将散落在模板上的多余混凝土清理干净，并覆盖养护。雨天浇筑混凝土时，应按雨期施工要求遮盖，使混凝土免遭雨水冲刷。

**6.0.4** 混凝土强度未达到 1.2MPa 时，不得踩踏混凝土表面。并按要求洒水养护混凝土至少 14d。

**6.0.5** 在楼板上堆放周转材料和装饰材料时应均匀且限量轻放。不得集中超量堆放，以免损害或破坏混凝土楼板。

**6.0.6** 建筑用油漆、涂料等物质，应用桶盛装。施工操作之前，应将操作面上的混凝土表面覆盖，免其外泄污染混凝土表面。

**6.0.7** 不得在混凝土成品上随意开槽打洞。不得用重锤锤击混凝土。

**6.0.8** 需在混凝土表面上安设临时施工设备时，应在安设位置铺放垫板，并应作好覆盖措施，以防油漆污染混凝土。

# 7 注意事项

## 7.1 应注意的质量问题

### 7.1.1 混凝土的搅拌

**1** 在施工前 24h，应对轻骨料（吸水率大于 5％时）进行淋水预湿处理。在搅拌前 1h 停止淋水，经充分淋水之后测定其含水率，以控制搅拌时的用水量。轻骨料上料时应去除骨料中的积水。轻骨料混凝土在搅拌时的投料次序对混凝土拌和物的性能影响很大。采用先搅拌均匀干料，再把水及外加剂同时加入的搅拌工艺。需要注意的是在用天然砂时，水泥砂浆和粗骨料的容重差值增大，轻骨料的颗粒容重比水泥砂浆的容重轻，砂浆容易下沉，所以在搅拌时应严格控制用水量，否则会引起拌和物的离析；

**2** 轻砂混凝土在保证强度条件下，可适当增减粉煤灰对水泥的替代量，以改善拌合物的黏聚性。全轻混凝土应通过适当增加粉煤灰掺合料用量、减少砂率、优化外加剂品种和掺量，以改善混凝土拌合物的流动性；

**3**　冬期施工时水、骨料加热温度及混凝土拌合物出罐温度应符合现行施工规范的要求。冬期施工和加外加剂时，搅拌时间要适当延长。

**7.1.2**　混凝土的浇筑和养护

**1**　"振动时间短，振动间距小"是轻骨料混凝土振动成型时的操作原则。混凝土分层振捣，每层控制在 300mm 以内，插点要均匀，振捣时间不宜过长，否则会使轻骨料和砂浆分离；

**2**　在振捣时和振捣后，下层轻骨料由于上部砂浆的阻挡不会浮上来，只有面层的轻骨料容易产生露面现象，当出现露面现象时，可用木拍及时将浮在表层的轻粗骨料颗粒压入混凝土内。若颗粒上浮面积较大，可采用表面振动器复振，使砂浆返上，再做抹面；

**3**　混凝土浇筑成型后应及时覆盖和喷水养护；

**4**　严格控制拆模时间，拆模后也应加强养护，湿养护时间不应少于 14d。

**7.2**　**应注意的安全问题**

**7.2.1**　严格执行安全生产制度和安全技术操作规程，认真做好安全技术交底。

**7.2.2**　泵车应架设在距浇筑地点最近，附近有水源（电源），无障碍物的地方，确保泵车架设平稳再进行泵送作业。

**7.2.3**　泵机料斗设专人值班。

**7.2.4**　当出现堵泵，泵车运转不正常时，应放慢泵送速度，合理应用正反泵作业，严禁强行加压，造成管内压力增高，引起爆管伤人。

**7.2.5**　作业前应空车运转，检查搅拌筒或搅拌叶的转动方向，以及各装置的操作、制动，确认正常后方可作业。

**7.3**　**应注意的绿色施工问题**

**7.3.1**　施工现场应设置污水处理和回收装置，满足混凝土搅拌车冲洗和混凝土养护用水重复利用的要求。

**7.3.2**　轻骨料在运输过程中应采用袋装运输或密封运输车辆运输，防止沿途抛撒。

**7.3.3**　在轻骨料混凝土施工现场，对撒漏的混凝土应做到随时清理，并在定点清洗处对施工机械进行清洗，防止对环境造成污染。

# 8　质量记录

**8.0.1**　水泥出厂合格证或试验证明。

**8.0.2**　水泥试验报告。

**8.0.3**　砂子试验报告。

**8.0.4** 轻细、粗骨料试验报告。

**8.0.5** 外加剂产品合格证及质量证明书。

**8.0.6** 外加剂进场试验报告及掺量试验报告。

**8.0.7** 矿物掺合料出厂合格证。

**8.0.8** 矿物掺合料试验报告。

**8.0.9** 轻骨料混凝土配合比通知单。

**8.0.10** 轻骨料混凝土坍落度检查记录。

**8.0.11** 轻骨料混凝土施工记录。

**8.0.12** 轻骨料混凝土开盘鉴定。

**8.0.13** 轻骨料混凝土试块强度试压报告。

**8.0.14** 轻骨料混凝土强度评定记录。

**8.0.15** 检验批验收记录。

**8.0.16** 分项工程质量验收记录。

# 第22章 大体积混凝土

本工艺标准适用于工业与民用建筑混凝土结构工程中大体积混凝土的施工，或容易因温度应力引起裂缝的混凝土。

## 1 引用标准

《大体积混凝土施工规范》GB 50496—2009
《大体积混凝土温度测控技术规范》GB/T 51028—2015
《泵送混凝土施工技术规程》JGJ/T 10—2011
《混凝土结构工程施工规范》GB 50666—2011
《预拌混凝土》GB/T 14902—2012
《混凝土外加剂应用技术规范》GB 50119—2013
《混凝土结构设计规范》GB 50010—2010（2015 年版）
《高层建筑筏形与箱形基础技术规范》JGJ 6—2011
《建筑工程冬期施工规程》JGJ/T 104—2011
《混凝土结构工程施工质量验收规范》GB 50204—2015
《混凝土外加剂》GB 8076—2008

## 2 术语

**2.0.1** 大体积混凝土：混凝土结构实体最小尺寸不小于 1m 的大体量混凝土，或预计会因混凝土中胶凝材料水化引起的温度变化和收缩而导致有害裂缝产生的混凝土。

**2.0.2** 里表温差：混凝土浇筑体中心与混凝土浇筑体表层温度之差。

**2.0.3** 温度应力：混凝土的温度变形受到约束时，混凝土内部所产生的应力。

**2.0.4** 收缩应力：混凝土的收缩变形受到约束时，混凝土内部所产生的应力。

**2.0.5** 温升峰值：混凝土浇筑体内部的最高温升值。

**2.0.6** 降温速率：散热条件下，混凝土浇筑体内部温度达到温升峰值后，单位时间内温度下降的值。

## 3　施工准备

### 3.1　作业条件

**3.1.1**　大体积混凝土施工组织设计已编制完成。通过热工计算确定混凝土入模温度和可能产生的最大温度收缩应力的允许范围。

**3.1.2**　配合比已经由试验室试配确定。

**3.1.3**　模板、钢筋、支架、预埋件和预埋管道等按设计要求安装完毕，并经隐蔽验收检查合格。

**3.1.4**　浇筑混凝土用的架子及马道等已搭设完毕，并经检查合格。

**3.1.5**　做好气象预报的联系工作，根据工程需要和季节施工特点，应准备好在浇筑过程中所需的抽水设备和防雨、保温物资。

**3.1.6**　按施工方案要求，安装完毕所有测温控制点的测温控制导线。

**3.1.7**　"大体积混凝土浇筑申请书"已批准，并接到签发的"大体积混凝土浇灌令"。

### 3.2　材料及机具

**3.2.1**　水泥：选用水化热低、凝结时间长的矿渣硅酸盐水泥、粉煤灰硅酸盐水泥、火山灰质硅酸盐水泥，普通硅酸盐水泥也可使用，但不得几种水泥混合使用。大体积混凝土施工所用水泥其 3d 的水化热不宜大于 240kJ/kg，7d 的水化热不宜大于 270kJ/kg。水泥进场时应对水泥品种、强度等级、包装或散装仓号、出厂日期等进行检查，并应对其强度、安定性、凝结时间、水化热等性能指标及其他必要的性能指标进行复检。

**3.2.2**　粗骨料：用级配良好的卵石或碎石，粒径宜为 5～31.5mm，当混凝土强度等级小于 C30 时，含泥量不大于 2%；当混凝土强度等级不小于 C30 时，含泥量不大于 1%。

**3.2.3**　细骨料：用一般中粗砂，细度模量 $\mu_f = 2.6～3.4(>2.3)$，也可用细砂。当混凝土强度等级小于 C30 时，含泥量不大于 5%；当混凝土强度等级不小于 C30 时，含泥量不大于 3%。

**3.2.4**　水：宜采用饮用水，当采用其他水源时，水质应符合现行国家标准《混凝土拌合用水标准》JGJ 63 的规定。

**3.2.5**　掺合料：掺入粉煤灰时，应符合现行国家标准《用于水泥和混凝土中的粉煤灰》GB 1596 的规定。

**3.2.6**　外加剂：选用缓凝型或早强型减水剂时，其掺量应通过试验确定。

**3.2.7** 机具：强制式混凝土搅拌机、磅秤或自动计量设备、自卸翻斗汽车、机动翻斗车、混凝土输送泵车，搅拌运输车、插入式振捣器、平板式振动器、水箱、胶皮管、手推车、串筒、溜槽、混凝土吊斗、贮料斗、大小平锹、铁板、抹子、试模、建筑电子测温仪等。

## 4 操作工艺

### 4.1 工艺流程

作业准备→混凝土制备→混凝土运输→混凝土浇筑与振捣→混凝土养护→测温

### 4.2 作业准备

**4.2.1** 浇筑前应将模板内的垃圾、泥土等杂物及钢筋上的油污清除干净。

**4.2.2** 检查钢筋保护层垫块数量、位置、支架稳固性。在模板上已弹好混凝土浇筑标高线；使用木模板时，应浇水使模板湿润。

### 4.3 混凝土制备

**4.3.1** 每次搅拌前，应核对配合比、原材料的品种及规格、计量措施、搅拌程序，核对无误后方能开机。投料顺序应按规定执行。

**4.3.2** 每一工作班正式称量前，对计量设备进行零点校核。当骨料含水率有显著变化时，应增加测定次数，及时调整用水量和骨料用量。

**4.3.3** 由施工单位项目技术负责人组织有关人员，对出盘混凝土的坍落度、和易性等进行检查，经调整合格后方可正式搅拌。

**4.3.4** 从全部拌和料装入搅拌筒中起，到混凝土开始卸料止，混凝土搅拌的最短时间应符合表22-1的规定：

混凝土搅拌的最短时间（s）　　　　　　　　　　表 22-1

| 混凝土坍落度（mm） | 搅拌机型 | 搅拌机出料量（L） | | |
|---|---|---|---|---|
| | | ＜250 | 250~500 | ＞500 |
| ≤40 | 强制式 | 60 | 90 | 120 |
| ＞40，且＜100 | 强制式 | 60 | 60 | 90 |
| ≥30 | 强制式 | 60 | | |

注：混凝土搅拌时间指从全部材料装入搅拌筒中起，到开始卸料时止的时间段；
当掺有外加剂与矿物掺和料时，搅拌时间应适当延长；
采用自落式搅拌机时，搅拌时间宜延长30s。

### 4.4 混凝土运输

**4.4.1** 混凝土应以最少的转载次数和最短时间，从搅拌地点运至浇筑地点，并符合浇筑时规定的坍落度要求。

**4.4.2**　采用混凝土搅拌运输车运输混凝土时，在运输途中及等候卸料时，应保持运输车罐体正常转速，卸料前，搅拌运输车罐体宜快速旋转20s以上后再卸料。

**4.4.3**　当混凝土坍落度损失后不能满足施工要求时，可加入适量的与原配合比相同成分的减水剂进行搅拌，减水剂加入量应事先由试验确定。

**4.4.4**　在风雨或暴热天气运输混凝土时，应采取隔热措施并加遮盖，以防进水或水分蒸发。冬期施工应采取保温措施。

**4.4.5**　泵送混凝土时，应保证混凝土泵连续工作。

### 4.5　混凝土浇筑与振捣

**4.5.1**　大体积混凝土应全面分层、分段分层或斜面分层连续浇筑完成；浇筑应在室外气温较低时进行，浇筑温度不宜超过28℃。

**4.5.2**　混凝土摊铺厚度应根据振动器的作用深度及混凝土的和易性确定，分层浇筑应采用自然流淌形成斜坡，并沿高度均匀上升，混凝土分层厚度不宜大于500mm。

**4.5.3**　振捣混凝土时，振捣棒插点移动的间距宜不应大于振捣棒的作用半径的1.4倍，振捣时间以混凝土表面呈现浮浆和不再沉落为宜，振捣器插入下层混凝土内的深度应不小于50mm。

**4.5.4**　浇筑混凝土时应经常观察模板、钢筋预埋件和预留孔洞是否移动、变形或堵塞等，发现问题应立即处理。

**4.5.5**　混凝土的泌水宜采用抽水机抽吸或在侧模上开设泌水孔排除。大体积混凝土应进行二次抹面压光，减少表面收缩裂缝。

**4.5.6**　当层间间隔时间超过混凝土的初凝时间时，层面应按施工缝处理。

**4.5.7**　施工缝处理：已浇筑混凝土的强度不小于1.2MPa，才能继续浇筑下层混凝土；在继续浇混凝土之前，应将界面处的混凝土表面凿毛，剔除浮动石子，并用清水冲洗干净后，再浇一层同强度等级水泥砂浆，然后继续浇筑混凝土且振捣密实，使新老混凝土紧密结合。

**4.5.8**　振捣混凝土时，应避免振捣器碰撞或振动地脚螺栓和固定架。当混凝土浇筑到地脚螺栓长度的三分之一时，应对主要螺栓中心线进行一次复查，发现移动应及时纠正，以保证螺栓中心线及标高准确。

**4.5.9**　大体积混凝土厚度大于2m设置水平施工缝时，除应符合设计要求外，还应根据混凝土浇筑过程中温度裂缝控制的要求、混凝土的供应能力、钢筋排布、预埋管件安装等因素确定其留设位置和间歇时间。

### 4.6　混凝土养护

**4.6.1**　大体积混凝土宜采用蓄热法养护，并通过测温将混凝土内外温差控制在25℃以内，降温速度在2.0℃/d以内。

**4.6.2** 大体积混凝土浇筑完毕，应在12h内用塑料薄膜和草袋加以覆盖，保持混凝土表面湿润，混凝土养护时间不得少于14d。

**4.6.3** 保温覆盖层拆除时应分层逐步进行，当混凝土表面温度与环境最大温差＜20℃时，可全部拆除。

**4.6.4** 大体积混凝土拆模后，地下结构应及时回填土；地上结构应尽早进行装饰，不宜长期暴露在自然环境中。

**4.6.5** 炎热天气浇筑混凝土时，宜采用遮盖、洒水、拌冰屑等降低混凝土原材料温度的措施，混凝土入模温度控制在30℃以下，混凝土浇筑后，及时进行保湿保温养护；并尽量避开高温时段浇筑混凝土。

**4.6.6** 冬期浇筑混凝土时，宜采用热水拌和、加热骨料等提高混凝土原材料温度的措施，混凝土入模温度不宜低于5℃，混凝土浇筑后，及时进行保湿保温养护。

**4.7 测温**

**4.7.1** 进行大体积混凝土的测温时，测温点的布置应便于绘制温度变化梯度图。实测混凝土内外温差大于25℃时，应采取有效控制措施。

**4.7.2** 测温可采用建筑便携式电子测温仪或自控数据测定模块测温仪，利用计算机进行数据分析处理。

**4.7.3** 混凝土测温监测点布置要求：

**1** 监测点的布置范围应以所选混凝土浇筑体平面图对称轴线的半条轴线为测试区，在测试区内监测点按平面分层布置。

**2** 测试区内，监测点的位置可根据混凝土浇筑体内温度场的分布情况及温控要求确定。

**3** 每条测试轴线上，监测点位不宜少于4处，且应根据结构的几何尺寸布置。

**4** 沿混凝土浇筑体厚度方向，必须布置外表、底面和中心温度测点，其余测点按间距≤600mm布置。

**4.7.4** 混凝土测温时应符合以下要求：

**1** 混凝土浇筑体外表温度应以混凝土外表以内50mm处的温度为准。

**2** 混凝土底表面温度应以混凝土底表面以上50mm处的温度为准。

**3** 测温制度：混凝土浇筑温度、入模温度的测量，每台班不应少于4次。

**4** 大体积混凝土测温频率要求：第1天至第4天，每4h不应少于一次；第4天至第7天，每8h不应少于一次；第7天至测温结束，每12h不应少于一次。

215

## 5　质量标准

### 5.1　主控项目

**5.1.1**　混凝土所用的水泥、水、骨料、外加剂、掺合料等必须符合设计要求和现行有关标准的规定。

**5.1.2**　混凝土的配合比、原材料计量及混凝土搅拌、运输、养护，应符合现行国家标准《混凝土结构工程施工质量验收规范》GB 50204 的规定。

**5.1.3**　结构混凝土的强度和抗渗性必须符合设计要求。

**5.1.4**　现浇结构的外观质量不应有严重缺陷。现浇结构不应有影响结构性能和使用功能的尺寸偏差，混凝土设备基础不应有影响结构性能和设备安装的尺寸偏差。

### 5.2　一般项目

**5.2.1**　混凝土浇筑完毕后，应按有关现行标准和施工技术方案及时采取有效的养护措施。

**5.2.2**　混凝土出现蜂窝、孔洞、缝隙、夹渣等缺陷，应按规范有关规定进行修整。

**5.2.3**　现浇结构和混凝土设备基础拆模后的尺寸允许偏差应符合表 22-2 和表 22-3 规定：

现浇结构的尺寸允许偏差（mm）　　　　　　　　　　　　　　　　表 22-2

| 项目 | | 允许偏差 | 检验方法 |
|---|---|---|---|
| 轴线位置 | 整体基础 | 15 | 经纬仪及尺量 |
| | 独立基础 | 10 | 经纬仪及尺量 |
| | 墙、柱、梁 | 8 | 尺量 |
| 垂直度（层高） | ≤6m | 10 | 经纬仪或吊线、尺量 |
| | >6m | 12 | 经纬仪或吊线、尺量 |
| 标高 | 层高 | ±10 | 水准仪或拉线、尺量 |
| | 全高 | ±30 | 水准仪或拉线、尺量 |
| 截面尺寸 | 基础 | +15，−10 | 尺量 |
| | 柱、梁、板、墙 | +10，−5 | 尺量 |
| 电梯井 | 中心位置 | 10 | 尺量 |
| | 长、宽尺寸 | +25，0 | 尺量 |
| 表面平整度 | | 8 | 2m 靠尺和塞尺量测 |
| 预埋件中心位置 | 预埋板 | 10 | 尺量 |
| | 预埋螺栓 | 5 | 尺量 |
| | 预埋管 | 5 | 尺量 |
| | 其他 | 10 | 尺量 |
| 预留洞、孔中心线位置 | | 15 | 尺量 |

注：检查轴线、中心线位置时，应沿纵、横两个方向量测，并取其中的较大值。

混凝土设备基础拆模后的尺寸允许偏差（mm） 表 22-3

| 项目 | | 允许偏差 | 检验方法 |
|---|---|---|---|
| 坐标位置 | | 20 | 经纬仪及尺量 |
| 不同平面的标高 | | 0，－20 | 水准仪或拉线、尺量 |
| 平面外形尺寸 | | ±20 | 尺量 |
| 凸台上平面外形尺寸 | | 0，－20 | 尺量 |
| 凹槽尺寸 | | ＋20，0 | 尺量 |
| 平面水平度 | 每米 | 5 | 水平尺、塞尺量测 |
| | 全长 | 10 | 水准仪或拉线、尺量 |
| 垂直度 | 每米 | 5 | 经纬仪或吊线、尺量 |
| | 全长 | 10 | 经纬仪或吊线、尺量 |
| 预埋地脚螺栓 | 中心位置 | 2 | 尺量 |
| | 顶标高 | ±20，0 | 水准仪或拉线、尺量 |
| | 中心距 | ±2 | 尺量 |
| | 垂直度 | 5 | 吊线、尺量 |
| 预埋地脚螺栓孔 | 中心线位置 | 10 | 尺量 |
| | 截面尺寸 | ＋20，0 | 尺量 |
| | 深度 | ＋20，0 | 尺量 |
| | 垂直度 | $h/100$ 且≤10 | 吊线、尺量 |
| 预埋活动地脚螺栓锚板 | 中心线位置 | 5 | 尺量 |
| | 标高 | ＋20，0 | 水准仪或拉线、尺量 |
| | 带槽锚板平整度 | 5 | 直尺、塞尺量测 |
| | 带螺纹孔锚板平整度 | 2 | 直尺、塞尺量测 |

注：1. 检查坐标、中心线位置时，应沿纵、横两个方向测量，并取其中偏差的较大值。

2. $h$ 为预埋地脚螺栓孔孔深，单位为 mm。

# 6 成品保护

**6.0.1** 浇筑混凝土过程中应随时复核预埋件位置，并采取措施以保证位置正确。

**6.0.2** 加强保湿、保温养护，以防出现裂缝。

**6.0.3** 已浇筑的混凝土强度达到 1.2MPa 以上后方可进行下道工序施工。

**6.0.4** 混凝土的保温覆盖层拆除应符合设计要求和现行国家标准《混凝土结构工程施工质量验收规范》GB 50204 的规定。

**6.0.5** 雨期施工应及时对已浇筑混凝土的部位进行遮盖，下大雨时应停止露天作业。

## 7 注意事项

### 7.1 应注意的质量问题

#### 7.1.1 降低水泥水化热

**1** 选用低或中低水化热的水泥品种配制混凝土。

**2** 掺粉煤灰或减水剂，改善和易性、降低水灰比、减少水泥用量。

**3** 在基层内部预埋冷却水管，通入循环冷却水，强制降低混凝土水化热温度。

**4** 在厚大无筋或少筋的大体积混凝土中，掺加总量不超过 20％ 的大石块（石块的粒径应大于 150mm，但最大尺寸不宜超过 300mm），减少混凝土用量，以达到节省水泥和降低水化热的目的。

#### 7.1.2 降低混凝土入模温度

**1** 选择较适宜的气温浇筑大体积混凝土，尽量避免炎热天气浇筑混凝土。夏季可采用低温水或冰水搅拌混凝土，也可对骨料喷冷水雾或冷气进行预冷，或对骨料进行覆盖，设置遮阳装置避免日光直晒，运输工具如具备条件，也应搭设遮阳设施。

**2** 掺加相应的缓凝型减水剂。

**3** 在混凝土入模时，采取措施改善模内的通风，加速模内热量散发。

#### 7.1.3 加强施工中的温度控制

**1** 在混凝土浇筑后，做好混凝土的保温、保湿养护。夏季应避免暴晒、注意保湿，冬季应采取保温覆盖措施。

**2** 采取长时间的养护，规定合理的拆模时间，延长降温时间，减慢降温速度，充分发挥混凝土的应力松弛效应。

**3** 加强温度监测与管理，实行信息化控制，随时控制混凝土内的温度变化，内外温度控制在 25℃ 以内，混凝土表面温度与环境温度控制在 20℃ 以内，及时调整保温及养护措施。

#### 7.1.4 提高混凝土的极限拉伸强度

**1** 选择级配良好的粗骨料，严格控制其含泥量，加强混凝土的振捣，提高混凝土密实度和抗拉强度，减少收缩变形。

**2** 采取二次投料法、二次振捣法，浇筑后及时排除表面积水，加强早期养护。

**3** 在大体积混凝土基础内设置必要的温度配筋，在截面突变和转折处，底、顶板与墙转折处，孔洞转角及周边，应增加斜向构造配筋。

**7.2　应注意的安全问题**

**7.2.1**　机械用电闸、开关应有专用开关箱，并装有漏电保护器，停机时应拉断电闸，下班时电闸箱应上锁。

**7.2.2**　夜间施工应有足够的照明设施。

**7.2.3**　搅拌机上料斗提升时，斗下禁止人员通行。斗下清渣时，应停机并将升降料斗链条挂牢，防止，以上料斗落下伤人。

**7.2.4**　混凝土浇筑前，振捣器应进行试运转，振捣器操作人员应穿胶靴、戴绝缘手套。振捣器不应挂在钢筋上，湿手不得接触电源开关。

**7.3　应注意的绿色施工问题**

**7.3.1**　现场产生的垃圾应采用封闭的容器或装袋吊运到指定地点，集中外运。

**7.3.2**　混凝土浇筑接近结束时，要在现场进行实际测量，提高剩余混凝土量的准确率，对于管内的混凝土余料，可在现场加工成广场砖用于现场硬化。

**7.3.3**　现场设置沉淀池，将车辆冲洗用水、养护用水进行沉淀后用于现场洒水降尘。

**7.3.4**　现场搅拌混凝土和砂浆时，应使用散装水泥，搅拌机棚应有封闭降噪和防尘措施。

**7.3.5**　模板在现场加工时，应设置封闭的场所集中加工，并采取隔声和防止粉尘污染的措施。

**7.3.6**　混凝土浇筑及振捣应采用低噪声设备，当振捣器噪声较大超出噪声排放要求时，要采取围挡等降噪措施，混凝土地泵应搭设降噪防护棚等措施。

# 8　质量记录

**8.0.1**　混凝土所用原材料的产品合格证、出厂检验报告及进场复验报告。

**8.0.2**　混凝土配合比通知单。

**8.0.3**　混凝土施工记录。

**8.0.4**　混凝土施工日志。

**8.0.5**　混凝土坍落度检查记录。

**8.0.6**　冬期混凝土原材料搅拌及浇灌测温记录。

**8.0.7**　混凝土养护测温记录。

**8.0.8**　大体积混凝土测温记录。

**8.0.9**　混凝土试件强度试验报告。

**8.0.10**　混凝土试件抗渗试验报告

**8.0.11**　混凝土原材料及配合比检验批质量验收记录。

**8.0.12**　混凝土施工检验批质量验收记录。

**8.0.13**　现浇混凝土结构外观及尺寸偏差检验批质量验收记录。

**8.0.14**　混凝土设备基础外观及尺寸偏差检验批质量验收记录。

**8.0.15**　混凝土分项工程质量验收记录。

**8.0.16**　混凝土试件抗压强度强度统计评定。

**8.0.17**　其他技术文件。

# 第23章　清水混凝土

本工艺标准适用于表面为清水混凝土外观效果要求的混凝土工程的深化设计和施工，根据饰面要求不同，清水混凝土可分为普通清水混凝土、饰面清水混凝土和装饰清水混凝土三类。

## 1　引用标准

《清水混凝土应用技术规程》JGJ 169—2009

《混凝土结构工程施工规范》GB 50666—2011

《混凝土质量控制标准》GB 50164—2011

《混凝土强度检验评定标准》GB/T 50107—2010

《建筑工程冬期施工规程》JGJ/T 104—2011

《混凝土结构工程施工质量验收规范》GB 50204—2015

《预拌混凝土》GB/T 14902—2012

《普通混凝土用砂、石质量及检验方法标准》JGJ 52—2006

《建筑工程大模板技术标准》JGJ/T 74—2017

## 2　术语

**2.0.1**　清水混凝土：直接利用混凝土成型后的自然质感作为饰面效果的混凝土。

**2.0.2**　普通清水混凝土：表面颜色无明显色差，对饰面效果无特殊要求的清水混凝土。

**2.0.3**　饰面清水混凝土：表面颜色基本一致，由有规律排列的对拉螺栓孔眼、明缝、蝉缝、假眼等组合形成的、以自然质感为饰面效果的清水混凝土。

**2.0.4**　装饰清水混凝土：表面形成装饰图案、镶嵌装饰片或彩色的清水混凝土。

**2.0.5**　明缝：凹入混凝土表面的分格线或装饰线。

**2.0.6**　蝉缝：模板面板拼缝在混凝土表面留下的细小痕迹。

**2.0.7**　假眼：在没有对拉螺杆的位置设置堵头或接头而形成的有饰面效果的孔眼。

**2.0.8**　衬模：设置在模板内表面，用于形成混凝土表面装饰图案的内衬板。

## 3　施工准备

### 3.1　作业条件

**3.1.1**　施工前对外露清水混凝土结构表面的饰面效果进行深化设计，深化设计中要充分考虑模板选用、支撑形式、对拉螺栓间距、模板排版情况，编制详细的清水混凝土专项施工方案。模板及支撑体系应有计算，并编制模板专项施工方案。

**3.1.2**　配置满足施工要求的规范、规程和相关作业指导书，配备检测合格的经纬仪、水准仪、靠尺等测绘、测量仪器。

**3.1.3**　对不同工种的操作人员进行专项技术交底和培训，将清水混凝土设计意图和要达到的饰面效果与操作人员进行沟通。

**3.1.4**　现场设置单独的模板堆放区，不同饰面部位的模板按规格分区堆放，堆放场地进行硬化，可采用可周转使用的钢板作为场地硬化材料。

**3.1.5**　钢筋加工区和半成品堆放区，应采取有效的防水和防潮措施。

### 3.2　材料及机具

**3.2.1**　混凝土配合比通过试验确定，混凝土配合比除满足混凝土设计强度和耐久性的技术要求外，还必须满足泵送及色泽一致的要求。处于潮湿环境和干湿交替环境的混凝土，应选用非碱活性骨料。

**3.2.2**　不同强度等级的混凝土应采用同一厂家、同一品种水泥，其他原材料产地、规格、主要性能指标均相同。

**3.2.3**　外加剂不仅要满足混凝土施工性能的要求，而且要有利于提高混凝土内在的质量和外观效果。同一工程所用掺合料应为同一厂家、同一规格型号，粉煤灰应选用Ⅰ级粉煤灰。

**3.2.4**　饰面清水混凝土中宜选用强度等级不低于 42.5 级的硅酸盐水泥、普通硅酸盐水泥，混凝土中粗骨料应采用连续级配、颜色均匀、表面洁净的骨料，粗骨料、细骨料的质量要求如表 23-1 和表 23-2：

粗骨料质量要求

表 23-1

| 混凝土强度等级 | ≥C50 | <C50 |
|---|---|---|
| 含泥量（按质量计，%） | ≤0.5 | ≤1.0 |
| 泥块含量（按质量计，%） | ≤0.2 | ≤0.5 |
| 针、片状颗粒含量（按质量计，%） | ≤8 | ≤15 |

细骨料质量要求

表 23-2

| 混凝土强度等级 | ≥C50 | <C50 |
|---|---|---|
| 含泥量（按质量计，%） | ≤2.0 | ≤3.0 |
| 泥块含量（按质量计，%） | ≤0.5 | ≤1.0 |

**3.2.5**　模板宜采用定型组合大钢模、铝合金模板、玻璃钢模板、塑料模板；对于饰面为特殊机理效果的可采用木模板、胶合板等模板；内衬模选用塑料、橡胶、玻璃钢、聚氨酯等材料制成的模板。清水混凝土结构对模板要求高，模板需具有强度高、吸水率低、韧性好、加工性能好、物理化学性能稳定、表面平整光滑、无污染、无破损、清洁干净的材料。

**3.2.6**　对拉螺栓套管及堵头应根据对拉螺栓的直径进行选用，可选用塑料、橡胶、尼龙等材料。

**3.2.7**　明缝条可选用硬木、铝合金、铜条、硬塑料等材料，其截面宜加工为梯形。

**3.2.8**　钢筋保护层垫块应具有足够的强度、刚度，颜色应与混凝土表面颜色接近。

**3.2.9**　混凝土表面保护剂涂料应选用对混凝土表面具有保护作用的透明涂料，且应具有防污染、憎水、防水的特性。

**3.2.10**　强制式混凝土搅拌机、磅秤或自动计量设备，混凝土输送泵车，搅拌运输车、插入式振捣器、平板式振动器、附着式振捣器、水箱、胶皮管、手推车、串筒、溜槽、混凝土吊斗、贮料斗、铁锹、抹子、试模等。

## 4　操作工艺

### 4.1　工艺流程

清水混凝土深化设计 → 模板设计 → 测量放线 → 模板加工制作 → 钢筋绑扎 → 模板安装 → 混凝土制拌与运输 → 混凝土浇筑与振捣 → 混凝土拆模 → 混凝土养护 → 表面缺陷的修复 → 保护层施工

### 4.2　清水混凝土深化设计

**4.2.1**　清水混凝土可分为普通清水混凝土、饰面清水混凝土和装饰清水混凝土。其中装饰清水混凝土在实现装饰性、特殊图案、机理方面，施工手法更为灵活，其质量要求可参考普通清水混凝土和饰面清水混凝土的相关规定执行。施工前，应结合图纸设计确定出清水混凝土的类型和应用范围，对于饰面清水混凝土和装饰清水混凝土，应提前绘制不同构件的外观详图。

**4.2.2**　普通钢筋混凝土结构采用的清水混凝土强度等级不宜低于 C25。

**4.2.3**　相邻清水混凝土结构的混凝土强度等级宜采取相同的原则进行图纸复核，对于处于露天环境的清水混凝土结构，其纵向受力钢筋的混凝土保护层最小厚度应符合表 23-3 规定：

纵向受力钢筋的混凝土保护层最小厚度（mm）　　　　表 23-3

| 部位 | 保护层最小厚度 |
|---|---|
| 板、墙、壳 | 25 |
| 梁 | 35 |
| 柱 | 35 |

注：钢筋的混凝土保护层厚度为钢筋外边缘至混凝土表面的距离

**4.2.4** 对于超长结构可采用后浇带分段浇筑混凝土，后浇带宽度宜为相邻两条明缝的间距，施工缝宜设在明缝处。

### 4.3 模板设计

**4.3.1** 在确定清水混凝土的类型、应用范围、外观效果的前提下，根据清水混凝土饰面效果绘制模板拼装详图，详图中应合理采用明缝、蝉缝、对拉螺栓孔眼、假眼、衬模、装饰图案等的清水混凝土装饰手法，对施工接缝、模板连接、加固等工序进行优化和美化，在混凝土成型后的表面形成有规律的装饰效果，在设计图中应明确模板的规格、明缝、蝉缝、对拉螺栓的间距位置，不同部位模板、假眼、衬模的形状及材质。同时在考虑饰面效果时兼顾模板排列的标准化和模数化。

**4.3.2** 模板分块设计应满足清水混凝土饰面效果的设计要求，当设计无具体要求时，应符合下列规定：

**1** 模板设计应根据设计图纸进行，模板的排版与设计的蝉缝相对应。提前制定合理的分割方案，尽量使用整块模板。外墙模板分块宜以轴线或门窗口中线为对称中心线，内墙模板分块宜以墙中线为对称中心线。螺栓孔的排布应纵横对称，距门口洞边不小于 150mm，在满足设计的排布时，螺栓应满足受力要求。

**2** 外墙模板上下接缝位置宜设于明缝处，明缝宜设置在楼层标高、窗台标高、窗过梁梁底标高、窗间墙边线或其他分格线位置。同一楼层的蝉缝水平方向应交圈，竖向垂直，有一定的规律性、装饰性。

**3** 阴角模与大模板之间不宜留调节余量，当确需留置时，宜采用明缝方式处理。

**4.3.3** 单块模板的分割设计应与蝉缝、明缝等清水混凝土饰面效果一致。当设计无具体要求时，应符合下列规定：

**1** 墙模板的分割应依据墙面的长度、高度、门窗洞口的尺寸、梁的位置和模板的配置高度、位置等确定，所形成的蝉缝、明缝水平方向应交圈，竖向应顺直有规律。

**2** 当模板接高时，拼缝不宜错缝排列，横缝应在同一标高位置。

**3** 群柱竖缝方向宜一致。当矩形柱较大时，其竖缝宜设置在柱中心。柱模板横缝宜从楼面标高开始向上均匀布置，余数宜放在柱顶。

**4** 水平模板排列设计应均匀对称、横平竖直；弧形平面宜沿径向辐射布置。

**5** 装饰清水混凝土的内衬模板的面板分割应保证装饰图案的连续性及施工的可操作性。

**4.3.4** 饰面清水混凝土模板应符合下列规定：

**1** 阴角部位应配置阴角模，角模面板之间宜斜口连接。

**2** 阳角部位模板宜两面模板直接搭接。

**3** 模板面板接缝宜设置在肋处，无肋接缝处应有防止漏浆的措施。

**4** 模板面板的钉眼、焊缝等部位的处理不应影响混凝土饰面效果。

**5** 假眼宜采用同直径的堵头或锥形接头固定在模板面板上。

**6** 门窗洞口模板宜采用经加工平整的木模板，支撑应稳定，周边应粘贴密封条，下口应设置排气孔，滴水线模板宜采用易于拆除的材料，门窗洞口的企口、斜口宜一次成型。

**7** 宜利用下层构件的对拉螺栓孔支撑上层模板。

**8** 对拉螺栓应根据清水混凝土的饰面效果，按整齐、均匀的原则进行专项设计。

### 4.4 测量放线

**4.4.1** 现场应设专职测量员，全面负责测量放线工作。专职测量员负责接收原始控制点，建立现场控制网、各层控制线的施测、标高引测等工作。

**4.4.2** 建立施工区域范围内的高程控制点及轴线控制网，做到布局合理、应用方便。高程控制的测量方法：在首层结构柱及内筒剪力墙上建立建筑50线的标高基准点，采用固定钢尺统一量设，以两次读数相互校核，并辅以水准仪标定楼层标高。

**4.4.3** 清水混凝土施工区域的基底在施工过程中应严格控制表面平整度和水平情况，施工前进行标高复测，对于平整度差的区域采用有效措施进行二次找平和打磨。

**4.4.4** 放样时以现场设置的控制点为依据，根据设计对本工程平面坐标和高程的要求，以先整体后局部的原则进行测量放线，准确地将建筑物的轴线和标高引测到施工操作区域。再根据控制线结合清水混凝土二次深化设计图将轴线、混凝土构件的边线、外边线控制线、模板的拼缝位置线、明缝位置全部弹出，作为模板支设的依据。

### 4.5 模板加工制作

**4.5.1** 根据模板设计详图对不同构件的模板进行编号，并按照设计详图进行模板的加工制作，必须保证模板下料尺寸准确，切口应平整，组拼前应进行调平、调直。

**4.5.2** 模板龙骨不宜有接头，当确需接头时，有接头的主龙骨数量不应超过总数的 50%，木模板材料应干燥，切口刨光。

**4.5.3** 定型模板由专业模板厂设计加工制作、编号，制作完成后，现场技术员、质量员应在加工厂进行验收，对发现的问题，会同加工厂家共同确定整改方案。模板运到现场施工前应进行预拼装。

**4.5.4** 框架圆柱模板根据圆柱直径定制相应直径的钢模板。

**1** 横向分段长度：根据清水混凝土柱的设计高度，按照尽量减少横向模板拼缝的原则配置，同时考虑现场垂直运输机械的起重能力。

**2** 竖向拼缝：每节由两个半圆拼成，法兰连接，所有竖向拼缝应在同一个方向设置。

**4.5.5** 异型柱模板可根据异型柱的外观，委托专业加工单位设计加工，连接采用法兰连接。

**4.5.6** 模板加工完成后，在现场进行预拼装，并对模板平整度、外形尺寸、相邻板面高低差以及对拉螺栓组合情况进行校核。

**4.6 钢筋绑扎**

**4.6.1** 对拉螺栓与钢筋发生冲突时，遵循钢筋避让对拉螺栓的原则，对钢筋位置进行适当的调整。

**4.6.2** 结构所用钢筋应清洁、无明显锈蚀和污染，钢筋保护层垫块宜梅花形布置，饰面清水混凝土定位钢筋的端头应涂刷防锈漆，并套上与混凝土颜色接近的塑料套。保护层垫块须采用和清水混凝土同色的预制混凝土垫块。钢筋保护层垫块的间距控制在双向@600mm 以内，并要绑扎牢固。

**4.6.3** 严格根据设计图纸对钢筋直径、规格、间距进行钢筋翻样，根据翻样对钢筋进行下料制作，钢筋连接宜采用直螺纹机械连接，钢筋绑扎用的铁丝头只许朝内不许向外，防止铁丝生锈影响清水混凝土的美观，对一定要裸露的钢筋采用涂刷水泥浆进行防腐处理，以防止污染下部混凝土表面。钢筋翻样时考虑钢筋在弯曲加工时的延伸率，实际制作过程中要根据钢材的特性加以调整，既要满足锚固长度，又要防止梁主筋在墙、柱转角处因弯起钢筋顶模板造成局部露筋使墙角出现锈斑。每个钢筋交叉点均应绑扎，绑扎钢丝不得少于两圈。钢筋绑扎后应有防雨水冲淋等措施。

**4.6.4** 清水混凝土中预埋件位置要准确，表面要稍低于混凝土表面（凹入混凝土墙表面 15mm 以上，以便在装修前用聚合物水泥砂浆封堵），预埋件制作由专业人员制作，要求表面平整、无毛刺和翘曲变形，规格尺寸符合设计要求，预埋件安装由专业班组负责。

**4.7 模板安装**

**4.7.1** 模板安装前，剔除结构表面松动的石子和浮浆，并根据对模板支撑面的测量情况对混凝土接茬部位进行剔凿或修补找平。

**4.7.2**　模板安装前，清点模板和配件的型号、数量，核对明缝、蝉缝、装饰图案的位置，检查模板内侧附件连接情况，复核内外模板控制线标高。在模板表面均匀涂刷隔离剂。

**4.7.3**　对拼装有先后顺序要求的模板，对模板拼装顺序进行编号，并将拼装顺序对操作人员进行书面交底。

**4.7.4**　模板结构应牢固稳定，拼缝严密，规格尺寸准确，模板支设高度应高出墙体浇筑高度 50mm。

**4.7.5**　为防止柱、墙模板就位和浇筑混凝土时向外倾斜，在距柱边、剪力墙等竖向构件的四周的楼板内埋设地锚钢筋，模板就位后，沿竖向设斜撑，保证模板的整体刚度。按标高抹好水泥砂浆找平层，保证柱子轴线、边线、标高的准确。在找平层上粘贴 4mm 海绵条，再用模板压住海绵条。模板拆除后，将底板凸出部分的砂浆剔除，清理干净。

**4.7.6**　阴角模板采用斜口连接可保证阴角部位清水混凝土饰面效果，斜口连接时，角模面板的两端切口倒角略小于 45°，切口处涂刷防水胶粘接。

**4.7.7**　阳角部位采用两片模板直接搭接的方式可保证阳角部位模板的稳定性，搭接处用与模板型材相吻合的专用模板夹具连接，并在拼缝处加密封条，防止漏浆。

**4.7.8**　模板面板采用胶合板时，竖向拼缝设置在竖肋位置，并在接缝处涂胶，水平拼缝位置一般无横肋，模板拼缝处背面切 85° 坡口并涂胶，用高密度封条沿缝贴好，再用胶带纸封严。如图 23-1 所示：

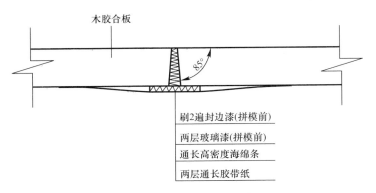

图 23-1　竖向拼缝处节点

**4.7.9**　滴水线模板采用梯形塑料条、铝合金等材料。

**4.7.10**　对拉螺栓套管堵头与套管相配套，套管堵头应具有一定的强度，避

227

免穿墙孔眼变形或漏浆，施工时，在套管堵头上粘贴密封套或橡胶垫圈，与模板面板接触紧密。

**4.7.11**　对拉螺栓安装位置要准确、受力均匀。当对拉螺栓与主筋位置矛盾时，采取主筋错开对拉螺栓位置或增加构造钢筋的方式进行解决，并应征求设计单位同意。

## 4.8　混凝土制拌与运输

**4.8.1**　清水混凝土在正式施工前，应按照设计要求进行试配，确定混凝土表面颜色，并充分考虑工程所处环境，根据抗碳化、抗冻害、抗硫酸盐、抗盐化和抑制碱-骨料反应等对混凝土耐久性产生影响的因素进行配合比设计。

**4.8.2**　搅拌清水混凝土时应采用强制式搅拌设备，每次搅拌时间宜比普通混凝土延长 20～30s。同一视觉范围内所用清水混凝土拌合物的制备环境、技术参数应一致。制备成的清水混凝土拌合物无泌水离析现象，90min 的坍落度经时损失值宜不小于 30mm。

**4.8.3**　清水混凝土拌合物入泵坍落度值：柱混凝土宜为 150±20mm，墙、梁、板的混凝土宜为 170±20mm。

**4.8.4**　清水混凝土从搅拌结束到入模前不宜超过 90min，严禁添加配合比以外的用水或外加剂。

**4.8.5**　进入现场的混凝土拌合物应有良好的工作性能，现场管理人员应对混凝土拌合物外观、和易性、坍落度进行逐车检查，混凝土拌合物外观颜色应一致，并不得有分层、离析现象。

## 4.9　混凝土浇筑与振捣

**4.9.1**　钢筋安装、模板支设经验收合格后，方可进行混凝土的浇筑。浇筑前，要进行书面技术交底，选择有经验的混凝土工振捣，并加强对施工的指导和监督管理。

**4.9.2**　清水混凝土浇筑前，通过墙、柱根部、梁底的预留清扫孔，对模板内进行再次清洁，当模板确实不宜留设清扫孔时，在模板安装过程中，采用有效地防止杂物掉入模内的措施，确保模板内清洁、无积水。

**4.9.3**　竖向构件浇筑前，要先在底部浇筑 50mm 厚的同配合比的水泥砂浆，随即分层泵入混凝土，分层浇筑厚度不得大于 500mm，门窗洞口应从两侧同时浇筑。振捣棒要"快插慢拔"、振捣均匀、密实，振捣时间以混凝土翻浆不再下沉和表面无气泡泛起，模板边角填满充实为准，一般在 15s 左右。并在振捣过程中将振捣棒上下抽动，将气泡引出。

**4.9.4**　清水混凝土振捣应根据所选用的振捣设备的工作性能合理确定振捣速度和间距，振捣棒插点移动的间距宜不应大于振捣棒的作用半径的 1.4 倍（梁柱节点等钢筋密集部位采用直径 30mm 振捣棒），保证振捣均匀，浇筑高度较大的混凝土构件时，在振捣棒上应采取刻度标识的措施，浇筑过程中派专人进行浇筑高度的测量工作，保证在浇筑上层混凝土后，振捣棒插入下层混凝土不应小于 50mm，严禁漏振、过振。混凝土浇筑过程中由专人负责模板检查，并经常敲打正在浇筑部位的竖向构件模板，确保浇筑混凝土密实。

### 4.10　混凝土拆模

清水混凝土模板拆除除应符合现行国家标准《混凝土结构工程施工质量验收规范》GB 50204 和现行行业标准《建筑工程大模板技术标准》JGJ/T 74 的规定外，应适当延长拆模时间，模板拆除后应及时进行模板清理、修复。

### 4.11　混凝土养护

**4.11.1**　清水混凝土拆模后应立即养护，对同一视觉范围内的混凝土应采用相同的养护措施。既可保证混凝土早期强度的增长，又可以减少混凝土表面色差。

**4.11.2**　养护过程中，不得使用对混凝土表面有污染的养护材料和养护剂。

**4.11.3**　对于竖向构件可采用包裹两层塑料薄膜、并从柱头顶向下淋水养护，塑料薄膜外侧用胶带粘紧固定。

### 4.12　表面缺陷的修复

**4.12.1**　对于局部不能满足设计要求及质量验收标准要求的部位，施工单位应编制专项修补方案，经监理（建设）单位、设计单位同意后，进行表面缺陷的修补。

**4.12.2**　气泡处理：清理混凝土表面，用与原混凝土同配比减砂石水泥浆刮补墙面，待硬化后，用细砂纸均匀打磨，用水冲洗洁净。

**4.12.3**　螺栓孔眼处理：清理螺栓孔眼表面，将原堵头放回孔中，用专用刮刀取界面剂的稀释液调制同配比减石子的水泥砂浆刮平周边混凝土面，待砂浆终凝后擦拭混凝土表面浮浆，取出堵头，喷水养护。

**4.12.4**　漏浆部位处理：清理混凝土表面松动砂子，用刮刀取界面剂的稀释液调制成颜色与混凝土基本相同的水泥腻子抹于需处理部位，刮至表面平整、阳角顺直，待腻子终凝后用砂纸磨平，喷水养护。

**4.12.5**　明缝处胀模、错台处理：用铲刀铲平，打磨后用水泥浆修复平整。明缝处拉通线，切割超出部分，对明缝上下阳角损坏部位先清理浮渣和松动混凝土，再用界面剂的稀释液调制同配比减石子砂浆，将明缝条平直嵌入明缝内，将砂浆填补到处理部位，用刮刀压实刮平，上下部分分次处理；待砂浆终凝后，取出明缝条，及时清理混凝土表面多余砂浆，喷水养护。

**4.12.6**　螺栓孔的封堵：采用三节式螺栓时，中间一节螺栓留在混凝土内，两端的锥形接头拆除后用补偿收缩防水水泥砂浆封堵，并用专用封孔模具修饰，使修补的孔眼直径、深度与其他孔眼一致，并喷水养护。采用通丝型对拉螺栓时，螺栓孔用补偿收缩防水水泥砂浆和专用模具封堵，取出堵头后，喷水养护。

### 4.13　保护层施工

**4.13.1**　清水混凝土表面应涂刷透明保护涂料，同一视觉范围内的涂料及施工工艺应一致。

**4.13.2**　施工前，与建设、监理等单位根据本工程清水混凝土实际底色，确定样板部位，在该部位按照材料说明书进行局部修补、色差调整、基准颜色确定及混凝土保护剂涂刷等工序，每一样板工序验收后进入下一工序样板施工。样板确定后，进行技术交底，专人施工。

## 5　质量标准

### 5.1　主控项目

**5.1.1**　模板板面应干净，隔离剂涂刷均匀，模板间拼缝应平整、严密，模板支撑设置正确，连接牢固。

**5.1.2**　钢筋表面应洁净无浮锈，钢筋保护层垫块颜色应与混凝土表面颜色接近，位置、间距应准确。

### 5.2　一般项目

**5.2.1**　清水混凝土模板制作尺寸的允许偏差应符合表23-4规定：

清水混凝土模板制作尺寸的允许偏差

表23-4

| 序号 | 项目 | 允许偏差（mm） | | 检验方法 |
| --- | --- | --- | --- | --- |
| | | 普通清水混凝土 | 饰面清水混凝土 | |
| 1 | 模板高度 | ±2 | ±2 | 尺量 |
| 2 | 模板宽度 | ±1 | ±1 | 尺量 |
| 3 | 整块模板对角线 | ≤3 | ≤3 | 塞尺、尺量 |
| 4 | 单块模板对角线 | ≤3 | ≤2 | 塞尺、尺量 |
| 5 | 板面平整度 | 3 | 2 | 2m靠尺、塞尺 |
| 6 | 边肋平直度 | 2 | 2 | 2m靠尺、塞尺 |
| 7 | 相邻面板拼缝高低差 | ≤1.0 | ≤0.5 | 平尺、塞尺 |
| 8 | 相邻面板拼缝间隙 | ≤0.8 | ≤0.8 | 塞尺、尺量 |
| 9 | 连接孔中心距 | ±1 | ±1 | 游标卡尺 |
| 10 | 边框连接孔与板面距离 | ±0.5 | ±0.5 | 游标卡尺 |

**5.2.2**　模板安装尺寸的允许偏差应符合表 23-5 规定：

清水混凝土模板安装尺寸允许偏差　　　　　　　表 23-5

| 序号 | 项目 | | 允许偏差（mm） | | 检验方法 |
|---|---|---|---|---|---|
| | | | 普通清水混凝土 | 饰面清水混凝土 | |
| 1 | 轴线位移 | 墙、柱、梁 | 4 | 3 | 尺量 |
| 2 | 截面尺寸 | 墙、柱、梁 | ±4 | ±3 | 尺量 |
| 3 | 标高 | | ±5 | ±3 | 水准仪、尺量 |
| 4 | 相邻板面高低差 | | 3 | 2 | 平尺、塞尺 |
| 5 | 模板垂直度 | 不大于 5m | 4 | 3 | 经纬仪、线坠、尺量 |
| | | 大于 5m | 6 | 5 | |
| 6 | 表面平整度 | | 3 | 2 | 塞尺、尺量 |
| 7 | 阴阳角 | 方正 | 3 | 2 | 方尺、塞尺 |
| | | 顺直 | 3 | 2 | 线尺 |
| 8 | 预留洞口 | 中心线位移 | 8 | 6 | 拉线、尺量 |
| | | 孔洞尺寸 | +8，0 | +4，0 | |
| 9 | 预埋件、管、螺栓 | 中心线位移 | 3 | 2 | 拉线、尺量 |
| 10 | 门窗洞口 | 中心线位移 | 8 | 5 | 拉线、尺量 |
| | | 宽、高 | ±6 | ±4 | |
| | | 对角线 | 8 | 6 | |

**5.2.3**　钢筋工程安装尺寸允许偏差与检验方法应符合现行国家标准《混凝土结构工程施工质量验收规范》GB 50204 的规定，具体见表 23-6，受力钢筋保护层厚度偏差不应大于 3mm。

钢筋安装位置允许偏差　　　　　　　表 23-6

| 序号 | 项目 | | 允许偏差（mm） | 检验方法 |
|---|---|---|---|---|
| 1 | 绑扎钢筋网 | 长、宽 | ±10 | 钢尺检查 |
| | | 网眼尺寸 | ±20 | 钢尺量连续三档，取最大值 |
| 2 | 绑扎骨架 | 长 | ±10 | 钢尺检查 |
| | | 宽、高 | ±5 | |
| 3 | 受力钢筋 | 间距 | ±10 | 钢尺量两端、中间各一点，取最大值 |
| | | 排距 | ±5 | |
| | | 保护层厚度 | ±3 | 钢尺检查 |
| 4 | 箍筋、横向筋间距 | | ±20 | 钢尺量连续三档，取最大值 |
| 5 | 钢筋弯起点位置 | | 20 | 钢尺检查 |
| 6 | 预埋件 | 中心线外装 | 5 | 钢尺检查 |
| | | 水平高差 | +3，0 | 钢尺和塞尺检查 |

**5.2.4**　混凝土外观质量检验应抽查各检验批构件数量的 30％，且不少于 5 个构件。混凝土外观质量应符合表 23-7 规定：

清水混凝土外观质量　　　　　　　　　　　　　表 23-7

| 序号 | 项目 | 普通清水混凝土 | 饰面清水混凝土 | 检查方法 |
|---|---|---|---|---|
| 1 | 颜色 | 无明显色差 | 颜色基本一致，无明显色差 | 距离墙面 5m 观察 |
| 2 | 修补 | 少量修补痕迹 | 基本无修补痕迹 | 距离墙面 5m 观察 |
| 3 | 气泡 | 气泡分散 | 最大直径不大于 8mm，深度不大于 2mm，每平方米气泡面积不大于 20cm² | 尺量 |
| 4 | 裂缝 | 宽度小于 0.2mm | 宽度小于 0.2mm，且长度不大于 1000mm | 尺量、刻度放大镜 |
| 5 | 光洁度 | 无明显漏浆、流淌和冲刷痕迹 | 无漏浆、流淌和冲刷痕迹，无油渍、墨迹及锈斑，无粉化物 | 观察 |
| 6 | 对拉螺栓孔眼 | — | 排列整齐，孔洞封堵密实。凹孔棱角清晰圆滑 | 观察、尺量 |
| 7 | 明缝 | — | 位置规律、整齐，深度一致，水平交圈 | 观察、尺量 |
| 8 | 蝉缝 | — | 横平竖直，水平交圈，竖向成线 | 观察、尺量 |

**5.2.5**　混凝土结构允许偏差应抽查各检验批构件数量的 30％，且不少于 5 个构件。清水混凝土结构允许偏差应符合表 23-8 规定：

清水混凝土结构允许偏差　　　　　　　　　　　表 23-8

| 序号 | 项目 | | | 允许偏差（mm） | | 检查方法 |
|---|---|---|---|---|---|---|
| | | | | 普通清水混凝土 | 饰面清水混凝土 | |
| 1 | 轴线位移 | 墙、柱、梁 | | 6 | 5 | 尺量 |
| 2 | 截面尺寸 | 墙、柱、梁 | | ±5 | ±3 | 尺量 |
| 3 | 垂直度 | 层高 | ≤5m | 6 | 4 | 经纬仪、线坠、尺量 |
| | | | >5m | 8 | 5 | |
| | | 全高（H） | | H/1000，且≤30 | H/1000，且≤30 | |
| 4 | 表面平整度 | | | 4 | 3 | 2m 靠尺、塞尺 |
| 5 | 角线顺直 | | | 4 | 3 | 拉线、尺量 |
| 6 | 预留洞口中心线位移 | | | 10 | 8 | 尺量 |
| 7 | 标高 | 层高 | | ±8 | ±5 | 水准仪、尺量 |
| | | 全高 | | ±30 | ±30 | |
| 8 | 阴阳角 | 方正 | | 4 | 3 | 尺量 |
| | | 顺直 | | 4 | 3 | |
| 9 | 阳台、雨罩位置 | | | ±8 | ±5 | 尺量 |
| 10 | 明缝直线度 | | | — | 3 | 拉 5m 线，不足 5m 拉通线，钢尺检查 |
| 11 | 蝉缝错台 | | | — | 2 | 尺量 |
| 12 | 蝉缝交圈 | | | — | 5 | 拉 5m 线，不足 5m 拉通线，钢尺检查 |

## 6　成品保护

**6.0.1**　清水混凝土模板上不得堆放重物，模板面板不得被污染和损坏，模板边角和面板应有保护措施，运输过程中应采用护角保护。模板水平叠放时，采用面对面、背靠背的方式，上面覆盖塑料布。

**6.0.2**　清水混凝土模板堆放于高于周边地势的模板专用场地，四周作好排水工作。存放区应有防潮、防火措施。

**6.0.3**　饰面清水混凝土模板胶合板面板切口处应涂刷封边漆，螺栓孔眼处应设有保护垫圈。

**6.0.4**　模板拆除后应及时修整，其大面、边侧小面均应及时清理、涂刷隔离剂。

**6.0.5**　钢筋半成品应分类堆放、及时使用，存放环境应保持干燥，防止受潮生锈。对于绑扎完毕的钢筋骨架、垫块、预埋件等，操作过程中不得随意更改位置和间距。

**6.0.6**　清水混凝土拆模后，应对易磕碰的阳角部位采用多层板、塑料等硬质材料进行保护。

**6.0.7**　后续工序施工时要特别注意对清水混凝土表面的保护，不得碰撞及污染。混凝土浇筑时采取专人监控方式进行，从浇筑部位流淌下的水泥浆和洒落的混凝土及时清理干净，不得污染、损伤成品清水混凝土。

**6.0.8**　当挂架、脚手架、吊篮等与清水混凝土表面接触时，应使用橡胶板、木板或聚苯板等材料进行垫衬保护。

## 7　注意事项

### 7.1　应注意的质量问题

**7.1.1**　清水混凝土配合比经试配确定后，相对稳定，尤其是外加剂及掺合料的品种和掺量不得随意变动。

**7.1.2**　材料入场后由材料部组织相关人员对进场材料把关验收，并及时索要材料合格证等资料，资料不全或材料与样品有出入者予以退回，并取消该材料供应商的供货资格。

**7.1.3**　模板工程质量是达到清水混凝土要求的首要条件，及早作好模板设计工作，模板结构应牢固稳定，拼缝严密，规格尺寸准确，模板加工后实行"预拼装"并编号，按照编号进行安装，模板高出柱墙浇筑高度 50mm，接缝处须有防漏浆措施。

**7.1.4**　钢筋应清洁，无污染，绑扎钢筋扎扣及尾端朝向构件截面内侧，保护层垫块按正差控制。

7.1.5　清水混凝土施工各工序必须严格分工，钢筋、混凝土、模板必须有专项负责人，技术交底必须全面到位并严格执行清水混凝土施工前制定的各项质量控制措施。

## 7.2　应注意的安全问题

7.2.1　大钢模拆模起吊前，复查螺栓是否全部拆净，确认模板与结构完全脱离后方可起吊。在施工中，严格按清水混凝土质量标准控制质量。大钢模板存放场地应平整，模板平放、四角稳定。

7.2.2　施工作业前，做好安全技术交底和安全教育工作，检查吊索、卡具及吊环是否安全有效，并设专人指挥，统一信号，密切配合，稳起稳落，准确就位。

7.2.3　使用溜槽及串筒下料时，溜槽和串筒应固定牢固，人员不得直接站到溜槽帮上操作。

7.2.4　浇筑单梁、柱混凝土时，操作人员不得直接站在模板或支撑上操作；浇筑框架梁或圈梁时，应有可靠的脚手架，严禁站在模板上操作。浇筑挑檐、阳台、雨棚时，应设安全网或安全栏杆。

7.2.5　楼面上的预留孔洞应设置盖板或围栏，所有操作人员应戴安全帽；高空作业应正确系好安全带；夜间作业应有足够的照明。

7.2.6　输送泵管应采用支架固定，支架应与结构牢固连接，输送泵管转向处支架应加密；支架应通过计算确定，设置位置的结构应进行验算。

7.2.7　布料设备应安装牢固，且应采取抗倾覆措施；布料设备安装位置处的结构或专用装置应进行验算。布料设备作业范围内不应有阻碍物，并应有防范高空坠物的设施。

## 7.3　应注意的绿色施工问题

7.3.1　模板应选择可多次周转、且可回收利用的材料加工制作。

7.3.2　模板设计中应充分进行方案比选、论证，合理确定模板规格、数量，尽量提高模板的周转率。

7.3.3　结合工程装修做法优化清水混凝土设计方案，如雨棚的滴水线控制、门窗洞口尺寸和构造、管道预留孔洞等，减少二次装饰的工作内容。

7.3.4　脱模剂采用环保无污染的脱模材料。

7.3.5　混凝土浇筑接近结束时，要在现场进行实际测量，提高剩余混凝土量的准确率，对于管内的混凝土余料，可在现场加工成广场砖用于现场硬化或小型预制构件进行利用。

7.3.6　现场设置沉淀池，将车辆冲洗用水、养护用水进行沉淀后用于现洒水降尘。

**7.3.7** 模板在现场加工时，应设置封闭的场所集中加工，并采取隔声和防止粉尘污染的措施。

**7.3.8** 混凝土浇筑及振捣应采用低噪声设备，当振捣器噪声较大超出噪声排放要求时，要采取围挡等降噪措施，混凝土地泵应搭设降噪防护棚等措施。

## 8 质量记录

**8.0.1** 清水混凝土所用原材料的产品合格证、出厂检验报告及进场复验报告。

**8.0.2** 原材料中氯化物、碱的总含量技术书。

**8.0.3** 混凝土浇灌申请书。

**8.0.4** 清水混凝土配合比通知单。

**8.0.5** 混凝土施工记录。

**8.0.6** 混凝土坍落度检查记录。

**8.0.7** 隐蔽验收记录。

**8.0.8** 混凝土拆模申请表。

**8.0.9** 冬期混凝土原材料搅拌及浇灌测温记录。

**8.0.10** 混凝土养护测温记录。

**8.0.11** 混凝土结构同条件试件等效养护龄期温度记录。

**8.0.12** 混凝土结构实体混凝土强度检验记录。

**8.0.13** 混凝土试件强度试验报告。

**8.0.14** 混凝土试件抗渗试验报告。

**8.0.15** 混凝土原材料及配合比检验批质量验收记录。

**8.0.16** 混凝土施工检验批质量验收记录。

**8.0.17** 现浇清水混凝土结构外观及尺寸偏差检验批质量验收记录。

**8.0.18** 清水混凝土外观质量检查记录。

**8.0.19** 混凝土分项工程质量验收记录。

**8.0.20** 其他技术文件。

# 第 24 章　无粘结预应力混凝土结构

本工艺标准适用于工业与民用建筑中无粘结预应力混凝土结构工程。

## 1　引用标准

《混凝土结构工程施工规范》GB 50666—2011

《混凝土结构工程施工质量验收规范》GB 50204—2015

《钢筋混凝土筒仓施工与质量验收规范》GB 50669—2011

《预应力筋用锚具、夹具和连接器》GB/T 14370—2015

《预应力筋用锚具、夹具和连接器应用技术规程》JGJ 85—2010

《预应力混凝土用钢绞线》GB/T 5224—2014

《无粘结预应力钢绞线》JG/T 161—2016

《无粘结预应力筋用防腐润滑脂》JG/T 430—2014

## 2　术语

**2.0.1**　无粘结预应力筋：采用专用防腐润滑涂层和塑料护套包裹的单根预应力钢绞线，布置在混凝土构件内时，其与被施加预应力的混凝土之间可保持相对滑动。

## 3　施工准备

### 3.1　作业条件

**3.1.1**　应编制预应力混凝土施工方案。已按设计提出的要求对无粘结预应力筋的张拉顺序、张拉值、无粘结预应力筋的铺设以及操作标准进行了技术交底。

**3.1.2**　无粘结预应力筋和锚具进场验收合格。梁板模板支设已完成。

**3.1.3**　张拉时混凝土强度应达到设计要求，一般不低于设计强度的75%。

**3.1.4**　张拉用的油压千斤顶及油表已配套校验，张拉设备已检定，机具准备就绪。

**3.1.5**　张拉部位的脚手架及防护栏搭设已完成。

### 3.2　材料及机具

**3.2.1**　无粘结预应力筋：采用高强度低松弛预应力钢绞线制作，外包层材料采用高密度聚乙烯，严禁使用聚氯乙烯，其涂料层采用专用防腐油脂。无粘结预应力筋一般由专业厂家生产，应符合现行国家标准规定。

**3.2.2**　预应力筋用锚具、夹具和连接器：应根据无粘结预应力筋的品种、张拉力值及工程应用的环境类别按设计要求选用。进场时应有产品合格证和出厂检验报告，并进行进场复验和外观检查。

**3.2.3**　混凝土及非预应力钢筋

**1**　混凝土：无粘结预应力混凝土结构的混凝土强度等级，对于板不应低于C30，对于梁及其他构件不应低于C40。

**2**　非预应力钢筋：在无粘结预应力混凝土结构中，非预应力钢筋宜采用HRB400、HRB500 钢筋；箍筋宜采用 HRB400、HRB500 钢筋，也可采用HPB300 钢筋。

**3**　混凝土及普通钢筋的力学性能指标应符合现行国家标准《混凝土结构设计规范》GB 50010 的规定。

**3.2.4**　其他材料：胶带、彩笔、铁丝、粉笔等。

**3.2.5**　机具

张拉设备：千斤顶（张拉行程、张拉力）、油泵；

固定端制作主要设备：挤压机、专用紧楔器；

其他工具：砂轮机、配电箱、螺丝刀、小刀片、卷尺、钢板尺、工具锚等。

设备仪表：对成套的千斤顶、油泵、油压表进行配套标定。张拉设备校验期限不宜超过半年。

## 4　操作工艺

### 4.1　工艺流程

下部非预应力钢筋铺放、绑扎 → 预应力钢筋下料、修补 → 预应力钢筋铺放 → 端部节点安装固定 → 上部非预应力钢筋铺放、绑扎 → 混凝土浇筑及养护 → 预应力筋张拉 → 封锚防护

### 4.2　下部非预应力筋铺放、绑扎

清理模板上的杂物，用粉笔在模板上画好非预应力筋的间距和位置，先铺放下部非预应力筋并绑扎，同时及时配合安装预埋件、电线管、预留孔洞等。

### 4.3　预应力钢筋下料、修补

**4.3.1**　无粘结预应力筋切断以书面下料单的长度和数量为依据，采用砂轮

锯切断，不得用电弧切割。无粘结预应力筋下料长度，应综合考虑其曲率、锚固端保护层厚度、张拉伸长值及混凝土压缩变形等因素，并应根据不同的张拉方法和锚固形式预留张拉长度。

**4.3.2**　下料场地应平整通直，预应力筋下垫钢管或方木上铺纺织布。不得将预应力筋生拉硬拽，摔砸踩踏，防止磨损保护套。下料过程中如发现轻微破损，可采用外包防水聚乙烯胶带进行修补。每圈胶带搭接宽度不小于胶带宽度的1/2，缠绕层数不少于2层，缠绕长度应超过破损长度300mm，严重破损的应切除不用。切割完的预应力筋按使用部位逐根编号，贴上标签，注明长度及代码并码放整齐。下料宜与工程进度相协调。

**4.3.3**　预应力筋不得有死弯，否则必须切断。成型的每根钢绞线应为通长。

**4.3.4**　挤压锚的制作：剥去预应力筋的保护套，套上弹簧圈，其端头与预应力筋齐平，套上挤压套，预应力筋外露10mm左右利用挤压机挤压成型。挤压时，预应力筋、挤压模与活塞杆应在同一中心线上，以免挤压套筒卡住。每次挤压后，清理挤压模并涂抹石墨油膏。挤压模直径磨损0.3mm时应更换。

**4.3.5**　预紧垫板连体式固定端夹片锚具的制作：先作专用紧楔器以0.75倍预应力筋张拉力的顶紧力使夹片顶紧，之后在夹片及无粘结预应力筋端头外露部分涂专用防腐油脂或环氧树脂，并安装带螺母外盖。

### 4.4　预应力筋铺放

**4.4.1**　无粘结预应力筋铺放前，应及时检查其规格尺寸和数量，逐根检查并确认其端部组装配件可靠无误后，方可在工程中使用。

**4.4.2**　无粘结预应力筋位置宜保持顺直。无粘结预应力筋定位：按设计图纸的规定进行铺放。铺放前通过计算确定无预应力筋的位置，梁结构可用支撑钢筋定位，板结构可用钢筋焊成的马凳定位。无粘结预应力筋与定位筋之间用绑丝绑扎牢固。梁板中无粘结预应力筋定位支撑设置见表24-1。

支撑钢筋设置表

表24-1

| 项次 | 无粘结预应力筋构造 | | 支撑钢筋设置 | | | 备注 |
|---|---|---|---|---|---|---|
| | | | 间距（m） | 直径（mm） | 级别 | |
| 1 | 单根无粘结预应力筋 | | 不宜大于2.0 | | | 竖向、环向或螺旋形铺放，可参照表格条件设置，并有定位支架控制位置 |
| 2 | 集束预应力筋 | 2～4根无粘结预应力筋组成 | 不宜大于1.0 | 不宜小于10 | 可采用HPB300级钢筋或HRB400级钢筋 | |
| | | 5根及以上无粘结预应力筋组成 | 不宜大于1.0 | 不宜小于12 | | |

**4.4.3**　双向无粘结预应力筋布置可按矢高关系编出布束交叉点平面图，比较各交叉点的矢高。各交叉点标高较低的无粘结预应力筋应先进行铺放，标高较高的次之，应避免两个方向的无粘结预应力筋相互穿插铺放。

**4.4.4**　集束配置多根无粘结预应力筋时，各根筋应保持平行走向，防止相互扭绞，束之间的水平净间距不宜小于 50mm，束至构件边缘的净间距不宜小于 40mm。

**4.4.5**　当采用多根无粘结预应力筋平行带状布束时，每束不宜超过 5 根无粘结预应力筋，并应采取可靠的支撑固定措施，保证同束中各根无粘结预应力筋具有相同的矢高，带状束在锚固端平顺地张开，其水平偏移的曲率半径不宜小于 6.5m。

**4.4.6**　铺设的各种管线及非预应力筋应避让预应力筋，不应将预应力筋的垂直位置抬高或压低。

**4.4.7**　平板结构的开洞避让：板内无粘结预应力筋可分两侧绕开开洞处铺放，其离洞口的距离不宜小于 150mm，其水平偏移的曲率半径不宜小于 6.5m。洞口四周按设计要求配置加强钢筋。

**4.4.8**　预应力筋穿束完成后，对保护套再次进行检查，如有破损按 4.3.2 条中的方法进行修补。

### 4.5　端部节点安装固定

**4.5.1**　张拉端安装固定

**1**　在张拉端模外侧按施工图中规定的无粘结预应力筋的位置编号和钻孔，孔径符合设计要求；

**2**　夹片锚具凸出混凝土表面时，锚具下的承压板用钉子或螺栓固定在端部模板上；夹片锚具凹进混凝土表面时，采用"穴模"构造，承压板与端模间安放穴模，穴模高度宜为锚具高度加 60mm（圆套筒式夹片锚具），承压板、穴模、端模三者必须贴紧，各部件之间不应有空隙，并应保证张拉油缸与承压板相互垂直。在浇筑混凝土前，在锚垫板内侧位置将预应力筋保护套割断，张拉时再将其抽出；

**3**　张拉端单根预应力筋的间距不小于图纸设计规定，且需满足千斤顶施工空间要求；

**4**　无粘结预应力曲线或折线筋末端的切线应与承压板垂直，曲线段的起始点至张拉锚固点应有不小于 300mm 的直线段；单根无粘结预应力筋要求的最小弯曲半径对 $\phi$12.7mm 和 $\phi$15.2mm 的钢绞线分别不宜小于 1.5m 和 2.0m。

**4.5.2**　固定端安装固定

**1**　将组装好的固定端锚具按设计要求的位置绑扎牢固，内埋式固定端垫板不得重叠，锚具与垫板应紧贴；

**2**　固定端锚具布置宜前后纵向错开不小于 100mm 以降低混凝土局部压应力。

**4.5.3**　张拉端和固定端应按设计要求配置锚下螺旋筋或钢筋网片，螺旋筋或网片均应紧靠承压板或连体锚板，并保证与无粘结预应力筋对中且固定可靠。

### 4.6　上部非预应力钢筋铺放、绑扎

当无粘结预应力筋铺放、定位、端部节点安装完毕后，经检查符合设计要求，再将上部非预应力筋铺放、绑扎好。

### 4.7　混凝土浇筑及养护

**4.7.1**　无粘结预应力筋铺放、安装完毕后，专人负责检查无粘结预应力筋护套是否完整，束型、节点安装等是否符合要求，填写无粘结预应力筋铺设隐检记录，当确认合格后方可浇筑混凝土。

**4.7.2**　在无粘结预应力混凝土结构的混凝土中不应掺用氯盐。在混凝土施工中，包括外加剂在内的混凝土或砂浆各组成材料中，氯离子总含量以胶凝材料总量的百分率计，不应超过 0.06%。

**4.7.3**　混凝土浇筑时，严禁踩压无粘结预应力筋，确保无粘结预应力筋预应力束型和锚具位置准确。

**4.7.4**　张拉端和锚固端混凝土认真振捣，避免出现蜂窝麻面，保证其密实性，同时严禁触碰端部预埋部件、锚头塑料套筒及定位支撑架。

**4.7.5**　按规定数量留置同条件养护的混凝土试件，作为张拉时结构混凝土强度的依据。

**4.7.6**　混凝土浇筑完毕后，应按施工技术方案及时采取有效的养护措施。并应符合现行国家标准《混凝土结构工程施工质量验收规范》GB 50204、《混凝土结构工程施工规范》GB 50666 的规定。

### 4.8　预应力筋张拉

**4.8.1**　张拉准备：

**1**　张拉前应将张拉端面清理干净，剥去外露钢绞线的外包塑料保护套，对锚具逐个进行检查，严禁使用锈蚀锚具，高空张拉预应力筋时，应搭设可靠的操作平台，并装有防护栏板。当张拉操作面受限制时，可采用变角器进行变角张拉；

**2**　检查预应力筋轴线，应与承压板垂直，承压板外表面无积灰，并检查承压板后混凝土质量；

**3**　检查油路、电路，设备试运转；

**4**　预应力筋张拉设备应配套校验。压力表精度不应低于 0.4 级；校验张拉

设备用的试验机或测力设备测力示值的不确定度不应大于 1‰；校验时千斤顶活塞的运行方向，应与实际张拉工作状态一致。张拉设备的校验期限不应超过半年（当张拉设备出现反常现象时或千斤顶检修后应重新校验）；

**5**　锚具安装：圆筒式夹片锚具应注意工作锚环锚板对中，夹片均匀打紧并外露一致；

**6**　千斤顶安装：对直线无粘结预应力筋，应使张拉力的作用线与无粘结预应力筋中心线重合；曲线无粘结预应力筋，应使张拉力的作用线与无粘结预应力筋中心线末端的切线重合。做到预应力中心线、锚具中心、千斤顶轴心三心一线；

**7**　工具锚的夹片，应注意保持清洁和良好的润滑状态。新工具锚夹片第一次使用前，应在夹片背面涂上润滑剂，以后每使用 5～10 次，应将工具锚上的挡板连同夹片一同卸下，在锚板的锥形孔中重新涂上一层润滑剂，以防夹片在退楔时卡住。

**4.8.2**　无粘结预应力筋伸长值 $\Delta L_p^c$ 可按下式计算：

$$\Delta L_p^c = \frac{F_{pm} l_p}{A_p E_p} \qquad (24\text{-}1)$$

式中　$F_{pm}$——无粘结预应力筋的平均拉力值（N），取每段预应力筋张拉力扣除摩擦损失后的拉力的平均值；

　　　$l_p$——无粘结预应力筋的长度（mm）；

　　　$A_p$——无粘结预应力筋的截面面积（mm²）；

　　　$E_p$——无粘结预应力筋的弹性模量（N/mm²）。

无粘结预应力筋的实际伸长值，宜在初应力为张拉控制应力 10% 左右时开始量测，分级记录。其伸长值 $\Delta l_p^0$ 可由量测结果按下式确定：

$$\Delta l_p^0 = \Delta l_{p1}^0 + \Delta l_{p2}^0 - \Delta l_c \qquad (24\text{-}2)$$

式中　$\Delta l_{p1}^0$——初应力至最大张拉力之间的实测伸长值（mm）；

　　　$\Delta l_{p2}^0$——初应力以下的推算伸长值（mm）。可根据弹性范围内张拉力与伸长值成正比的关系推算确定；

　　　$\Delta l_c$——混凝土构件在张拉过程中的弹性压缩值（mm）。对平均预压应力较小的板类构件，$\Delta l_c$ 可略去不计。

**4.8.3**　无粘结预应力筋张拉顺序应符合设计要求，如设计无要求时，可采用分批、分阶段对称张拉或依次张拉。

**4.8.4**　无粘结预应力筋张拉控制应力不宜超过 $0.75 f_{ptk}$，并应符合设计要求。如需提高张拉控制应力值时，不应大于钢绞线抗拉强度标准值的 80%。

**4.8.5**　当施工需要超张拉时，无粘结预应力筋的张拉程序宜为：从应力为零开始张拉至 1.03 倍预应力筋的张拉控制应力 $\sigma_{con}$ 锚固（即 $0 \rightarrow 1.03\sigma_{con}$）。此时，最大张拉应力不应大于钢绞线抗拉强度标准值的 80%。

**4.8.6**　当采用应力控制方法张拉时，应校核无粘结预应力筋的伸长值，当实际伸长值与设计计算伸长值相对偏差超过 ±6% 时，应暂停张拉，查明原因并采取措施调整后，方可继续张拉。

**4.8.7**　当无粘结预应力筋长度超过 40m 时，宜采取两端张拉；当无粘结预应力筋长度超过 60m 时，宜采取分段张拉和锚。当设计为两端张拉时，宜采取两端同时张拉工艺，当采取在一端张拉锚固，在另一端补足张拉力锚固工艺代替无粘结预应力筋两端同时张拉工艺时，需观测另一端锚具夹片有无移动，经论证无误，可以达到基本相同的预应力效果后，才可以使用。

**4.8.8**　多跨超长预应力筋设计规定需分段张拉时，可使用开口式双缸千斤顶或用连接器分段张拉。

**4.8.9**　无粘结预应力筋张拉过程中，当有个别钢丝发生断裂或滑脱时，可相应降低张拉力。

**4.8.10**　在张拉过程中，随时观测是否有千斤顶漏油、油压表无压时指针不归零等情况，此时即认为计量失效，多束相对伸长超限或预应力筋发现缩颈、破坏时，也应考虑计量失效的可能性。

**4.8.11**　预应力筋的锚固：当采用夹片锚固时，宜对夹片施加张拉力 10%～20% 的顶压力，预应力筋回缩值不得大于 5mm；当采用夹片限位板时，可不对夹片顶压，但预应力筋回缩值不得大于 6～8mm。

**4.8.12**　夹片锚具系统单根无粘结预应力筋在构件端面上的水平和竖向排列最小间距不宜小于 60mm。

**4.8.13**　预应力筋锚固后，夹片外露应基本平齐。

**4.8.14**　张拉时认真取数据并填写张拉记录。

**4.8.15**　预应力筋张拉完毕，伸长值符合规范及设计要求，经检验合格后，采用砂轮锯或其他机械方法切割超长部分的无粘结预应力筋，不得采用电弧焊切割，其切断后露出锚具夹片外的预应力筋长度不应小于 30mm。

### 4.9　封锚防护

无粘结预应力筋张拉完毕后，应及时对锚固区进行保护。在一类、二类及三类环境条件下，锚固区的保护措施应符合本标准第 4.9.1 条及 4.9.2 条的有关规定；对处于二类、三类环境条件下的无粘结预应力锚固系统，还应符合本标准 4.9.3 条的规定。

**4.9.1**　当锚具采用凹进混凝土表面布置时，在夹片及无粘结预应力筋端头外露部分应涂专用防腐油脂或环氧树脂，并罩帽盖进行封闭，该防护帽与锚具应可靠连接，然后采用后浇微膨胀混凝土或无收缩砂浆进行封闭。设计有规定时，应满足设计要求。

对不能使用混凝土或砂浆包裹的部位，应对无粘结预应力筋的锚具全部涂以与无粘结预应力筋涂料层相同的防腐材料，并应用具有可靠防腐和防火性能的保护罩将锚具全部密闭。

**4.9.2**　锚固区也可用后浇的钢筋混凝土外包圈梁进行封闭，但外包圈梁不宜突出在外墙面以外，其混凝土强度等级与构件混凝土强度等级一致。封锚混凝土与构件混凝土应可靠粘结，锚具封闭前应将周围混凝土界面凿毛并冲洗干净，且宜配置 1～2 片钢筋网，钢筋网应与构件混凝土拉结。

**4.9.3**　锚具或预应力筋端部的保护层厚度：一类环境时不应小于 20mm；处于二 a、二 b 类环境时不应小于 50mm，三 a、三 b 类环境时不应小于 80mm。

**4.9.4**　处于三 a、三 b 类环境条件下的无粘结预应力钢绞线锚固系统，应采用连续全封闭的防腐蚀体系，并应符合下列规定：

**1**　张拉端和固定端应为预应力钢绞线提供全封闭防水保护；

**2**　无粘结预应力钢绞线与锚具部件的连接及其他部件间的连接，应采用密封装置或其他封闭措施，使无粘结预应力锚固系统处于全封闭保护状态；

**3**　全封闭体系应满足 10kPa 静水压力下不透水的要求。

**4.10**　如设计对无粘结预应力筋与锚具系统有电绝缘防腐蚀要求，可采用塑料等绝缘材料对锚具系统进行表面处理，以形成整体电绝缘。

## 5　质量标准

### 5.1　主控项目

**5.1.1**　无粘结预应力筋进场时，应按国家现行标准现行国家标准《预应力混凝土用钢绞线》GB/T 5224 等的规定抽取试件做力学性能检验，其质量必须符合相关标准的规定。

**5.1.2**　无粘结预应力筋的涂包质量应符合现行标准《无粘结预应力钢绞线》JG/T 161 的规定。

**5.1.3**　无粘结预应力筋用锚具、夹具、连接器应按设计要求采用，其性能应符合现行国家标准《预应力筋用锚具、夹具和连接器》GB/T 14370 等的规定。

**5.1.4**　处于三 a、三 b 类环境条件下的无粘结预应力筋用锚具系统，防水性能应符合现行行业标准《无粘结预应力混凝土结构技术规程》JGJ 92 规定。

**5.1.5**　无粘结预应力筋安装时，其品种、级别、规格、数量必须符合设计要求。

**5.1.6**　无粘结预应力筋安装位置应符合设计要求。

**5.1.7**　无粘结预应力筋张拉前，构件混凝土强度应符合设计要求；当设计无具体要求时，不应低于设计的混凝土强度等级值的 75%。

**5.1.8**　张拉过程中应避免预应力筋断裂或滑脱；当发生断裂或滑脱时，断裂或滑脱的数量不应超过同一截面预应力筋总根数的 3%，且每根断裂的钢绞线断丝不得超过一丝；对多跨双向连续板，其同一截面应按每跨计算。

**5.1.9**　锚具的封闭保护措施应符合设计要求。保护层厚度应符合本标准 4.9.3 的规定。

## 5.2　一般项目

**5.2.1**　无粘结预应力筋进场时应进行外观检查，护套应光滑、无裂缝，无明显褶皱。

**5.2.2**　无粘结预应力筋用锚具、夹具和连接器使用前应进行外观检查，其表面应无污物、锈蚀、机械损伤和裂纹。

**5.2.3**　无粘结预应力筋端部挤压锚具制作时压力表油压应符合操作说明书的规定，挤压后预应力筋外端应露出挤压套筒长度不小于 1mm。

**5.2.4**　无粘结预应力筋应平顺，并应与定位支撑钢筋绑扎牢固。锚垫板的承压面与预应力筋末端垂直，预应力筋末端垂直直线段长度应符合相关规定。

**5.2.5**　无粘结预应力筋束形控制点的竖向位置允许偏差应符合表 24-2 的规定。

**束形控制点的竖向位置允许偏差**　　　　　表 24-2

| 截面高（厚）度（mm） | $h \leqslant 300$ | $300 < h \leqslant 1500$ | $h > 1500$ |
|---|---|---|---|
| 允许偏差（mm） | ±5 | ±10 | ±15 |

**5.2.6**　无粘结预应力筋的铺设除应符合本标准第 5.2.5 条的规定外，还应符合下列规定：

**1**　无粘结预应力筋的定位要牢固，浇筑混凝土时不应出现移位和变形。

**2**　端部的预埋垫板应垂直于预应力筋。

**3**　内埋式固定端垫板不应重叠，锚具与垫板应贴紧。

**4**　无粘结预应力筋成束布置时应能保证混凝土密实并能裹住预应力筋。

**5**　无粘结预应力筋的护套应完整，局部破损处应采用防水胶带缠绕紧密。

**5.2.7**　无粘结预应力筋的张拉力、张拉顺序及张拉工艺应符合设计及施工技术方案的要求，并应符合下列规定：

**1**　当施工需要超张拉时，最大张拉应力不应大于现行国家标准《混凝土结构工程施工规范》GB 50666 的规定；

**2**　当预应力筋是逐根或逐束张拉时，应保证各阶段不对结构产生不利的应力状态；同时确定张拉力时，宜考虑后批张拉预应力筋所产生的结构构件的弹性压缩对前批张拉预应力筋的影响；

**3**　当采用应力控制方法张拉时，应校核最大张拉力下无粘结预应力筋的伸长值，实测伸长值与计算伸长值的相对允许偏差为 ±6％。

**5.2.8**　锚固阶段张拉端预应力筋的内缩量应符合设计要求；当设计无具体要求时，应符合表 24-3 的规定。

表 24-3

**张拉端预应力筋的内缩量限值**

| 锚具类别 | | 内缩量限值（mm） |
| --- | --- | --- |
| 夹片式锚具 | ·有顶压 | 5 |
| | 无顶压 | 6～8 |

**5.2.9**　无粘结预应力筋锚固后，锚具外预应力筋的外露长度不应小于预应力筋直径的 1.5 倍，且不应小于 30mm。

# 6　成品保护

**6.0.1**　无粘结预应力筋在运输中，应轻装轻卸，严禁摔掷及锋利物品损坏无粘结预应力筋表面及配件。装卸时吊具用钢丝绳应套胶管，避免破坏无粘结预应力筋塑料套管，若有破皮现象，及时用胶带缠绕修补，胶带搭接长度为胶带纸宽度的 1/2。

**6.0.2**　无粘结预应力筋及锚具应采取防潮防雨措施，并按规格分类成捆存放，以防无粘接筋和锚具锈蚀，严禁碰撞和踩压。

**6.0.3**　无粘结预应力筋张拉锚固后，及时认真地进行封端，确保封闭严密，防止锚固系统锈蚀。

**6.0.4**　无粘结预应力筋施工时，严禁有电焊及火星触及无粘结预应力筋。

**6.0.5**　无粘结预应力混凝土养护应符合现行国家标准《混凝土结构工程施工质量验收规范》GB 50204 的规定。

# 7　注意事项

## 7.1　应注意的质量问题

**7.1.1**　无粘结预应力构件的侧模可在张拉前拆除，下部支撑体系的拆除顺序应符合设计的规定。无粘结预应力筋张拉时，混凝土同条件立方体试块抗压强度应满足设计要求；当设计无具体要求时，不应低于设计混凝土强度等级值的 75％。

7.1.2　整个无粘结预应力筋的铺放过程，都要配备专职人员，负责监督检查无粘结预应力筋束形是否符合设计要求，张拉端和固定端安装是否符合工艺要求。对不符合要求之处，应及时进行调整。敷设的各种管线及非预应力筋应避开无粘结预应力筋，不应将无粘结预应力筋的垂直位置抬高或降低，必须保证预应力筋位置正确。

7.1.3　由于固定端锚具预先埋入混凝土中无法更换，因此应具备更高的可靠性，保证张拉过程中和使用阶段的可靠锚固。固定端锚具安装后应认真检查，逐个验收。

7.1.4　张拉设备应由专人负责使用管理，维护与配套校验。校验期限根据情况而定，一般不宜超过半年。

7.1.5　无粘结预应力筋锚固安装时，必须保证承压钢板、螺旋筋、网片以及抗侧力钢筋的规格、尺寸、安装位置符合设计要求，并可靠固定。锚固区的混凝土必须认真振捣，确保混凝土密实。

**7.2　应注意的安全问题**

7.2.1　张拉操作平台应牢固可靠，防护栏杆设置正确。

7.2.2　张拉过程中，操作人员应精神集中、细心操作，给油、回油平稳。

7.2.3　张拉用的机具、工具应妥善存放，禁止乱抛乱扔，防止高空坠物伤人。

7.2.4　高压油管不得出现扭转或死弯现象，如发现，应立即卸除油压进行处理。

7.2.5　张拉时千斤顶后方严禁站人，操作人员应站在千斤顶两侧进行作业，测量伸长时禁止用手触摸千斤顶缸体。

**7.3　应注意的绿色施工问题**

7.3.1　张拉前剥去外露钢绞线的外包塑料保护套要及时清理，不得随意抛弃。

7.3.2　防腐油脂及环氧树脂存放环境应符合规定。

# 8　质量记录

8.0.1　无粘结预应力筋、锚具、夹具、连接器和混凝土原材料的产品合格证、出厂检验报告和进场复验报告。

8.0.2　混凝土中氯化物含量计算书。

8.0.3　预应力筋张拉机具设备及仪表检定记录。

8.0.4　预应力筋隐蔽工程检查验收记录（包括预应力筋、成孔管道、局部加强钢筋、预应力筋锚具和连接器及锚垫板）。

**8.0.5**　无粘结预应力筋张拉记录。

**8.0.6**　混凝土配合比通知单。

**8.0.7**　混凝土施工记录。

**8.0.8**　混凝土坍落度检查记录。

**8.0.9**　混凝土试件强度试验报告。

**8.0.10**　张拉时混凝土立方体抗压强度同条件养护试件试验报告。

**8.0.11**　封锚记录。

**8.0.12**　混凝土试件抗渗试验报告。

**8.0.13**　预应力原材料检验批质量验收记录。

**8.0.14**　预应力筋制作与安装工程检验批质量验收记录。

**8.0.15**　混凝土原材料及配合比检验批质量验收记录。

**8.0.16**　混凝土施工检验批质量验收记录。

**8.0.17**　现浇混凝土结构外观及尺寸偏差检验批质量验收记录。

**8.0.18**　预应力分项工程质量验收记录。

**8.0.19**　其他技术文件。

# 第 25 章　预应力薄腹梁制作

本工艺标准适用于施工现场预应力薄腹梁制作。

## 1　引用标准

《混凝土结构工程施工规范》GB 50666—2011

《混凝土结构工程施工质量验收规范》GB 50204—2015

《普通混凝土用砂、石质量标准及检验方法》JGJ 52—2006

《预应力筋用锚具、夹具和连接器》GB/T 14370—2007

《预应力筋用锚具、夹具和连接器应用技术规程》JGJ 85—2010

《预应力混凝土用钢绞线》GB/T 5224—2003

《预拌混凝土》GB/T 14902—2012

## 2　术语（略）

## 3　施工准备

### 3.1　作业条件

**3.1.1**　应编制预应力薄腹梁施工方案，已按设计要求对薄腹梁预制过程中的胎膜制作、非预应力钢筋制安、混凝土浇筑养护、预应力筋孔道留置、预应力筋张拉、灌浆等工序的操作向操作人员进行技术安全交底。

**3.1.2**　模板、钢筋、预埋件均运至生产指定地点，钢筋、预埋件码好。

**3.1.3**　构件生产场地已夯实、整平，且有排水措施。

**3.1.4**　张拉时混凝土强度应达到设计要求，一般不低于设计强度的 75％。张拉用的油压千斤顶及油表已配套校验，张拉设备已检定，机具准备就绪。

**3.1.5**　已有试验室签发的混凝土及孔道灌浆配合比通知单，计量装置完好，搅拌及振捣设备试运转正常，灌浆机具准备就绪。

**3.1.6**　构件应在常温条件下生产，当所处环境温度高于 35℃或室外日平均气温连续 5d 低于 5℃的条件下进行灌浆施工时，应采取专门的质量保证措施。

### 3.2　材料及机具

**3.2.1**　钢筋绑扎：成型钢筋、钢筋点焊网片、预留孔道用钢管、胶管或金属螺旋管、预埋铁件、20～22 号铅丝及带铁丝的水泥砂浆垫块等。

**3.2.2**　混凝土浇筑：强度不低于 32.5 级普通硅酸盐水泥或矿渣硅酸盐水泥、粗砂或中砂、粒径为 5～20mm 的碎石、外加剂等。

**3.2.3**　预应力张拉：预应力筋宜采用钢绞线、钢丝，也可采用热处理钢筋。预应力筋张拉用的螺丝端杆、锚具、垫铁等。

**3.2.4**　孔道灌浆：32.5 级普通硅酸盐水泥、铝粉（经过脱脂处理）、对钢筋无锈蚀作用的外加剂。

**3.2.5**　胎模制作：普通砖、方木、32.5 级普通硅酸盐水泥或矿渣硅酸盐水泥、中砂、石灰膏、隔离剂等。

**3.2.6**　模板安装：定型模板、30～50mm 厚木模板、小木桩、木龙骨、12 号铅丝等。

**3.2.7**　机具：

**1**　胎模制作：蛙式打夯机、水准仪、砂浆机、瓦刀、大铲等；

**2**　模板安装：手锤、钢卷尺、电锯、电刨、线锤、水平尺、涂料滚等；

**3**　钢筋绑扎：钢筋钩子、铅丝铡刀、盒尺等；

**4**　混凝土浇筑：混凝土搅拌机、手推车、铁锹、木抹子、铁抹子、振捣器、计量器具、拔管用的绞车或卷扬机、测量设备、仪器、坍落度筒、混凝土试模等；

**5**　预应力钢筋张拉：液压拉伸机、电动高压油泵；

**6**　孔道灌浆：灰浆搅拌机、灌浆机具、砂浆试模等。

## 4　操作工艺

### 4.1　工艺流程

$$\boxed{胎模制作} \rightarrow \boxed{钢筋绑扎} \rightarrow \boxed{模板安装} \rightarrow \boxed{混凝土搅拌、运输、浇筑、养护} \rightarrow$$

$$\boxed{预应力筋穿放} \rightarrow \boxed{预应力筋张拉与锚固} \rightarrow \boxed{孔道灌浆} \rightarrow \boxed{封端}$$

### 4.2　胎模制作

**4.2.1**　根据预制构件平面布置图放出构件位置，用水准仪找平，进行场地平整、夯实。当土质较差时，可换 200mm 厚素土或灰土夯实，夯实范围应超出构件边缘 500mm 以上。

**4.2.2**　将胎模表面铲平，清理干净进行放样，切土成型。

**4.2.3**　当无制作土胎模条件时，可采用泥浆或灰浆砌砖胎模成型。

**4.2.4**　土胎模先用水泥砂浆找平，再用 1∶3∶（8～10）水泥黏土砂浆找平，表面撒干水泥压光，棱角处用 1∶2.5 水泥砂浆抹面。

**4.2.5** 罩面砂浆略干后，即可涂刷隔离剂，涂刷应均匀，不漏刷。

**4.2.6** 构件生产场地的四周应做好防水、排水措施，以免遇雨时将胎模浸泡变形。

**4.2.7** 胎模上放出模板、钢筋、预埋铁件位置线。

## 4.3　钢筋绑扎

**4.3.1** 成型钢筋应符合配料单的种类、直径、形状、尺寸、数量、钢筋接头应符合设计及规范要求。

**4.3.2** 在胎模上放置垫木，绑扎翼缘钢筋，并绑扎水泥砂浆垫块，每 1m² 一个，抽去垫木，将骨架就位，再绑扎腹板钢筋，最后安装预埋铁件和抽芯钢管、胶管、波纹管。

**4.3.3** 预留孔道直径应比预应力筋（束）外径、钢筋对焊接头处外径大 10～15mm。当采用抽芯钢管时，钢管表面应打磨除锈并刷油，钢管外露长度为 300～500mm，在外露直径 $\phi$16mm 对穿小孔，以备插入钢筋棒转动钢管。钢管采用两根在中部对接，对接处用 0.5mm 铁皮卷成长 300～400mm 的套管与钢管紧贴，以防漏浆堵塞孔道。孔道埋管用井字架固定，其间距钢管不大于 1m，胶管不大于 0.5m，波纹管不大于 0.8m。曲线孔道应加密，井字架与钢筋骨架应绑扎牢固，保证孔道位置准确。

**4.3.4** 钢筋绑扎完后，认真校核，经验收合格后支设模板。

## 4.4　模板安装

**4.4.1** 薄腹梁通常采用平卧法生产，上下翼缘外侧采用定型整片钢模或木模。木模与混凝土接触面应经刨光，选用干燥、变形小的松木制作，要求外形尺寸准确、表面平整光滑、支拆方便。

**4.4.2** 安装模板时应复核位置尺寸，外侧模板打小木桩，木模用方木斜撑顶紧固定，钢模板外侧先用铁丝绑 $\phi$48×3.5m 通长钢管再加固，模板高度尽量同翼缘高度一致，内侧模板安装用搭头木固定。模板安装完后应检查一遍，支撑是否牢固，接缝是否严密，预埋件及孔道埋管、灌浆孔、排气孔位置是否准确，验收合格后进行下道工序。

**4.4.3** 采用平卧叠法生产时应采用普通砖填芯，用泥浆设置隔离层，再用水泥砂浆抹面，涂刷隔离剂，叠层最多为 4 层。

**4.4.4** 混凝土强度达到设计强度的 30% 时即可拆除侧模，拆模应先内后外，严禁用撬棍与混凝土之间硬拆，以免碰掉棱角。拆除的模板应及时清理，涂刷隔离剂，支垫平整备用。

## 4.5　混凝土工程

**4.5.1** 浇筑前应先将模板内清理干净，浇水湿润，不应冲刷掉隔离剂，且不得积水。

**4.5.2**　采用自拌混凝土时，每班混凝土施工前，要对设备进行检查并试运转，检查计量器具及施工配合比，对所用原材料规格、产地、质量进行检查，符合要求后方可开机拌制混凝土。

**4.5.3**　砂石骨料计量允许误差不大于±3％，水泥不大于±2％，外加剂及混合料不大于±2％，水不大于±2％，不得掺有氯化物等对钢筋有腐蚀作用的外加剂。

**4.5.4**　投料顺序：石子→水泥→砂→外加剂、水。首盘拌制先湿润滚筒，石子用量减半。

**4.5.5**　混凝土搅拌的最短时间应符合表 25-1 的规定。

混凝土搅拌的最短时间（s）　　　　　　　　　表 25-1

| 混凝土坍落度（mm） | 搅拌机机型 | 搅拌机出料量（L） | | |
|---|---|---|---|---|
| | | <250 | 250～500 | >500 |
| ≤30 | 强制式 | 60 | 90 | 120 |
| >30，且<100 | 强制式 | 60 | 60 | 90 |
| ≥100 | 强制式 | 60 | | |

注：1. 最短搅拌时间指自全部材料入筒搅拌至开始出料的时间；
　　2. 当掺有外加剂与矿物掺和料时，搅拌时间应适当延长；
　　3. 采用自落式搅拌机时，搅拌时间宜延长 30s；
　　4. 冬期混凝土搅拌时间取常温时间的 1.5 倍。

**4.5.6**　对混凝土原材料、配合比、搅拌时间、坍落度进行检查，每一台班除按常规规定制作混凝土试块外，还应留设不少于一组的同条件试块。

**4.5.7**　当采用预拌混凝土时，应符合现行国家标准《预拌混凝土》GB/T 14902 的相关规定。供方应提供混凝土配合比通知单、混凝土抗压强度报告、混凝土质量合格证和混凝土运输单；当需要其他资料时，供需双方应在合同中明确约定。

**4.5.8**　预拌混凝土搅拌运输车在装料前应将罐内积水排尽，装料后严禁向搅拌罐内的混凝土拌合物中加水。

**4.5.9**　预拌混凝土从搅拌机卸入搅拌运输车到卸料时的运输时间不宜大于 90min，如需延长运送时间则应采取相应的有效技术措施，并应通过试验验证；当采用翻斗车时，运输时间不应大于 45min。

**4.5.10**　混凝土浇筑应从构件中心向两端或从两端向中心浇筑，混凝土必须连续浇筑，不留施工缝。振捣时应边入模边振捣，振捣器移动间距不大于 400mm，应振捣密实且不得碰撞各种预埋件。

**4.5.11**　混凝土表面应及时抹平压光，芯管每 10～15min 转动一次。如表面出现裂缝用抹子搓平，然后用铁抹子抹光。

**4.5.12** 抽芯管在混凝土初凝后终凝前进行，以手指按压混凝土表面达到"轻压不软、重压不陷、浆不粘手、印痕不显"为宜。抽管时从两端分别拔出，从管端小孔中穿钢筋棒，边转边抽，同时观察混凝土表面，抽管应按孔道位置先上后下采用人工或卷扬机抽出，抽管速度宜均匀。

**4.5.13** 预留灌浆孔和排气孔，灌浆孔直径为 25mm，间距不宜大于 12m，用木塞预留；构件端部、锚具及铸铁喇叭口处应设置排气孔，排气孔直径为 8～10mm，用钢筋头预留。混凝土浇筑后随即转动木塞及钢筋头顶紧孔道芯管，待抽管后把木塞及钢筋头拔出，保证灌浆孔、排气孔畅通。

**4.5.14** 抽出钢管后，可用铁丝一端绑扎棉纱，清理孔道内混凝土碎渣，以便穿筋。

**4.5.15** 在混凝土浇筑完毕 12h 内进行覆盖并浇水湿润，养护时间不小于 7d。

### 4.6 预应力筋张拉

**4.6.1** 认真检查预应力筋的孔道，保证平顺、畅通，无局部弯曲。孔道端部的预埋钢板应垂直于孔道轴线，孔道接头处不得漏浆，灌浆孔及排气孔位置应符合设计要求。

**4.6.2** 螺丝端杆与预应力筋焊接，应在预应力筋冷拉前进行。

**4.6.3** 穿入预应力筋时，带有螺丝端杆的预应力筋应将丝扣保护好，钢筋穿引器的引线从一端穿入孔道，从另一端穿出，钢筋保持水平向孔道送入，直至两端露出所需长度。张拉端丝扣的外露长度不应小于 $H+10\text{mm}$（$H$ 为螺母高度），外露丝扣应涂机油，以备张拉。

**4.6.4** 安装垫板及张拉设备时，应使张拉力的作用线与孔道中心线重合，并将螺母拧紧固定，防止张拉时垫板不正卡住端杆、损坏丝扣。安装垫板时应注意将垫板上的排气槽朝向外侧，不可朝里或向下。

**4.6.5** 预应力薄腹梁采用分批、对称张拉。预应力筋张拉端的设置应符合设计要求，当无具体要求时，应符合以下规定：

**1** 抽芯成型孔道：曲线预应力筋和长度≮24m 的直线预应力筋应在两端张拉，长度≤24m 的直线预应力筋可在一端张拉；

**2** 预埋波纹管孔道：曲线预应力筋和长度大于 30m 的直线预应力筋应在两端张拉，长度不大于 30m 的直线预应力筋可在一端张拉。当同一截面中有多根一端张拉的预应力筋时，张拉端宜分别设置在结构两端，当两端同时张拉同一根预应力筋时，宜先一端锚固，然后在另一端补足张拉力后进行锚固。

**4.6.6** 采用分批张拉时，应计算出分批张拉的预应力损失值，分别加到先张拉预应力筋的张拉控制应力值内，或采用同一张拉值逐根复位补足。

**4.6.7**　当采用超张拉法减少预应力筋的松弛损失时，预应力筋张拉程序如下：

**1**　$0 \rightarrow 105\% \sigma_{con}$ 持荷 2min $\rightarrow \sigma_{con}$

**2**　$0 \rightarrow 103\% \sigma_{con}$

**4.6.8**　预应力筋张拉伸长值应符合设计要求，当无具体要求时，预应力筋的计算伸长值 $\Delta L_p$ 可按式（25-1）计算：

$$\Delta L_p = F_p \cdot L / A_p \cdot E_p \tag{25-1}$$

式中　$F_p$——预应力筋的平均张拉力（kN），直线筋取张拉端的拉力，两端张拉的曲线筋取张拉端的拉力与跨中扣除孔道，摩擦损失后拉力的平均值；

$A_p$——预应力筋的截面面积（$mm^2$）；

$L$——预应力筋的长度（mm）；

$E_p$——预应力筋的弹性模量（$kN/mm^2$）。

预应力筋的实际伸长值，宜在初应力为张拉控制应力 10% 左右时开始量测，但必须加上初应力以下的推算伸长值，扣除混凝土构件在张拉过程中的弹性压缩值。

张拉力值、相应的油表读数及张拉值均应写在标牌上，挂在高压油泵旁，供操作人员掌握。

**4.6.9**　张拉完毕后，用扳手将螺母拧紧，将钢筋锚固，端杆螺丝宜每端拧双螺帽。测出实际伸长值，当实际伸长值比计算伸长值小 5% 或大 10% 时，应查找原因后重新张拉。

**4.6.10**　平卧重叠浇筑时宜先上后下逐层进行张拉，为减少上下层之间因摩擦力造成的预应力损失，可逐层加大张拉力。但底层张拉力对钢绞线不宜比顶层张拉力大 5%，对冷拉 Ⅱ、Ⅲ、Ⅳ 级钢筋不宜比顶层张拉力大 9%，且最大张拉力不得超过表 25-2 的规定。

最大张拉应力允许值　　　　　　　　　　　　　　　　表 25-2

| 钢种 | 后张法 |
| --- | --- |
| 钢绞线 | $0.80 f_{ptk}$ |
| 预应力螺纹钢筋 | $0.90 f_{pyk}$ |

注：$f_{ptk}$ 为预应力筋的极限抗拉强度标准值，$f_{pyk}$ 为预应力筋的屈服强度标准值。

**4.6.11**　在张拉过程中，应及时做好预应力张拉记录。

**4.7　孔道灌浆**

**4.7.1**　灌浆孔道应湿润、洁净，并检查灌浆孔、排气孔是否畅通。

**4.7.2** 预应力筋张拉完后，应尽早进行孔道灌浆，以减少预应力损失。孔道内水泥浆应饱满、密实。

**4.7.3** 灌浆用普通硅酸盐水泥配置的水泥浆，孔径大的孔道可采用砂浆灌浆，水泥及砂浆强度应满足设计要求，且不应小于 $30N/mm^2$。水泥浆水灰比不应大于 0.45，搅拌完 3h 后泌水率不宜大于 2%，且不应大于 3%，水泥浆中可掺入水泥重量万分之一的脱脂铝粉及对预应力筋无腐蚀的外加剂。

**4.7.4** 灌浆应先上后下，缓慢均匀进行，灌浆压力应先小后大，并稳定在 0.4～0.5MPa，不得中断。当排气孔依次排出空气、水、稀浆、浓浆时，用木塞将排气孔塞住，并稍加大压力至 0.6～0.8MPa，随即停泵，稍停 2～3min 后即可堵塞灌浆孔。

**4.7.5** 除按要求留设水泥浆（或水泥砂浆）试块外，还应留设一组同条件试块，并注意养护。

**4.7.6** 孔道灌浆应正温下进行，并养护到不小于设计强度标准值的 75% 时方可移动构件。

**4.7.7** 外露于锚具的预应力筋切割必须用砂轮锯，严禁使用电弧；乙炔焰切割时，火焰不得接触锚具，切割过程中还应用水冷却锚具。切割后的预应力筋的外露长度，不宜小于预应力筋直径的 1.5 倍，且不宜小于 30mm。

## 5 质量标准

### 5.1 主控项目

**5.1.1** 预制构件应进行结构性能检验。结构性能检验不合格的预制构件不得用于混凝土结构。

构件应在明显部位标明生产单位、构件型号、生产日期和质量验收标志。构件上的预埋件、插筋和预留孔洞的规格、位置和数量应符合标准图或设计要求。

**5.1.2** 预制构件的外观质量不应有严重缺陷。对已经出现的严重缺陷，应按技术处理方案进行处理，并重新检查验收。

**5.1.3** 构件不应有影响结构性能和安装、使用功能的尺寸偏差。对超过尺寸允许偏差且影响结构性能和安装、使用功能的部位，应按技术处理方案进行处理，并重新检查验收。

### 5.2 一般项目

**5.2.1** 预制构件的外观质量不宜有一般缺陷。对已经出现的一般缺陷，应按技术处理方案进行处理，并重新检查验收。

**5.2.2** 预制构件的尺寸偏差应符合表 25-3 的规定。

预制构件尺寸的允许偏差    表 25-3

| 序号 | 项目 | | 允许偏差（mm） | 检验方法 |
|---|---|---|---|---|
| 1 | 长度 | | +15，−10 | 尺量 |
| 2 | 宽度 | | ±5 | 尺量 |
| 3 | 侧向弯曲 | | L/1000 且≤20 | 尺量 |
| 4 | 预埋件 | 中心线位置 | 10 | 尺量 |
| | | 螺栓位置 | 5 | 尺量 |
| | | 螺栓外露长度 | +10，−5 | 尺量 |
| 5 | 预留孔中心线位置 | | 5 | 尺量 |
| 6 | 预留洞中心线位置 | | 15 | 尺量 |
| 7 | 主筋保护层厚度 | | +10，−5 | 尺量 |
| 8 | 预应力构件预留孔道位置 | | 3 | 尺量 |

注：1. L 为构件长度（mm）；
　　2. 检查中心线、螺栓和孔道位置时，应沿纵、横两个方向量测，并取其中的较大值；
　　3. 对形状复杂或有特殊要求的构件，其尺寸偏差应符合标准图或设计的要求。

# 6  成品保护

**6.0.1**  现场应做排水设施，雨天应对构件遮盖油毡或塑料布，防止雨淋。冬季应采用防冻保温措施。

**6.0.2**  胎模上不得上平板车或其他车辆，不得堆置重物。

**6.0.3**  振捣混凝土时，不得碰撞钢筋、模板及预埋件，以免钢筋、预埋件位移或模板变形。

**6.0.4**  钢管（胶管）抽拔时，如混凝土表面有裂缝应及时压实抹光。

**6.0.5**  混凝土达到一定强度后方准拆除模板，拆除时应注意保护构件棱角，不得硬砸硬撬。

**6.0.6**  外露构件应除锈、涂刷防锈漆。

# 7  注意事项

## 7.1  应注意的质量问题

**7.1.1**  预留孔道用无缝钢管，留设位置准确，支架牢固，接头处铁皮套管应符合要求。

**7.1.2**  混凝土浇筑后每 15min 转动芯管一次，芯管抽拔应在混凝土终凝前进行，按孔道位置先上后下，边抽边转。

**7.1.3**  预应力张拉设备及仪表应定期维护和校验，配套标定并配套使用。张拉控制应力和伸长值应符合设计要求。

**7.1.4**　孔道灌浆前应用水冲洗混凝土孔壁，搅拌好的水泥浆不得出现泌水沉淀，灌浆压力由小到大逐渐加压。

### 7.2　应注意的安全问题

**7.2.1**　使用蛙式打夯机时，应有专人负责移动电缆线，操作人员应戴好绝缘手套。下班时拉闸断电，打夯机必须用防水材料遮盖。

**7.2.2**　操作高压油泵人员应戴防护目镜，防止油管破裂及接头处喷油伤眼。

**7.2.3**　高压油泵与千斤顶之间所有连接点、紫铜管喇叭口或接口应完好无损，并拧紧螺母。

**7.2.4**　张拉区应有明显标记，禁止非工作人员进入张拉区。

**7.2.5**　张拉时构件两端不得站人，并设置防护罩。高压油泵应放在构件的左右两侧，拧螺丝帽时操作人员应站在预应力筋位置的侧面。张拉完毕，稍待几分钟再拆卸张拉设备。

**7.2.6**　雨天张拉时，应搭设雨棚，防止张拉机具淋雨；冬天张拉时，张拉设备应有保暖设施，防止油管和油泵受冻而影响操作。

**7.2.7**　油泵开动过程中，操作人员不得擅离岗位。如需离开，必须切断电路或把油泵阀门全部松开。

**7.2.8**　掌握喷嘴的操作人员必须带防护目镜、穿雨鞋、戴手套。喷嘴插入孔道后，喷嘴后面的胶皮垫圈应紧压在孔洞上，胶皮管与灰浆泵应连接牢固，才能开动灰浆泵。堵塞灌浆孔与排气孔时，以防灰浆喷出伤人。

### 7.3　应注意的绿色施工问题

**7.3.1**　搅拌机应采用新型低噪声设备或者搭设隔音搅拌棚；混凝土浇筑时应使用低噪声振捣器，尽量避免居民区周围夜间施工、午休施工，学校周围上课时间施工。

**7.3.2**　预应力筋张拉时要防止千斤顶和液压油泵及输油管路连接处漏油。

## 8　质量记录

**8.0.1**　钢筋、预应力筋、锚具、夹具、连接器和混凝土原材料合格证和进场复验报告。

**8.0.2**　混凝土中氯化物含量计算书。

**8.0.3**　预应力筋张拉机具设备及仪表标定记录。

**8.0.4**　预应力筋隐蔽工程检查验收记录。

**8.0.5**　预应力筋应力检测记录或张拉记录。

**8.0.6**　灌浆记录。

**8.0.7**　水泥浆性能试验报告。

**8.0.8**　水泥试件强度检验报告。

**8.0.9**　混凝土配合比通知单。

**8.0.10**　混凝土施工记录。

**8.0.11**　混凝土坍落度检查记录。

**8.0.12**　混凝土试件强度检验报告。

**8.0.13**　预应力筋原材料检验批质量验收记录。

**8.0.14**　预制构件结构性能检验记录。

**8.0.15**　预应力筋制作与安装工程检验批质量验收记录。

**8.0.16**　混凝土原材料及配合比检验批质量验收记录。

**8.0.17**　混凝土施工检验批质量验收记录。

**8.0.18**　预制构件工程检验批质量验收记录。

**8.0.19**　预应力张拉、放张、灌浆及封锚工程检验批质量验收记录。

**8.0.20**　预应力分项工程质量验收记录。

**8.0.21**　其他技术文件。

# 第 26 章　预应力屋架制作

本工艺标准适用于施工现场预应力混凝土屋架制作。

## 1　引用标准

《混凝土结构工程施工规范》GB 50666—2011

《混凝土结构工程施工质量验收规范》GB 50204—2015

《普通混凝土用砂、石质量标准及检验方法》JGJ 52—2006

《预应力筋用锚具、夹具和连接器》GB/T 14370—2007

《预应力筋用锚具、夹具和连接器应用技术规程》JGJ 85—2010　J1006—2010

《预应力混凝土用钢绞线》GB/T 5224—2003

《预拌混凝土》GB/T 14902—2012

## 2　术语（略）

## 3　施工准备

### 3.1　作业条件

3.1.1　应编制预应力屋架施工方案，已按设计要求对屋架预制过程中的胎膜制作、非预应力钢筋制安、混凝土浇筑养护、预应力筋孔道留置、预应力筋张拉、灌浆等工序的操作标准向操作人员进行技术安全交底。

3.1.2　有预制构件平面布置图，并对预应力筋（束）穿放和张拉、吊装机械行驶路线、屋架起吊扶直和就位等做了统一部署。构件生产场地已夯实、整平，且有排水措施。模板、钢筋、预埋件均运至生产指定地点，钢筋、预埋件码好。

3.1.3　张拉用的油压千斤顶及油表已配套校验，张拉设备已检定，机具准备就绪。

3.1.4　张拉时混凝土强度应达到设计要求，一般不低于设计强度的 75%。

3.1.5　已有试验室签发的混凝土及孔道灌浆配合比通知单，计量装置完好，搅拌及振捣设备试运转正常，灌浆机具准备就绪。

**3.1.6**　构件应在常温条件下生产，当所处环境温度高于 35℃或室外日平均气温连续 5d 低于 5℃的条件下进行灌浆施工时，应采取专门的质量保证措施。

### 3.2　材料及机具

**3.2.1**　钢筋绑扎：成型钢筋、钢筋点焊网片、预留孔道用钢管、胶管或金属螺旋管、预埋铁件、20～22 号铅丝及带铁丝的水泥砂浆垫块等。

**3.2.2**　混凝土浇筑：强度不低于 32.5 级普通硅酸盐水泥或矿渣硅酸盐水泥、粗砂或中砂、粒径为 5～20mm 的碎石、外加剂等。

**3.2.3**　预应力张拉：预应力筋宜采用钢绞线、钢丝，也可采用热处理钢筋。预应力筋张拉用的螺丝端杆、锚具、垫铁等。

**3.2.4**　孔道灌浆：32.5 级普通硅酸盐水泥、铝粉（经过脱脂处理）、对钢筋无锈蚀作用的外加剂。

**3.2.5**　胎模制作：普通砖、方木、32.5 级普通硅酸盐水泥或矿渣硅酸盐水泥、中砂、石灰膏、隔离剂等。

**3.2.6**　模板安装：定型模板、30～50mm 厚木模板、小木桩、木龙骨、12 号铅丝等。

**3.2.7**　机具：

**1**　胎模制作：蛙式打夯机、水准仪、砂浆机、瓦刀、大铲等；

**2**　模板安装：手锤、钢卷尺、电锯、电刨、线锤、水平尺、涂料滚等；

**3**　钢筋绑扎：钢筋钩子、铅丝铡刀、盒尺等；

**4**　混凝土浇筑：混凝土搅拌机、手推车、铁锹、木抹子、铁抹子、振捣器、计量器具、拔管用的绞车或卷扬机、测量设备、仪器、坍落度筒、混凝土试模等；

**5**　预应力钢筋张拉：液压拉伸机、电动高压油泵；

**6**　孔道灌浆：灰浆搅拌机、灌浆机具、砂浆试模等。

## 4　操作工艺

### 4.1　工艺流程

胎模制作 → 钢筋绑扎 → 模板安装 → 混凝土工程 → 预应力筋（束）穿放 →

预应力筋（束）张拉与锚固 → 孔道灌浆 → 封端

### 4.2　胎模制作

**4.2.1**　根据预制构件平面布置图放出构件位置，用水准仪找平后修理平整、用打夯机夯实。当土质较差时，可就近用黏土或亚黏土垫筑夯实，厚度一般为 200mm。

**4.2.2**　将胎模表面铲平，清理干净，进行放样，切土成型。

**4.2.3**　当无条件做土胎模时，可采用泥浆或灰浆砌砖胎模成型。

**4.2.4**　土胎模先用 1：3 水泥砂浆找平，再用 1：3：（8～10）水泥黏土砂浆找平，表面撒干水泥压光，棱角处用 1：2.5 水泥砂浆抹面。

**4.2.5**　抹面砂浆略干即刷废机油和甲基树脂等隔离剂，以防开裂。用长柄刷子蘸隔离剂进行涂刷，涂刷应均匀，不漏刷，不积油。隔离剂以淡色为宜。

**4.2.6**　构件生产场地的四周应做好防水、排水措施，以免遇雨时将胎模浸泡变形。

**4.2.7**　胎模上放出模板、钢筋、预埋铁件的位置线。

### 4.3　钢筋绑扎

**4.3.1**　核对成型钢筋的种类、直径、形状尺寸和数量等是否与配料单相符。

**4.3.2**　屋架钢筋采用模内绑扎法。通常先绑扎腹杆，并放入模内，然后上、下弦、端部骨架钢筋，再绑模板底的主筋，按箍筋间距画线，套上箍筋并按线距摆开。先绑模板面的钢筋，再绑模板底的钢筋，绑扎后，穿入节点附近钢筋和节点钢筋绑扎，最后绑扎节点外钢筋，抽去垫木，并放入模内。

**4.3.3**　钢筋绑扎后，再安装预埋铁件和预留孔道管材。预埋铁件安装时，可采用螺栓固定，保证位置准确、牢固。

**4.3.4**　预留孔道有抽拔法和直埋法两种。无缝钢管和橡胶管（充水或充气）适用于抽拔法，镀锌金属波纹管适用于直埋法。孔道管材安装时，为了保证管材在屋架下弦中的位置正确，一般用 $\phi6$～$\phi8$ 井字形钢筋托架支起，井字形钢筋托架应和下弦骨架钢筋点焊牢固，托架的间距为 400～600mm（无缝钢管为 1000～1500mm），孔道管材穿置于井字形托架中。

**4.3.5**　当无缝钢管需要两根对接起来时，在对接处应用一节铁皮套管上焊 $\phi6$ 钢筋弯成的铁脚，以防转动钢管时铁皮套管随钢管一起转动。套管一般采用 0.5mm 厚铁皮制作，长 300～400mm。

**4.3.6**　当预应力筋采用高强钢丝束镦头锚具时张拉端部的预留孔道需要扩孔，扩孔的尺寸主要根据镦头锚具的尺寸而定。端部扩孔一般采用无缝钢管的留设方法。端部扩孔留设时应与中心孔道同心，抽管时先抽芯管，后抽钢套管。

**4.3.7**　预埋铁件和孔道管材的安装，应与钢筋绑扎、模板安装相互配合，端部预埋铁板必须平整，并与孔道中心线垂直。

### 4.4　模板安装

**4.4.1**　屋架通常采用平卧叠层生产，弦杆和腹杆的侧模采用定型模板，节点采用木模。木模与混凝土接触面应经刨光或钉镀锌铁皮，选用干燥、变形小的松木制作，要求外形尺寸准确、表面平整光滑、支拆方便。

**4.4.2** 支模应采用撑搭结合法，即先立侧模，外侧用斜撑撑住，上口用搭条拉结，以保证尺寸不变。

**4.4.3** 底层第一榀屋架安装模板时，应核对胎模尺寸，且底模应控制在同一水平面上，拆模后宜延构件四周弹出水平线，逐层校正上层模板的平整度。

**4.4.4** 在下层屋架强度达到设计强度的 30％时，并刷上隔离剂或铺塑料薄膜后，才可支上层屋架模板，支模时，可用下层拆下来的模板做支撑垫起，然后同下层用撑搭结合法固定模板。当模板够用时，下层模板也可暂不拆除，将上层模板支在下层模板上，以节省逐层支模。

**4.4.5** 当采用预制腹杆时，可将预制好的腹杆两头放在上、下弦节点中，并将锚入钢筋与主筋绑扎牢固。

**4.4.6** 模板安装完，应检查支撑、搭条是否牢固，接缝是否严密，预埋铁件位置是否准确，当模板高于构件厚度时，应在模板上口内侧弹出墨线，并交代给下道工序。

**4.4.7** 当混凝土强度达到设计强度的 30％时方可拆除模，拆下的模板应及时整修清理，涂刷隔离剂。

**4.5 混凝土工程**

**4.5.1** 浇筑前应先将模板内清理干净，浇水湿润，不应冲刷掉隔离剂，且不得积水。

**4.5.2** 对采用自拌混凝土时，每班混凝土施工前，要对设备进行检查并试运转，检查计量器具及施工配合比，对所用原材料规格、产地、质量进行检查，符合要求后方可开机拌制混凝土。

**4.5.3** 砂石骨料计量允许误差不大于±3％，水泥不大于±2％，外加剂及混合料不大于±2％，水不大于±2％，不得掺有氯化物等对钢筋有腐蚀作用的外加剂。

**4.5.4** 投料顺序：石子→水泥→砂→外加剂、水。首盘拌制先湿润滚筒，石子用量减半。

**4.5.5** 混凝土搅拌的最短时间应符合表 26-1 的规定。

混凝土搅拌的最短时间（s） 表 26-1

| 混凝土坍落度（mm） | 搅拌机机型 | 搅拌机出料量（L） | | |
|---|---|---|---|---|
| | | ＜250 | 250～500 | ＞500 |
| ≤30 | 强制式 | 60 | 90 | 120 |
| ＞30，且＜100 | 强制式 | 60 | 60 | 90 |
| ≥100 | 强制式 | 60 | | |

注：1. 最短搅拌时间指自全部材料入筒搅拌至开始出料的时间；
2. 当掺有外加剂与矿物掺和料时，搅拌时间应适当延长；
3. 采用自落式搅拌机时，搅拌时间宜延长 30s；
4. 冬期混凝土搅拌时间取常温时间的 1.5 倍。

**4.5.6**　对混凝土原材料、配合比、搅拌时间、坍落度进行检查，每一台班除按常规规定制作混凝土试块外，还应留设不少于一组的同条件试块。

**4.5.7**　当采用预拌混凝土时，应符合现行《预拌混凝土》GB/T 14902 的相关规定。供方应提供混凝土配合比通知单、混凝土抗压强度报告、混凝土质量合格证和混凝土运输单；当需要其他资料时，供需双方应在合同中明确约定。

**4.5.8**　预拌混凝土搅拌运输车在装料前应将罐内积水排尽，装料后严禁向搅拌罐内的混凝土拌合物中加水。

**4.5.9**　预拌混凝土从搅拌机卸入搅拌运输车到卸料时的运输时间不宜大于90min，如需延长运送时间则应采取相应的有效技术措施，并应通过试验验证；当采用翻斗车时，运输时间不应大于 45min。

**4.5.10**　混凝土浇筑应从构件中心向两端或从两端向中心浇筑，混凝土必须连续浇筑，不留施工缝。振捣时应边入模边振捣，振捣器移动间距不大于400mm，应振捣密实且不得碰撞各种预埋件。

**4.5.11**　混凝土表面应及时抹平压光，芯管每 10～15min 转动一次。如表面出现裂缝用抹子搓平，然后用铁抹子抹光。

**4.5.12**　抽芯管在混凝土初凝后终凝前进行，以手指按压混凝土表面达到"轻压不软、重压不陷、浆不粘手、印痕不显"为宜。抽管时从两端分别拔出，从管端小孔中穿钢筋棒，边转边抽，同时观察混凝土表面，抽管应按孔道位置先上后下采用人工或卷扬机抽出，抽管速度宜均匀。

**4.5.13**　预留灌浆孔和排气孔，灌浆孔直径为 25mm，间距不宜大于 12m，用木塞预留；构件端部、锚具及铸铁喇叭口处应设置排气孔，排气孔直径为 8～10mm，用钢筋头预留。混凝土浇筑后随即转动木塞及钢筋头顶紧孔道芯管，待抽管后把木塞及钢筋头拔出，保证灌浆孔、排气孔畅通。

**4.5.14**　抽出钢管后，可用铁丝一端绑扎棉纱，清理孔道内混凝土碎渣，以便穿筋。

**4.5.15**　在混凝土浇筑完毕 12h 内进行覆盖并浇水湿润，养护时间不小于7d。

### 4.6　预应力筋（束）穿放

**4.6.1**　穿放预应力筋（束）之前，应将孔道清理干净，并核对预应力筋（束）的材质、规格和下料长度等。预应力筋（束）穿放时，当采用粗钢筋配合螺丝端杆时，将螺丝端杆的丝扣部分套上穿引器，穿引器的引线穿入孔道，钢筋保持水平送入孔道，在另一端设一人拉动，直至两端露出所需长度。卸下穿引器，检查丝扣及外露长度。如丝扣损坏，应及时修理。张拉端丝扣的外露长度一般不应小于 $2H+10$mm，锚固端不小于 $H+10$mm，（$H$ 为螺母高度），按此要求就位后，外露丝扣应涂机油，以备张拉。

**4.6.2** 当采用多根钢绞线作预应力筋时，穿放前应先进行编束，用 18～20 号铅丝每隔 1m 左右扎紧，再用卷扬机整束穿入孔道（钢绞线也可逐根用人工或穿引器穿入孔道）。

**4.6.3** 预应力筋编束，应根据钢筋冷拔时的编号选择冷拉率比较接近的编为一组（或一束）使用，并按每组的数量使其一头对齐编扎，以利穿束。

**4.6.4** 当用钢绞线时，下料一般在现场进行。钢绞线可用砂轮切割机下料，钢绞线的下料长度等于孔道的净长加两端的预留长度，固定端的预留长度为锚板的厚度加 30mm，张拉端的预留长度可根据选用的 MJ12 锚具或 QM 型群锚体系和张拉机具确定。

## 4.7　预应力筋（束）张拉与锚固

**4.7.1** 当预应力筋（束）穿放完，混凝土强度达到设计强度的 100% 时（设计无具体要求时，不应低于设计强度的 75%），方可张拉预应力筋。

**4.7.2** 张拉设备系统应配套，并定期进行标定。粗钢筋配用螺丝端杆锚具，拉杆式千斤顶进行张拉；钢筋束、钢绞线配用 MJ12 锚具，YC-60 型穿心式千斤顶进行张拉；钢绞线也可配用 QM 型锚具 YCQ 型千斤顶进行张拉。

**4.7.3** 安装张拉设备时，如用粗钢筋作预应力筋，两端先套上垫板，拧上螺帽（非张拉端为螺丝端杆时，可将螺帽拧紧；非张拉端为帮条锚具时，将帮条焊好），张拉端拧上拉头，然后将千斤顶就位，开动高压油泵，千斤顶小缸进油，活塞杆伸出，将拉头套入千斤顶套碗中，扭转 90° 卡牢，随即将千斤顶就位找平，再将千斤顶小缸回油，大缸进油，活塞杆缩进，通过拉头张拉预应力筋。安装垫板时，应注意将垫板上的排气孔朝向外侧，不可朝里。

**4.7.4** 当用钢筋或钢绞线作预应力筋时，先安装好两端（或穿束后的另一端）的工作锚，然后在张拉端将钢筋束或钢绞线穿入千斤顶，并使千斤顶的中心线与锚杯中心重合，再将张拉油缸伸出 20～40mm，在其尾部安上垫板和工作锚，锚紧钢筋或钢绞线，使张拉油缸有回程余地，易于取下工具锚。为便于松开，工具锚杯内壁可涂少量润滑油。

**4.7.5** 平卧重叠浇筑的预应力屋架，预应力筋的张拉应自上层开始逐层进行张拉，全部张拉完毕后，再从上至下逐根校验补足预应力值。

**4.7.6** 曲线预应力筋和长度 ≮24m 的直线预应力筋，应在两端张拉；长度 ≤24m 的直线预应力筋，可在一端张拉，但张拉端应交错布置，以便两端同时对称张拉。

**4.7.7** 预应力筋的张拉控制应力应符合设计要求。当施工中需要超张拉时，可比设计要求提高 5%，但其最大控制应力不得超过表 26-2 的规定。

最大张拉应力允许值　　　　　　　　　　　　　　　　表 26-2

| 钢种 | 后张法 |
| --- | --- |
| 钢绞线 | $0.80 f_{ptk}$ |
| 预应力螺纹钢筋 | $0.90 f_{pyk}$ |

注：$f_{ptk}$ 为预应力筋的极限抗拉强度标准值，$f_{pyk}$ 为预应力筋的屈服强度标准值。

**4.7.8**　当采用超张拉法减少预应力筋的松弛损失时，预应力筋张拉程序如下：

**1**　$0 \rightarrow 105\% \sigma_{con}$ 持荷 2min $\rightarrow \sigma_{con}$

**2**　$0 \rightarrow 103\% \sigma_{con}$

**4.7.9**　使用 JM12 型锚具前，应严格检查锚具质量。锚具安装时注意不可将螺纹钢筋上的两条纵肋夹入夹片中，而应放在两夹片的空隙间，以免造成钢筋滑动。顶压过程中，应注意工作锚夹片的移动情况，发现不正常时，可将顶压缸回油，用小钢钎插入夹片缝隙，再将张拉油缸回油，取出夹片，找出原因并采取针对性措施后重新张拉。

### 4.8　预应力筋张拉伸长值的计算与量测

**4.8.1**　预应力筋（束）在张拉前需将伸长值事先算出，以作为预应力伸长值和实际伸长值的对照依据，实际伸长值如大于计算值的 10% 或小于 5% 时，应查找原因，采取措施后重新张拉。张拉伸长值 $\Delta L_p$ 可按式（26-1）计算：

$$\Delta L_p = F_p \cdot L / A_p \cdot E_p \tag{26-1}$$

式中　$F_p$——预应力筋的平均张拉力（kN），直线筋取张拉端的拉力，两端张拉的曲线筋取张拉端的拉力与跨中扣除孔道，摩擦损失后拉力的平均值；

　　　$A_p$——预应力筋的截面面积（mm²）；

　　　$L$——预应力筋的长度（mm）；

　　　$E_p$——预应力筋的弹性模量（kN/mm²）。

**4.8.2**　预应力筋张拉伸长值的量测，应在建立初应力之后进行。

其实际伸长值 $\Delta L_p$ 可按式（26-2）计算：

$$\Delta L_p = \Delta L_1 + \Delta L_2 - A - B - C \tag{26-2}$$

式中　$\Delta L_1$——从初应力至最大张拉力之间的实际伸长值；

　　　$\Delta L_2$——初应力以下的推算伸长值；

　　　$A$——张拉过程中锚具楔紧引起的预应力筋内缩值；

　　　$B$——千斤顶内预应力筋的张拉伸长值；

　　　$C$——施加应力时，后张法混凝土构件的弹性压缩值（其值微小时可忽略不计）。

**4.8.3**　预应力筋（束）的张拉力值和相应的油表读数，以及张拉值应写在标牌上，挂在高压油泵旁。在张拉过程中，应有专人量测、记录、校核，并与理论计算值随时进行比较，校核认可后随时将螺母拧紧或顶压锚固，卸下千斤顶。供操作人员掌握。

### 4.9　孔道灌浆

**4.9.1**　灌浆前用清水冲洗孔道，使之湿润，同时检查灌浆孔、排气孔是否畅通。

**4.9.2**　按经过试验的灰浆配合比拌制灰浆。其抗压强度不应小于 $30N/mm^2$。水灰比不应大于 0.45，内掺水泥重量万分之一的铝粉，铝粉应经过脱脂处理，搅拌时将铝粉液倒入水中，再与水泥一起搅拌均匀。搅拌好的灰浆倒入灰浆泵料斗时，需用 49 孔/$cm^2$ 的筛子过滤，再用棒不断搅拌，以防沉淀，直至用完。

**4.9.3**　灌浆前灰浆泵应试开一次，检查运行是否正常、是否保持需要压力，然后开始灌浆。灌浆必须连续进行，一次灌完。如中间因故停顿，应立即将已灌入的灰浆用清水冲洗干净，以后重新灌入，一般用构件中部的灌浆孔灌入，再用两端的灌浆孔补满。

**4.9.4**　灌浆压力先小后大，逐渐加大并稳定在 0.4～0.5MPa。当构件两端排气孔排出空气、水、稀浆、浓浆时，用准备好的木塞将排气孔塞住，并稍加压力至 0.6～0.8MPa，随即停泵，停 2～3min 后拔出喷嘴，立即用木塞塞住。其强度达到设计标准值的 75% 时方可进行吊装。

## 5　质量标准

### 5.1　主控项目

**5.1.1**　预制构件应进行结构性能检验。结构性能检验不合格的预制构件不得用于混凝土结构。构件应在明显部位标明生产单位、构件型号、生产日期和质量验收标志。构件上的预埋件、插筋和预留孔洞的规格、位置和数量应符合标准图或设计要求。

**5.1.2**　预制构件的外观质量不应有严重缺陷。对已经出现的严重缺陷，应按技术处理方案进行处理，并重新检查验收。

**5.1.3**　构件不应有影响结构性能和安装、使用功能的尺寸偏差。对超过尺寸允许偏差且影响结构性能和安装、使用功能的部位，应按技术处理方案进行处理，并重新检查验收。

### 5.2　一般项目

**5.2.1**　预制构件的外观质量不宜有一般缺陷。对已经出现的一般缺陷，应按技术处理方案进行处理，并重新检查验收。

**5.2.2** 预制构件的尺寸偏差应符合表 26-3 的规定。

构件尺寸的允许偏差

表 26-3

| 序号 | 项目 | | 允许偏差（mm） | 检验方法 |
|---|---|---|---|---|
| 1 | 长度 | | +15，−10 | 尺量 |
| 2 | 宽度 | | ±5 | 尺量 |
| 3 | 侧向弯曲 | | $L/1000$ 且≤20 | 尺量 |
| 4 | 预埋件 | 中心线位置 | 10 | 尺量 |
| | | 螺栓位置 | 5 | 尺量 |
| | | 螺栓外露长度 | +10，−5 | 尺量 |
| 5 | 预留孔中心线位置 | | 5 | 尺量 |
| 6 | 预留洞中心线位置 | | 15 | 尺量 |
| 7 | 主筋保护层厚度 | | +10，−5 | 尺量 |
| 8 | 预应力构件预留孔道位置 | | 3 | 尺量 |

注：1. $L$ 为构件长度（mm）；
　　2. 检查中心线、螺栓和孔道位置时，应沿纵、横两个方向量测，并取其中的较大值；
　　3. 复杂或有特殊要求的构件，其尺寸偏差应符合标准图或设计的要求。

## 6　成品保护

**6.0.1** 现场应做排水设施，雨天应对构件遮盖油毡或塑料布，防止雨淋。冬季应采用防冻保温措施。

**6.0.2** 胎模上不得上平板车或其他车辆，不得堆置重物。

**6.0.3** 振捣混凝土时，不得碰撞钢筋、模板及预埋件，以免钢筋、预埋件位移或模板变形。

**6.0.4** 钢管（胶管）抽拔时，如混凝土表面有裂缝应及时压实抹光。

**6.0.5** 混凝土达到一定强度后方准拆除模板，拆除时应注意保护构件棱角，不得硬砸硬撬。

**6.0.6** 外露构件应除锈、涂刷防锈漆。

## 7　注意事项

### 7.1　应注意的质量问题

**7.1.1** 预留孔道用无缝钢管，留设位置准确，支架牢固，接头处铁皮套管应符合要求。

**7.1.2** 混凝土浇筑后每 15min 转动芯管一次，芯管抽拔应在混凝土终凝前进行，按孔道位置先上后下，边抽边转。

**7.1.3** 预应力张拉设备及仪表应定期维护和校验，配套标定并配套使用。

张拉控制应力和伸长值应符合设计要求。

**7.1.4** 孔道灌浆前应用水冲洗混凝土孔壁，搅拌好的水泥浆不得出现泌水沉淀，灌浆压力由小到大逐渐加压。

## 7.2 应注意的安全问题

**7.2.1** 使用蛙式打夯机时，应有专人负责移动电缆线，操作人员应戴好绝缘手套。下班时拉闸断电，打夯机必须用防水材料遮盖。

**7.2.2** 操作高压油泵人员应戴防护目镜，防止油管破裂及接头处喷油伤眼。

**7.2.3** 高压油泵与千斤顶之间所有连接点、紫铜管喇叭口或接口应完好无损，并拧紧螺母。

**7.2.4** 张拉区应有明显标记，禁止非工作人员进入张拉区。

**7.2.5** 张拉时构件两端不得站人，并设置防护罩。高压油泵应放在构件的左右两侧，拧螺丝帽时操作人员应站在预应力筋位置的侧面。张拉完毕，稍待几分钟再拆卸张拉设备。

**7.2.6** 雨天张拉时，应搭设雨棚，防止张拉机具淋雨；冬天张拉时，张拉设备应有保暖设施，防止油管和油泵受冻而影响操作。

**7.2.7** 油泵开动过程中，操作人员不得擅离岗位。如需离开，必须切断电路或把油泵阀门全部松开。

**7.2.8** 掌握喷嘴的操作人员必须带防护目镜、穿雨鞋、戴手套。喷嘴插入孔道后，喷嘴后面的胶皮垫圈应紧压在孔洞上，胶皮管与灰浆泵应连接牢固，才能开动灰浆泵。堵塞灌浆孔与排气孔时，以防灰浆喷出伤人。

## 7.3 应注意的绿色施工问题

**7.3.1** 搅拌机应采用新型低噪声设备或者搭设隔音搅拌棚；混凝土浇筑时应使用低噪声振捣器，尽量避免居民区周围夜间施工、午休施工，学校周围上课时间施工。

**7.3.2** 预应力筋张拉时要防止千斤顶和液压油泵及输油管路连接处漏油。

# 8 质量记录

**8.0.1** 钢筋、预应力筋、锚具、夹具、连接器和混凝土原材料合格证和进场复验报告。

**8.0.2** 混凝土中氯化物含量计算书。

**8.0.3** 预应力筋张拉机具设备及仪表标定记录。

**8.0.4** 预应力筋隐蔽工程检查验收记录。

**8.0.5** 预应力筋应力检测记录或张拉记录。

**8.0.6** 灌浆记录。

**8.0.7**　水泥浆性能试验报告。

**8.0.8**　水泥试件强度检验报告。

**8.0.9**　混凝土配合比通知单。

**8.0.10**　混凝土施工记录。

**8.0.11**　混凝土坍落度检查记录。

**8.0.12**　混凝土试件强度检验报告。

**8.0.13**　预应力筋原材料检验批质量验收记录。

**8.0.14**　预制构件结构性能检验记录。

**8.0.15**　预应力筋制作与安装工程检验批质量验收记录。

**8.0.16**　混凝土原材料及配合比检验批质量验收记录。

**8.0.17**　混凝土施工检验批质量验收记录。

**8.0.18**　预制构件工程检验批质量验收记录。

**8.0.19**　预应力张拉、放张、灌浆及封锚工程检验批质量验收记录。

**8.0.20**　预应力分项工程质量验收记录。

**8.0.21**　其他技术文件。

# 第27章 混凝土排架结构构件安装

本工艺标准适用于单层混凝土排架结构构件安装。

## 1 引用标准

《混凝土结构工程施工规范》GB 50666—2011
《钢结构焊接规范》GB 50661—2011
《混凝土结构工程施工质量验收规范》GB 50204—2015
《钢结构工程施工质量验收规范》GB 50205—2001

## 2 术语（略）

## 3 施工准备

### 3.1 作业条件

3.1.1 混凝土排架结构构件安装前应编制结构吊装专项施工方案，并向施工人员进行安全技术交底。

3.1.2 构件吊装前，应复核厂房纵横轴线及标高，检查构件的型号、数量、规格、外形尺寸，预埋件位置、标高和尺寸，吊环的规格、位置及混凝土强度是否符合设计要求。

3.1.3 构件安装时的混凝土强度应符合设计要求，当设计无具体要求时，不应小于设计强度的75%。

3.1.4 在构件上弹出安装中心线，标明轴线位置。

1 柱子：在柱身三面弹出几何中心线，柱顶弹出截面中心线，牛腿上弹出吊车梁安装中心线；

2 吊车梁：在两端及顶面弹出几何中心线；

3 屋架：在上弦顶面弹出几何中心线，从跨中向两端分别弹出天窗架、屋面板安装位置线、端头弹出安装中心线，上下弦两侧弹出支撑连接件的安装位置线，弹出竖杆中心线。

3.1.5 构件运输、堆放、就位拼装加固等工作在吊装前做好。

3.1.6 吊装机械进场安装并经试运转，合格后方能吊装和使用。

**3.1.7** 吊装人员应由具有相应上岗资质的测量工、电焊工、起重工及技术人员组成。

**3.1.8** 起重机进场前按照施工平面布置图平整场地，松软的场地应用枕木或厚钢板铺垫。

### 3.2　材料及机具

**3.2.1** 预制构件：柱、柱间支撑、吊车梁、屋架、天窗架、屋面板、天沟板等构件。工厂预制的构件应有出厂合格证，构件上应有合格标志；现场预制的构件应有主要材料的进场复验报告、钢筋焊接试验报告、混凝土试块试验报告等质量记录。

**3.2.2** 水泥：采用强度等级32.5级以上的普通硅酸盐水泥，应有出厂合格证和进场复验报告。

**3.2.3** 砂：中砂，含泥量不大于3.0%。

**3.2.4** 石子：粒径5～20mm，含泥量不大于1%。

**3.2.5** 垫块：铁楔。

**3.2.6** 电焊条：按设计要求及焊接规程的有关规定选用，应有产品合格证和使用说明。

**3.2.7** 机具：起重机、卷扬机、电焊机、烘干箱、枕木、厚钢板、白棕绳、钢丝绳、撬杠、吊钩、卡环、横吊梁、吊索、滑车、滑车组、吊链、手扳葫芦、千斤顶、木楔或铁楔、地锚、钢梯、水平仪、经纬仪、校正器、线坠、钢卷尺等。

## 4　操作工艺

### 4.1　工艺流程

杯口弹线、找平 → 柱子安装（含柱间支撑）→ 吊车梁安装 → 屋盖系统安装

### 4.2　杯口弹线、找平

在钢筋混凝土杯形基础的顶面、内壁及底面弹出柱子安装线；检查杯口尺寸，测出杯底的实际高度，根据量出的柱底至牛腿面实际长度与设计长度比较，计算出杯底标高的调整值，并在杯口做出标记，用1∶2水泥砂浆或C30细石混凝土将杯底找平。

### 4.3　柱子安装

**4.3.1** 柱子的绑扎位置和绑扎点数应符合设计要求，当设计无要求时，必须进行起吊验算。

**4.3.2** 自重13t以下的中小型柱，大多绑扎一点；重型或配筋小而细长的柱，则需绑扎两点或三点；有牛腿的柱，一点绑扎的位置应选在牛腿以下；Ⅰ字

形断面柱的绑扎点应选在矩形断面处；双肢柱的绑扎点应选在平腹杆处。

**4.3.3**　单机吊装柱可采用旋转法或滑行法，双机抬吊可采用滑行法或递送法。双机抬吊时注意选择绑扎位置和方法，两台起重机进行合理的荷载分配，操作中两台起重机的动作必须互相配合。

**4.3.4**　柱子起吊后，将柱子转动到位，缓缓降落插入杯口，至离杯口底 30～50mm 时，用八个楔块从柱的四边插入杯口，并用撬杠撬动柱脚，使柱子几何中心线对准杯口几何中心线，先对小面，后平移柱对准大面。对准后略打紧楔块，放松吊钩，柱子沉至杯底，并复查对线，无误后两面对称打紧四周楔块，将柱子临时固定，起重机脱钩。

**4.3.5**　校正柱子垂直度时，用两台经纬仪从柱子几何互相垂直的两个面检查，其允许偏差：柱高≤5m 时为 5mm，5m<柱高<10m 时为 10mm，柱高≥10m 时为 1/1000 柱高，且≤20mm。当柱的垂直偏差较小时，用打紧或稍放松楔块的方法纠正；当柱的垂直偏差较大时，用螺旋千斤顶平顶法、用螺旋千斤顶斜顶法、撑杆法校正。10m 以上的柱可在早晨或阴天校正，在阳光下校正时应考虑温差的影响。

**4.3.6**　柱子校正完毕，应及时在柱脚与杯口空隙处灌筑细石混凝土，混凝土强度等级比构件强度等级高一级。灌筑分两次进行，第一次灌筑到楔块底部，第二次在第一次灌筑混凝土强度达到设计强度的 25% 时，拔去楔块，将杯口灌满混凝土。留置同条件试块，每工作班不小于一组。

**4.3.7**　柱子校正后要及时安装柱间支撑。

**4.4　吊车梁安装**

**4.4.1**　吊车梁的安装，必须在柱子杯口第二次灌筑混凝土强度达到设计强度的 75% 以后进行。

**4.4.2**　吊车梁用两点对称绑扎，吊钩对准重心，起吊后保持水平。梁的两端设拉绳控制，避免悬空时碰撞柱子。就位时应缓慢落钩，争取一次将梁端几何中心线与牛腿顶面安装中心线对准，避免在纵轴方向撬动吊车梁而导致柱偏斜。吊车梁就位时，仅用垫铁垫平即可脱钩。但当梁高宽比大于 4 时，除垫平外，还应用 8 号铁丝将梁捆在柱上，或用连接钢板与柱子点焊，做临时固定。

**4.4.3**　中小型吊车梁可在屋盖结构吊装后校正。重型吊车梁如在屋盖吊装后校正难度较大，宜边吊边校正，主要校正垂直度及水平位置。垂直度用靠尺、线坠测量，如有误差，可在梁底垫入斜垫铁进行校正。平面位置（直线度和跨距）的校正，6m 长及 5t 以内吊车梁采用通线法和平移轴线法；12m 长及 5t 以上吊车梁采用边吊边校法，如有误差采用撬杠拨正。

**4.4.4**　吊车梁校正后，用连接钢板与柱侧面、吊车梁顶端的预埋件焊接，并在接头处支模，灌筑细石混凝土，其强度等级不低于C20。

### 4.5　屋盖系统安装

**4.5.1**　屋架应绑扎在上弦节点处，左右对称，翻身或直立时，吊索与水平线的夹角不宜小于60°，吊装时其夹角不应小于45°。绑扎中心必须在屋架中心之上，绑扎方法应根据屋架的跨度、安装高度和起重机的吊杆长度确定。

**1**　18m的钢筋混凝土屋架吊装用两根吊索三点绑扎，翻身时应绑四点；

**2**　24m的钢筋混凝土屋架翻身和吊装用两根吊索四点绑扎；

**3**　30m的钢筋混凝土屋架使用9m长的横吊梁，以降低吊装高度、减少吊索对屋架上弦的轴向压力。如起重机的吊杆长度能满足屋架安装高度的需要，则可不用横吊梁；

**4**　组合屋架吊装采用四点绑扎，下弦绑木杆加固。当下弦为型钢，跨度大于12m时，可采用两点绑扎进行翻身和吊装；

**5**　36m预应力混凝土屋架可采用双机抬吊，每台起重机吊三点。

**4.5.2**　重叠生产跨度18m以上的屋架，翻身时应在屋架两端放置方木架。先将吊钩对准屋架平面的中心，然后起吊杆使屋架脱模，并松开转向刹车，让车身自由回转，接着起钩，同时配合起落吊杆一次将屋架扶直。

**4.5.3**　单机吊装：将屋架吊离地面500mm左右，慢慢升钩，将屋架吊至柱顶以上，再用溜绳旋转屋架，使屋架两端中心线对准安装位置中心线，以便落钩就位。落钩应缓慢进行，并在屋架刚接触柱顶时立即刹车进行对线，对好线后即做临时固定，并进行垂直度校正和最后固定。

**4.5.4**　双机抬吊：屋架位于跨中，一台起重机停在前面，另一台起重机停在后面，共同起吊屋架。当两机同时起钩将屋架吊离地面约1.5m时，后机将屋架端头从起重臂一侧转向另一侧，然后两机同时升钩将屋架吊到高空，前机旋转起重臂，后机则高空吊重行驶，递送屋架到安装位置。

**4.5.5**　第一榀屋架就位后，在其两侧各设置两道缆风绳做临时固定，并用经纬仪或线坠校正垂直度。当厂房有挡风柱且柱顶需与屋架上弦连接时，可在校好屋架垂直度后，立即上紧锚栓或电焊做最后固定，焊接时避免同时在屋架两端的同一侧施焊。

**4.5.6**　天窗架一般采用四点绑扎。校正和临时固定可用缆风绳、木撑或临时固定器，用电焊将天窗架底脚焊在屋架上弦预埋钢板上。

**4.5.7**　屋面板安装应从跨边向跨中两边对称进行。屋面板在屋架或天窗架上的搁置长度应符合规定，四角坐实。屋面板就位后立即与屋架上弦焊牢，焊缝长度≮60mm，焊缝高度≮5mm。每块屋面板至少有三个角与屋架或天窗架焊牢，伸缩缝处和厂房端部可焊两点。

**4.5.8** 天沟安装尽量使天沟板成一直线，并坐实垫平。安装重心偏外的天沟板时，必须焊接牢固后才能松钩。

**4.5.9** 屋盖支撑用螺栓连接时，拧紧螺栓后应将丝扣破坏，防止松动；用电焊连接时，先用螺栓临时固定，再用电焊连接。

# 5　质量标准

## 5.1　主控项目

**5.1.1** 进入现场的预制构件，其外观质量、尺寸偏差及结构性能应符合标准图或设计的要求。

**5.1.2** 预制构件与结构之间的连接应符合设计要求。

连接处埋件采用焊接时，接头质量应符合现行国家标准《钢结构工程施工质量验收规范》GB 50205 的要求。

**5.1.3** 承受内力的接头和拼缝，当其混凝土强度未达到设计要求时，不得吊装上一层结构构件；当设计无具体要求时，应在混凝土强度不小于 $10N/mm^2$ 或具有足够的支承时方可吊装上一层结构构件。已安装完毕的装配式结构，应在混凝土强度到达设计要求后，方可承受全部设计荷载。

## 5.2　一般项目

**5.2.1** 预制构件码放和运输时的支承位置和方法应符合标准图或设计的要求。

**5.2.2** 预制构件吊装前，应按设计要求在构件和相应的支承结构上标志中心线、标高等控制尺寸，按标准图或设计文件校核预埋件及连接钢筋等，并作出标志。

**5.2.3** 预制构件应按标准图或设计的要求吊装。起吊时绳索与构件水平面的夹角不宜小于 45°，否则应采用吊架或经验算确定。

**5.2.4** 预制构件安装就位后，应采取保证构件稳定的临时固定措施，并应根据水准点和轴线校正位置。

**5.2.5** 装配式结构中的接头和拼缝应符合设计要求；当设计无具体要求时，应符合下列规定：

**1** 对承受内力的接头和拼缝应采用混凝土浇筑，其强度等级应比构件混凝土强度等级提高一级；

**2** 对不承受内力的接头和拼缝应采用混凝土或砂浆浇筑，其强度等级不应低于 C15 或 M15；

**3** 用于接头和拼缝的混凝土或砂浆，宜采取微膨胀措施和快硬措施，在浇筑过程中应振捣密实，并应采取必要的养护措施。

**5.2.6** 预制构件安装的允许偏差应符合表 27-1 的规定。

**预制构件安装的允许偏差**　　　　　　　　　　　　　表 27-1

| 项目 | | | 允许偏差（mm） |
|---|---|---|---|
| 杯形基础 | 中心线对轴线位置偏移 | | 10 |
| | 杯底安装标高 | | 0，—10 |
| 柱 | 中心线对定位轴线位置偏移 | | 5 |
| | 上下柱接口中心线位置偏移 | | 3 |
| | 垂直度 | ≤5m | 5 |
| | | 5～10m | 10 |
| | | >10m | 1/1000 柱高且≤20 |
| | 牛腿上表面和柱顶标高 | ≤5m | 0，—5 |
| | | >5m | 0，—8 |
| 梁或吊车梁 | 中心线对定位轴线位置偏移 | | 5 |
| | 梁上表面标高 | | 0，—5 |
| 屋架 | 下弦中心线对定位轴线位置偏移 | | 5 |
| | 垂直度 | 桁架拱形屋架 | 1/250 屋架高 |
| | | 薄腹梁 | 5 |
| 天窗架 | 构件中心线对定位轴线位置偏移 | | 5 |
| | 垂直度 | | 1/300 天窗架高 |
| 板 | 相邻两板下表面平整 | 抹灰 | 5 |
| | | 不抹灰 | 3 |

## 6　成品保护

**6.0.1**　构件的混凝土达到 75％设计强度标准值时，才可以起吊运输，运输道路、堆放场地平整结实、垫木位置与吊点相同，堆放不宜超过 4 层。

**6.0.2**　构件进场后应按结构吊装方案中的构件平面布置图堆放，堆放时应注意构件的朝向、左右顺序，严禁乱放。

**6.0.3**　起吊点如设计无要求，应经过强度和裂缝验算确定。

**6.0.4**　起吊大型构件前应采取临时加固措施，以免构件变形和损伤。

**6.0.5**　为避免起吊时吊索磨损构件表面，应在吊索与构件之间垫麻袋或木板。

**6.0.6**　构件起吊时，绳索与构件水平面所成角度不宜小于 45°。

**6.0.7**　起吊吊车梁、屋架等构件，应在构件两端设置拉绳，防止起吊的构件碰撞已安装好的柱子。

## 7　注意事项

### 7.1　应注意的质量问题

**7.1.1**　柱吊装前，应预检杯口十字线及杯口尺寸，防止柱子实际轴线偏离标准轴线。

**7.1.2**　杯口与柱身之间空隙太大时，应增加楔块厚度，不得将几个楔块叠合使用，并且不准随意拆掉楔块。吊装重型柱或细长柱时，最好用铁楔，必要时增设缆风绳或临时支撑以防柱子倾倒。

**7.1.3**　杯口与柱脚之间的空隙灌筑混凝土时，不得碰动楔块。灌筑过程中还应观测柱子的垂直度，发现偏差及时纠正。

**7.1.4**　柱子校正宜在早晨或阴天进行。

**7.1.5**　当柱杯口混凝土达到设计强度的 75% 时，应将下面的正确轴线点反到柱牛腿面上，用钢尺拉紧校正跨距，无误后再安装吊车梁。

**7.1.6**　吊车梁安装前，应预检杯口标高、牛腿标高、吊车梁的几何尺寸等。在安装过程中，吊车梁两端不平时，应用合适的铁楔及时找平。

**7.1.7**　较重的吊车梁应随安装随校正，并用经纬仪支在一端打通线校正；单排的较轻的吊车梁安装完毕后，在两端轴线点上拉通长钢丝逐根校正。

**7.1.8**　重叠制作的屋架，当黏结力较大时，可采用振动法使屋架脱离，防止扶直时出现裂缝。

**7.1.9**　屋面板安装时尽量调整板缝，防止板边吃线或发生位移。

### 7.2　应注意的安全问题

**7.2.1**　从事安装的工作人员，应经过体检，有心脏病、高血压或患高空作业禁忌症者不得从事高空作业。

**7.2.2**　操作人员进入现场时，必须戴安全帽、手套；高空作业时，必须系好安全带；所用工具应用绳子扎好或放入工具包内。

**7.2.3**　高空安装构件时，用撬杠校正位置，应防止撬杠滑脱而造成高空坠落。撬构件时，人要站稳，如附近有脚手架或其他已安装好的构件，最好一只手扶脚手架或构件，另一只手操作。

**7.2.4**　登高用的梯子必须牢固，梯子与地面的角度一般以 60°～70° 为宜。

**7.2.5**　结构构件安装时，应统一号令、统一指挥。

**7.2.6**　吊装所用的钢丝绳，事先必须认真检查，表面磨损或腐蚀达钢丝绳直径的 10% 时，不准使用。吊钩卡环如有永久变形或裂纹，不准使用。

**7.2.7**　履带式起重机负荷行走时，重物应在履带正前方，并用绳索带引构件缓慢行驶，构件离地不得超过 500mm。起重机在接近满荷时，不得同时进行两种操作。

**7.2.8**　起重机工作时，其起重臂、钢丝绳、重物等严禁碰触高压架空电线，与架空电线要保持一定的安全距离。必要时对高压供电线路采取防护措施。

**7.2.9**　如遇大风（大于六级）、大雪、大雾天气，应停止作业。

**7.3　应注意的绿色施工问题**

在进行焊接作业时，应根据现场实际情况采取必要的遮挡措施，防止电焊弧光外泄。

# 8　质量记录

**8.0.1**　构件、焊条合格证和进场验收记录。

**8.0.2**　混凝土所用原材料产品合格证、出厂检验报告和进场复验报告。

**8.0.3**　混凝土配合比通知单。

**8.0.4**　焊工考试合格证。

**8.0.5**　构件吊装施工记录。

**8.0.6**　隐蔽工程检查验收记录。

**8.0.7**　混凝土试件强度检验报告。

**8.0.8**　装配式结构施工工程检验批质量验收记录。

**8.0.9**　装配式结构分项工程质量验收记录。

**8.0.10**　其他技术文件。

# 第 2 篇　钢-混凝土组合结构

## 第 28 章　钢-混凝土组合结构钢构件加工

本工艺标准适用于钢-混凝土组合结构中钢构件的加工包括：型钢混凝土柱、型钢混凝土梁、钢板混凝土剪力墙中的钢构件。

### 1　引用标准

《钢-混凝土组合结构施工规范》GB 50901—2013
《钢结构工程施工规范》GB 50755—2012
《钢结构焊接规范》GB 50661—2011
《钢结构工程施工质量验收规范》GB 50205—2001
《组合结构设计规范》JGJ 138—2016

### 2　术语

**2.0.1**　钢-混凝土组合构件：由型钢或钢管或钢板与钢筋混凝土组合而成的结构构件。

**2.0.2**　钢-混凝土组合结构：由钢-混凝土组合构件组成的结构。

**2.0.3**　型钢混凝土柱：钢筋混凝土截面内配置型钢的柱。

**2.0.4**　型钢混凝土梁：钢筋混凝土截面内配置型钢梁的梁。

**2.0.5**　钢-混凝土组合剪力墙：钢筋混凝土截面内配置型钢的剪力墙。

**2.0.6**　钢板混凝土剪力墙：钢筋混凝土截面内配置钢板的剪力墙。

**2.0.7**　钢斜撑混凝土剪力墙：钢筋混凝土截面内配置钢斜撑的剪力墙。

**2.0.8**　零件：组成部件或构件的最小单元，如节点板、翼缘板等。

**2.0.9**　部件：由若干零件组成的单元，如焊接 H 型钢、牛腿等。

**2.0.10**　构件：由零件或由零件和部件组成的钢结构基本单元，如梁、柱、墙、板、支撑等。

**2.0.11**　高强度螺栓连接副：高强螺栓和与之配套的螺母、垫圈的总称。

**2.0.12**　抗滑移系数：高强度螺栓连接中，使连接件摩擦面产生滑动时的外力与垂直于摩擦面的高强度螺栓预拉力之和的比值。

## 3 施工准备

### 3.1 作业条件

**3.1.1** 钢构件制作前，依据施工图进行深化设计，深化设计应经设计单位同意后方可施工。

**3.1.2** 钢-混凝土组合结构中钢构件所使用的型钢钢板、钢筋连接套筒、焊接填充材料，连接与紧固标准件等材料应有厂家出具的质量证明书、中文标志及检验报告，按照现行国家标准《钢结构工程施工质量验收规范》GB 50205 需要复试的，出具抽样复检试验报告。

**3.1.3** 钢构件应由具备相应资质的钢结构生产企业进行加工。

**3.1.4** 钢-混凝土组合结构中对于重要的复杂节点，施工前宜按 1：1 的比例进行模拟施工，根据模拟情况进行节点的优化设计。

**3.1.5** 钢-混凝土组合结构制作过程中的焊接需按现行国家标准《钢结构焊接规范》GB 50661 的要求进行焊接工艺评定。

**3.1.6** 焊接作业人员需持证上岗并在资格证书允许范围内施焊。

**3.1.7** 各种机械设备已调试验收合格，可以正常使用。

**3.1.8** 制作、安装、检查、验收所用钢尺，其精度应一致，并经法定计量检测部门检定取得证明。高层钢结构制作、安装、验收及土建施工用的量具应按同一标准进行检定，并应具有相同的精度等级。

### 3.2 材料和机具

**3.2.1** 型钢、钢板、焊条、焊丝、焊剂、$CO_2$ 气体、钢筋连接套筒、螺栓、栓钉。

**3.2.2** 机具：钢板切割设备（半自动、自动气割机）、型钢组立设备、型钢矫正设备（辊式型钢矫正机、机械顶直矫正机、辊式平板机、火焰矫正用烤枪）、自动焊接设备、电焊机、螺柱焊机、抛丸除锈设备、钻孔设备（钻床、磁力钻）划针、冲子、手锤、粉线、弯尺、直尺、钢卷尺、剪子、小型剪板机、折弯机。刨边机、端面铣床、碳弧气刨、滚圆机、弯管机、型钢弯曲机、千斤顶等。

## 4 操作工艺

### 4.1 工艺流程

深化设计 → 放样 → 样板（样杆）制作 → 号料、下料 →

边缘加工及坡口加工 → 制孔 → 端部铣平 → 构件组装焊接 → 矫正 →

摩擦面加工处理 → 栓钉焊接 → 检查验收

## 4.2　深化设计

**4.2.1**　钢构件深化设计在施工工艺、结构构造等相关要求的基础上，采用三维模型按 1：1 比例进行深化设计，应注意以下内容：

**1**　钢筋密集部位节点的设计放样与细化，型钢梁与型钢柱，型钢柱与梁筋，钢梁与梁筋，带钢斜撑或型钢混凝土斜撑连接与梁柱连接的连接方式、构造要求。

**2**　混凝土与钢骨的粘结连接构造，机电预留孔洞布置，预埋件布置。

**3**　混凝土浇筑时需要的灌浆孔、流淌孔、排气孔和排水孔等。

**4**　构件加工过程中的加劲板的设计。

**5**　根据工艺要求设置的连接板、吊耳等的设计。

**6**　大跨度构件的预起拱。

**7**　对混凝土浇筑过程中可能引起的型钢和钢板的变形验算及加强措施。

**4.2.2**　深化设计图包括图纸目录、总说明、构件布置图、构件详图、连接构造详图和安装节点详图。

## 4.3　放样

**4.3.1**　放样下料必须在熟悉图纸和有关技术要求的基础上进行。

**4.3.2**　放样应设置专门的平台，放样平台应平整，基准线准确、清晰。

**4.3.3**　放样时应根据构件的具体情况按实际尺寸划线，对于质量要求高的构件，放样线的宽度不应大于 0.5mm。

**4.3.4**　放样时，必须考虑切割余量、加工余量或焊接收缩量。切割余量、加工余量和焊接收缩量在图样或相应标准没有明确规定时，应按下列要求执行：

**1**　气割和等离子切割时的切割余量为自动或半自动切割留 3.0～4.0mm；手工切割留 4.0～5.0mm。

**2**　切断后需要铣端面或刨边加工时其加工余量为剪切或凿切留 3.0～4.0mm；气割或等离子切割留 4.0～5.0mm；

**3**　焊缝收缩量：焊缝纵向收缩值按每米焊缝长度收缩多少毫米计算，对于对接焊缝取 0.15～0.3mm，对于连续角焊缝取 0.2～0.4mm，对于间断角焊缝取 0.05～0.1mm。

**4**　放样完毕后，应与图纸进行核对，检查无误后方准复制样板或样杆。

## 4.4　样板（样杆）制作

**4.4.1**　样板或样杆的材料应尽量采用薄钢板或扁钢，如在室内制作且数量又少的构件，也可以用样板纸或油毡纸等制作样板。

**4.4.2**　样板或样杆如需要拼接，必须结合牢固。

**4.4.3**　样板或样杆上的各种标记要用锋利的划针、洋冲或凿子刻制并做到细、小，且清晰。

**4.4.4** 样板或样杆上应用油漆注明工程编号、零件编号、规格、数量等。

**4.4.5** 样板和样杆的几何尺寸必须符合图样规定，并经检查合格后方准使用。

**4.4.6** 样板或样杆必须妥善保管，不得有损坏、弯曲或其他变形，以免影响构件质量。

### 4.5　号料、下料

**4.5.1** 号料前，号料人员必须认真核实材料规格、牌号及外观质量，材料表面的油污、氧化皮等应清除干净。

**4.5.2** 号料前，材料变形值超过规定时，应进行矫正。

**4.5.3** 在放样和下料时应根据工艺要求预留制作和安装时的焊接收缩余量及切割、刨边和铣平等加工余量。

**4.5.4** 优先采用数控切割设备切割。数控切割不需要在切割件上划线，切割前应将零部件图纸拷入切割设备计算机，用行车把待切割件吊至切割架上，放平以后用撬棍初步放正，在控制主屏画面上点击校正后，计算机自动根据切割件形状，对图形进行必要转角以达到精确校正，根据板厚、相应的割嘴型号，选择合适的切割速度。如软件没有切缝宽度，切割速度等自动功能时，要做相应的编程。

**4.5.5** 切割前应将钢材表面切割区内的铁锈、油污等清除干净。切割后清除断口边缘熔渣、飞溅物等毛刺，断口上不得有裂纹和大于1mm的缺棱；其尺寸偏差不应超过±3.0mm；切割截面与钢材表面垂直度不大于钢板厚度的10%，且不得大于2mm；表面粗糙度对于一般切割不得大于1.0mm，对于精密切割不得大于0.03mm；机械剪切的型钢，其端部剪切斜度不大于2mm。

### 4.6　边缘加工及坡口加工

**4.6.1** 当设计或相应标准规定，由于采用剪切、锯切等方法切割下料而产生硬化边缘或采用气割方法切割下料而产生带有害组织的热影响区必须去除时，应进行边缘加工，其刨削量不应小于2.0mm。

**4.6.2** 边缘加工的方法可以采用刨边机（或刨床）刨边，砂轮磨边或风铲铲边等。

**4.6.3** 当采用刨边时，刨边的进刀量和刨削速度要根据工件的材质和厚度确定，对于低碳钢和低合金结构钢可以按表28-1确定。

刨边进刀量和刨削速度 表28-1

| 钢板厚度（mm） | 进刀量（mm） | 刨削速度（m/min） |
| --- | --- | --- |
| 1～2 | 2.5 | 15～25 |
| 3～12 | 2.0 | 15～25 |
| 13～18 | 1.5 | 10～15 |
| 19～30 | 1.2 | 10～15 |

**4.6.4**　砂轮磨边时，应尽量采用磨边机进行。

**4.6.5**　焊接坡口加工

**1**　焊接坡口型式和尺寸应根据图样和构件的焊接工艺规定进行加工。

**2**　在确定焊接坡口加工方法时，应尽量选用机械加工方法，如刨削、磨削、铲边和铣削等。对于允许采用气割或等离子弧切割方法加工焊接坡口时，宜采用自动或半自动切割；对于允许以碳弧气刨方法加工焊接坡口和焊缝背面清根时，其操作应能保证刨槽平直，且深度均匀；有条件也可采用半自动碳弧气刨等。

**3**　焊接坡口加工后，其尺寸允许偏差应符合图样要求或焊接工艺规定，如无规定时，应符合《手工电弧焊焊接接头基本型式与尺寸》GB 985 和《埋弧焊焊接接头基本型式与尺寸》GB 986 的规定。

**4**　当采用气割或等离子切割方法加工焊接坡口时，加工后的坡口表面应符合规定。

**5**　当用气割方法切割碳素钢和低合金钢焊接坡口时，气割焊接坡口后应将熔渣、氧化层等清除干净，并将影响焊接质量的凹凸不平处打磨平整，坡口气割时的环境温度不得低于 50C°，否则应采取预热缓冷措施。

**6**　当用碳弧气刨方法加工坡口或清焊根时，刨槽内的氧化层、淬硬层、顶碳或铜迹必须彻底打磨干净。

**4.7**　**制孔**

**4.7.1**　型钢结构所用型钢钢板制孔，应采用工厂机床制孔，优先采用数控钻床钻孔，严禁现场用氧气切割开孔。

**4.7.2**　正式钻孔前应进行试钻，经检查确认可以正式钻时，方可正式钻孔，采用普通摇臂钻钻孔时，对于要求钻制精度较高的孔，可借助经检查合格的钻模装置进行钻孔。

**4.7.3**　成对或成副的构件宜成对或成副钻孔，以利装配。

**4.7.4**　栓孔成孔后，孔边应无飞边、毛刺或油污及水渍。

**4.7.5**　劲钢（管）混凝土结构构配件中螺孔属于群孔且多层叠合，其孔径、孔距必须严格规范，背板与腹板或翼缘板的贴面必须做好标志或编号，以防因垂直度出现的误差而造成的绝对误差。

**4.7.6**　螺栓孔超过偏差的解决办法

螺栓孔的偏差超过规定的允许值时，允许采用与母材材质相匹配的焊条补焊后重新制孔，严禁采用钢块填塞。每组孔中经补焊重新钻孔不得超过 20%。

**4.7.7**　当精度要求较高、板叠层数较多、同类孔距较多时，可采用钻模制孔或预钻较小孔径、在组装时扩孔的办法，预钻小孔的直径应满足：

**1**　当板叠少于 5 层时，小于公称直径一级（−3.0mm）；

**2**　当板叠大于 5 层时，小于公称直径二级（－6.0mm），扩钻孔径不得大于原设计孔径 2.0mm。

### 4.8　端部铣平

**4.8.1**　构件的端部加工应在矫正合格后进行。

**4.8.2**　应根据构件的形式采取必要的措施保证铣平端面与轴线垂直。

### 4.9　钢构件组装、焊接

**4.9.1**　焊接 H 型断面构件的组装、焊接

**1**　H 型构件装配在组立机上进行。

**2**　组装前应对翼缘板和腹板进行校正，板的平面用平板机平整，旁弯用火焰矫正。

**3**　宽板应进行反变形加工。焊接 H 型钢的翼缘板需要拼接时，可按长度方向拼接；腹板拼接的拼接缝可为"十"字形或"T"字形。翼缘板拼接缝和腹板拼接缝的间距不应小于 200mm，翼缘板拼接长度不应小于 2 倍板宽；腹板拼接宽度不应小于 300mm，长度不应小于 600mm。拼接应在 H 型钢组装之前进行，并经检查合格后方可进行下一道工序。

**4**　焊接：

（1）装配完毕，并经检查合格后，即可送到焊接工作台上进行焊接。

（2）焊接一般用门式或悬臂式自动埋弧焊机焊接。自动焊填充、盖面，船形焊施焊的方法。每焊完一条焊缝，应将焊渣除去，并对不合格的焊缝进行修理后，再进行下一条焊缝，以免因焊缝不合格而多次翻身。如腹板较厚，需根据工艺要求先进行 $CO_2$ 气体保护焊打底，埋弧焊盖面。

（3）用自动焊施焊时，在主焊缝两端都应当点焊引弧板，引弧板大小视板厚和焊缝高度而异，一般宽度为 60～100mm，长度为 80～100mm。

（4）制孔：上下翼缘板与腹板上如有孔眼，应按样杆进行号孔和钻孔。构件小批量制孔，应先在构件上划出孔的中心位置及圆周，并在圆周上均匀打上 4 个冲眼，作为钻孔后检查用，中心冲眼应大而深。当制孔量比较大时，应先制作钻模，再钻孔。钻孔时摆放构件的平台应平稳，以保证孔的垂直度。

（5）装焊加劲板：构件焊接完毕，经过矫正后，用样杆划出加劲板的位置。加劲板的两端要刨加工，并要顶紧在翼缘板上。短的加劲板只需刨光顶紧端部即可。对于磨光顶紧的端部加劲角钢，最好在加工时把四支角钢夹在一起同时加工使之等长。

**4.9.2**　封闭箱形截面构件的组装与焊接

**1**　箱体在组装前应对工艺隔板进行铣端，目的是保证箱形的方正和定位以及防止焊接变形。组装前应将焊接区域范围内的氧化皮、油污等杂物清理干净。

箱体组装时，点焊工必须严格按照焊接工艺规程执行，不得随意在焊接区域以外的母材上引弧。

**2**　先在装配平台上将定位隔板和加劲板装配在一个箱体主板上，定位隔板一般距离主板两端头 200mm，工艺隔板之间的距离为 1000～1500mm。然后再将另两相对的主板与之组装为槽形，用手工电弧焊或二氧化碳气体保护焊进行焊接。

**3**　检查槽形是否扭曲，并对加劲板的 3 条焊缝进行无损检验，合格后再封第四块板，点焊成型后进行矫正。

**4**　在柱子两端焊上引弧板，其材质和坡口形式应和焊件相同。按照焊接工艺的要求把柱子四棱焊缝焊好，焊接采用二氧化碳气体保护焊进行打底，埋弧自动焊填充盖面。焊接完毕后应用气割切除引弧和引出板，并打磨平整，不得用锤击落。

**5**　箱体的 4 条主焊缝焊接完毕，并检查合格后，再用熔嘴电渣焊或丝极电渣焊，焊接加劲板另两侧的焊缝。相对的两条焊缝用两台电渣焊机对称施焊。

**6**　对于板厚大于 50mm 的碳素钢和板厚大于 36mm 的低合金钢，焊接前应进行预热，焊后应进行后热。预热温度宜控制在 100～150℃，预热区在焊道两侧，每侧宽度均应大于焊件厚度的 2 倍，且不应小于 100mm。

**7**　组拼时要注意留出焊缝收缩量和柱的荷载压缩变形值。

**8**　箱形管柱内隔板、柱翼缘板与焊接垫板要紧密贴合，装配缝隙大于 1mm 时，应采取措施进行修整和补救。

**9**　箱形柱的各部焊缝焊完后，如有扭曲或马刀弯变形，应进行火焰矫正或机械矫正。箱体扭曲的机械矫正方法为：将箱体的一端固定而另一端施加反扭矩的方法进行矫正。焊上连接板，加工好端部坡口，最后用端面铣加工柱子长度。

**10**　清理验收：箱形柱装配、焊接、矫正完成后，将构件上的飞溅、焊疤、焊瘤及其他杂物清理干净，并进行验收。

**4.9.3**　劲性十字型柱的组装与焊接

**1**　H 型钢和 T 型钢的制作：

（1）H 型钢的制作：工艺同前。

（2）T 型钢的制作：T 型钢的加工，根据板厚和截面的不同，可采用不同的方法进行。一般情况下采用先组焊 H 型钢，然后从中间割开，形成 2 个 T 型钢的方法加工。切割时，在中间和两端各预留 50mm 不割断，待部件冷却后再切割。切割后的 T 型钢进行矫直、矫平及坡口的开制。

（3）H 型钢、T 型钢铣端：矫正完成后，对 H 型钢和 T 型钢进行铣端。

**2**　十字型柱的组装：

（1）工艺隔板的制作：在十字柱组装前，要先制作好工艺隔板，以方便十字柱的装配和定位。工艺隔板与构件的接触面要求铣端，边与边之间必须保证成90°直角，以保证十字柱截面的垂直度。

（2）组装前应将焊接区域内的所有铁锈、氧化皮、飞溅、毛边等杂物清除干净。

（3）将 H 型钢放到装配平台上，把工艺隔板装配到相应的位置。将 T 型钢放到 H 型钢上，利用工艺隔板进行初步定位。

（4）对于无工艺隔板而有翼缘加劲板的十字柱，先采用临时工艺隔板进行初步定位，然后用直角尺和卷尺检查外形尺寸合格后，将加劲板装配好，待十字柱焊接完成后，将临时工艺隔板去除。

（5）利用直角尺和卷尺检查十字柱端面的对角线尺寸和垂直度以及端面的平整度。对不满足要求的进行调整。

（6）经检查合格后，点焊固定。

**3**　十字型柱的焊接：

（1）采用 $CO_2$ 气体保护焊进行焊接。焊接前尽量将十字柱底面垫平。焊接时要求从中间向两边双面对称同时施焊，以避免因焊接造成弯曲或扭曲变形。

（2）由于十字形截面拘束度小，焊接时容易变形，除严格控制焊接顺序外，整个焊接工作必须在模架上进行，利用丝杠、夹具把零件固定在模架上，通过不同的焊接顺序，使焊接变形平衡。如果使用模架还达不到控制变形的目的，则可以加设临时支撑，焊完构件冷却后再行拆除。

（3）十字柱的矫正：焊接完成后，检查十字柱是否产生变形。如发生变形，则用压力机进行机械矫正或采用火焰矫正，火焰矫正时，加热温度控制在650℃。扭曲变形矫正时，一端固定，另一端采用液压千斤顶进行矫正。

（4）矫正完成后，对十字柱的上端进行铣端，以控制柱身长度。铣端完成后，将临时工艺隔板去除，并将点焊缝打磨平整。

**4.10　矫正**

**4.10.1**　变形矫正的主要方法有手工、机械和火焰等 3 种，应根据被矫正对象和施工条件合理选用，也可联合使用。

**4.10.2**　手工矫正变形主要采用外向锤击法进行，一般用于薄板件或截面比较小的型钢构件，温度低于 -16℃ 时，不得锤击矫正钢构件，以免产生裂纹。矫正后的钢材表面不得有明显的凹面和损伤，表面划痕深度不大于 0.5mm，且不应大于该钢板厚度负允许偏差的 1/2。

**4.10.3**　机械矫正，对板料变形宜用多辊平板机矫正，其往复辊轧次数应尽量少；对型钢变形宜用型钢调直机进行，无条件时，也可采用冲压矫形。

**4.10.4**　当钢材型号超过矫正机负荷能力或构件形式不适于采用机械矫正时

采用火焰矫正。火焰矫正一般只用于低碳钢,其火焰宜用氧—乙炔焰。常用的加热方式有点状加热线状加热和三角形加热 3 种,应根据矫正对象灵活采用。点状加热根据结构特点和变形情况可加热一点或数点;线状加热时,火焰沿直线移动或同时在宽度方向摆动,宽度一般为钢材厚度的 0.5～2 倍,多用于变形量较大或刚性较大的结构;三角形加热的收缩量较大,常用于矫正厚度较大、刚性较强构件的弯曲变形。

**4.10.5**　火焰矫正的最高加热温度严禁超过 900℃,加热应均匀,不得有过热或过烧现象,以防产生超过屈服点的收缩应力。同一加热点的加热次数不宜超过 3 次。

**4.10.6**　火焰矫正时应将工件垫平,不得用水急冷。必要时可配合使用工卡具进行。

**4.10.7**　因焊接而变形的构件,可用机械(冷矫)或在严格控制温度的条件下加热(热矫)的方法进行矫正。

**1**　H 型构件焊接后容易产生扭曲变形、翼缘板与腹板不垂直、薄板焊接还会产生波浪形等焊接变形,因此一般采用机械矫正或火焰加热矫正的方法进行矫正。

**2**　采用机械矫正前,应清除构件上的一切杂物,与压辊接触的焊缝焊点应修磨平整。

**3**　使用翼缘矫正机矫正时,构件的规格应在矫正机的矫正范围之内。

**4**　当翼缘板厚度超过 30mm 时,一般要往返几次矫正,每次矫正量宜为1～2mm。

**5**　机械矫正时还可以采用压力机根据构件实际变形情况直接矫正。

**6**　当出现旁弯变形时宜采用火焰加热法进行矫正,矫正时应根据构件的变形情况确定加热的位置及加热顺序,加热温度宜控制在 600～650℃ 之间,并应在常温条件下进行,特别注意不能用冷水浇激,以免构件硬脆而影响构件的质量。

**7**　普通低合金结构钢冷矫时,工作地点温度不得低于－16℃;热矫时,其温度值应控制在 600～700℃ 之间(温度的控制按颜色深浅确定),并在常温条件下进行,特别注意不能用冷水浇激,以免钢材硬脆而影响构件的质量。

**8**　同一部位加热矫正不得超过 2 次,并应缓慢冷却,不得用水骤冷。

### 4.11　摩擦面加工处理

**4.11.1**　型钢构件采用高强度螺栓连接时,要求其连接面具有一定的滑移系数,因此应对构件摩擦面进行加工处理,使高强度螺栓紧固后连接表面产生足够的摩擦力,以达到传递外力的目的。高强度螺栓连接摩擦面进行加工可采用喷砂、抛丸和砂轮机打磨方法处理。

**4.11.2**　采用喷砂（抛丸）法处理摩擦面时，用压力 0.4～0.6MPa 的压缩空气（不含有水分和任何油脂），通过砂罐、喷枪，把直径 0.2～3mm 的天然石英砂、金刚砂或铁丸均匀喷到钢材表面，使钢材呈浅灰色的毛糙面。砂子要烘干。喷距 100～300mm，喷角以 $90°±45°$。处理后钢材表面粗糙度达 50～70，其摩擦系数可达 0.6～0.8，可不经生赤锈即可施拧高强度螺栓。

**4.11.3**　采用砂轮机打磨方法处理摩擦面时，砂轮机打磨方向应与构件受力方向垂直，且打磨范围不得小于螺栓直径的 4 倍。

**4.11.4**　处理好摩擦面，不能有毛刺（钻孔后周边即应磨光焊疤飞溅、油漆或污损等），并不允许再进行打磨或锤击、碰撞。处理后的摩擦面进行妥善保护，摩擦面不得重复使用。

**4.11.5**　高强度螺栓连接的板叠接触面不平度小于 1.0mm。当接触面有间隙时，其间隙不大于 1.0mm 可不处理；间隙为 1～3mm 时将高出的一侧磨成 1：10 的斜面，打磨方向与受力方向垂直；间隙大于 3.0mm 时则应加垫板，垫板面的处理要求与构件相同。

**4.11.6**　出厂前作抗滑移系数试验，其试验结果应符合设计值要求，并出具加盖 CMA 认证的试验报告，试验报告应写明试验方法和结果。

**4.11.7**　制造厂应根据现行行业标准《钢结构高强度螺栓连接的设计、施工及验收规程》JGJ 82 的要求或设计文件的规定，制作材质和处理方法相同的复验抗滑移系数用的试件，并与构件同时移交。

### 4.12　栓钉焊接

**4.12.1**　栓钉可采用专用的栓钉焊接或其他电弧焊方法进行焊接。

**4.12.2**　栓钉施工前，应放出栓钉施工位置线，栓钉应按位置线顺序焊接。焊接前应检查栓钉质量。栓钉应无皱纹、毛刺、开裂、弯曲等缺陷。

**4.12.3**　施焊前应防止栓钉锈蚀和油污，母材应进行清理后方可焊接。

**4.12.4**　栓钉在施焊前必须经过严格的工艺参数试验，对不同厂家、批号、不同材质及焊接设备的栓焊工艺，均应分别进行试验后确定工艺。栓钉焊工艺参数包括：焊接型式、焊接电压、电流、栓焊时间、栓钉伸出长度、栓钉回弹高度、阻尼调整位置。在穿透焊中还包括钢板厚度、间隙及层次。

**4.12.5**　在正式焊接前应试焊 1 个焊钉，用榔头敲击使之弯曲大约 30°，无肉眼可见的裂纹方可正式施焊，否则应修改施工工艺。

**4.12.6**　栓焊工艺试件经过静拉伸、反复弯曲及打弯试验合格后，现场操作时还需根据电缆线的长度、施工季节、风力等因素进行调整。

**4.12.7**　当采用电弧焊方法进行栓钉接时，应征得设计同意，并宜采用坡口熔透焊，即在构件上钻孔，并用铰刀开成坡口形式进行焊接。

**4.12.8**　栓钉的机械性能和焊接质量鉴定均由厂家负责或由厂家委托的专门检验机构承担。施工中随时检查焊接质量。

**4.12.9**　每天焊接完的栓钉应从中选择两个用榔头敲弯约 30°进行检验，不得有肉眼可见的裂纹。如有不饱满或修补过的栓钉，应做 15°弯曲检验，榔头敲击方向应从焊缝不饱满的一侧进行。

## 5　质量标准

### 5.1　主控项目

**5.1.1**　钢材的品种、规格、性能等应符合现行国家产品标准和设计要求。进口钢材产品的质量应符合设计和合同规定标准的要求。

检查数量：全数检查。

检验方法：检查质量合格证明文件、中文标志及检验报告等。

**5.1.2**　对于有下列情形之一的钢板应进行现场取样复验，合格后方可使用。

**1**　国外进口钢材。

**2**　钢材混批。

**3**　板厚等于或大于 40mm，且设计有 Z 向性能要求的厚板。

**4**　建筑结构安全等级为一级，大跨度钢结构中主要受力构件所采用的钢材。

**5**　设计有复验要求的钢材。

**6**　对质量有疑义的钢材。

**5.1.3**　钢材切割面或剪切面应无裂纹、夹渣、分层和大于 1mm 的缺棱。

检查数量：全数检查。

检验方法：观察或用放大镜及百分尺检查，有疑义时做渗透、磁粉或超声波探伤检查。

**5.1.4**　焊接 H 型钢的翼缘板拼接缝和腹板拼接缝的间距不应小于 200mm。翼缘板拼接长度不应小于 2 倍板宽；腹板拼接宽度不应小于 300mm，长度不应小于 600mm。

**5.1.5**　碳素结构钢在环境温度低于−16℃、低合金结构钢在环境温度低于−12℃时，不应进行冷矫正和冷弯曲，碳素结构钢和低合金结构钢在加热矫正时，加热温度不应超过 900℃。低合金结构钢在加热矫正后应自然冷却。

**5.1.6**　焊条、焊丝和焊剂等焊接材料与母材的匹配应符合设计要求及国家现行标准《建筑结构钢焊接技术规程》JGJ 81 的规定。焊条、焊丝和焊剂等在使用前应按其说明书及焊接工艺文件的规定进行烘焙和存放。

**5.1.7**　焊工必须经考试合格并取得合格证书。持证焊工必须在其考试合格项目及认可范围内施焊。

**5.1.8** 施工单位对其首次采用的钢材、焊接材料、焊接方法、焊后热处理等，应进行焊接工艺评定，并应根据评定报告确定焊接工艺。

**5.1.9** 设计要求焊透的一、二级焊缝应采用超声波探伤进行内部缺陷的检验，超声波探伤不能对缺陷作出判断时，应采用射线探伤，其内部缺陷分级及探伤方法应符合现行国家标准《钢焊缝手工超声波探伤方法和探伤结果分级法》GB 11345 或《钢熔化焊对接接头射线照相和质量分级》GB 3323 的规定。一级、二级焊缝的质量等级及缺陷分级应符合表 28-2 的规定。

一、二级焊缝质量等级及缺陷分级　　　　　　　　　　表 28-2

| 焊缝质量等级 | | 一级 | 二级 |
|---|---|---|---|
| 内部缺陷超声波探伤 | 评定等级 | Ⅱ | Ⅲ |
| | 检验等级 | B 级 | B 级 |
| | 探伤比例 | 100% | 20% |
| 内部缺陷射线探伤 | 评定等级 | Ⅱ | Ⅲ |
| | 检验等级 | AB 级 | AB 级 |
| | 探伤比例 | 100% | 20% |

注：探伤比例的计数方法应按以下原则确定：
　　1. 对工厂制作焊缝，应按每条焊缝计算百分比，且探伤长度应不小于 200mm，当焊缝长度不足 200mm 时，应对整条焊缝进行探伤。
　　2. 对现场安装焊缝，应按同一类型、同一施焊条件的焊缝条数计算百分比，探伤长度应不小于 200mm，并应不少于 1 条焊缝。

**5.1.10** T 形接头、十字接头、角接接头等要求熔透的对接接头和角对接组合焊缝，其焊脚尺寸不应小于 $t/4$；焊脚尺寸的允许偏差为 0～4mm。

**5.1.11** 焊缝表面不得有裂纹、焊瘤等缺陷。一级、二级焊缝不得有表面气孔、夹渣、弧坑裂纹、电弧擦伤等缺陷。且一级焊缝不得有咬边、未焊满、根部收缩等缺陷。

**5.1.12** 施工单位对其采用的焊钉和钢材焊接应进行焊接工艺评定，其结果应符合设计要求和国家现行有关标准的规定。瓷环应按其产品说明书进行烘焙。

**5.1.13** 焊钉焊接后应进行弯曲试验检查，其焊缝和热影响区不应有肉眼可见的裂纹。

**5.1.14** 高强度螺栓和普通螺栓连接的多层板叠，应用试孔器进行检查，并应符合下列规定：

**1** 当采用比孔公称直径小 1.0mm 的试孔器检查时，每组孔的通过率不应小于 85%。

**2** 当采用比螺栓公称直径大 0.3mm 的试孔器检查时，每组孔的通过率不应小于 85％。

## 5.2　一般项目

**5.2.1**　钢板厚度及允许偏差应符合其产品标准的要求。

检查数量：每一品种、规格的钢材抽查 5 处。

检验方法：用游标卡尺量测。

**5.2.2**　型钢的规格尺寸及允许偏差符合产品标准的要求。

检查数量：每一品种、规格的型钢抽查 5 处。

检验方法：用钢尺和游标卡尺量测。

**5.2.3**　钢材的表面外观质量除应符合国家现行有关标准的规定外，尚应符合下列规定：

**1**　当钢材的表面有锈蚀、麻点或划痕等缺陷时，其深度不得大于该钢材厚度负允许偏差值的 1/2。

**2**　钢材表面的锈蚀等级应符合现行国家标准《涂装前钢材表面锈蚀等级和除锈等级》GB 8923 规定的 C 级及 C 级以上。

**3**　钢材端边或断口处不应有分层、夹渣等缺陷。

检查数量：全数检查。

检验方法：观察检查。

**5.2.4**　气割或机械剪切的零件，需要进行边缘加工时，其刨削量不应小于 2.0mm。

**5.2.5**　A、B 级螺栓孔（Ⅰ类孔）应具有 H12 的精度，孔壁表面粗糙度 Ra 不应大于 12.5$\mu$m，其孔径的允许偏差应符合表 28-3 的规定。C 级螺栓孔（Ⅱ类孔），孔壁表面粗糙度 Ra 不应大于 25$\mu$m，其允许偏差应符合表 28-4 的规定。

**A、B 级螺栓孔径的允许偏差**（mm）　　　　表 28-3

| 序号 | 螺栓公称直径、螺栓孔直径 | 螺栓公称直径允许偏差 | 螺栓孔直径允许偏差 |
| --- | --- | --- | --- |
| 1 | 10～18 | 0.00；−0.21 | ＋0.18；0.00 |
| 2 | 18～30 | 0.00；−0.21 | ＋0.21；0.00 |
| 3 | 30～50 | 0.00；−0.25 | ＋0.25；0.00 |

**C 级螺栓孔的允许偏差**（mm）　　　　表 28-4

| 序号 | 项目 | 允许偏差 |
| --- | --- | --- |
| 1 | 直径 | ＋1.0，0.0 |
| 2 | 圆度 | 2.0 |
| 3 | 垂直度 | 0.03$t$，且不应大于 2.0 |

**5.2.6**　气割的允许偏差应符合表 28-5 的规定。

气割的允许偏差（mm）　　　　　表 28-5

| 序号 | 项目 | 允许偏差 |
|---|---|---|
| 1 | 零件宽度、长度 | ±3.0 |
| 2 | 切割面平面度 | 0.05$t$，且不应大于 2.0 |
| 3 | 割纹深度 | 0.3 |
|  | 局部缺口深度 | 1.0 |

注：$t$ 为切割面厚度。

**5.2.7**　机械剪切的允许偏差应符合表 28-6 的规定。

机械剪切的允许偏差（mm）　　　　　表 28-6

| 序号 | 项目 | 允许偏差 |
|---|---|---|
| 1 | 零件宽度/长度 | ±3.0 |
| 2 | 边缘缺棱 | 1.0 |
| 3 | 型钢端部垂直度 | 2.0 |

**5.2.8**　矫正后的钢材表面，不应有明显的凹面或损伤，划痕深度不得大于 0.5mm，且不应大于该钢材厚度允许偏差的 1/2。

**5.2.9**　钢材矫正后的允许偏差应符合表 28-7 的规定。

钢材矫正后的允许偏差（mm）　　　　　表 28-7

| 序号 | 项　　目 | | 允许偏差 |
|---|---|---|---|
| 1 | 钢板的局部平面度 | $T$≤14 | 1.5 |
|  | | $T$>14 | 1.0 |
| 2 | 型钢弯曲矢高 | | $L$/1000 且不应大于 5.0 |
| 3 | 角钢肢的垂直度 | | $B$/100 双肢栓接角钢的角度不得大于 90º |
| 4 | 槽钢翼缘对腹板垂直度 | | $B$/80 |
| 5 | 工字钢、H 型钢翼缘对腹板垂直度 | | $B$/100 且不大于是 2.0 |

**5.2.10**　安装焊缝坡口的允许偏差应符合表 28-8 的规定。

安装焊缝坡口的允许偏差　　　　　表 28-8

| 序号 | 项目 | 允许偏差 |
|---|---|---|
| 1 | 坡口角度 | ±15° |
| 2 | 钝边 | ±1.0mm |

**5.2.11**　边缘加工允许偏差应符合表 28-9 的规定。

边缘加工允许偏差（mm）　　　　　表 28-9

| 序号 | 项目 | 允许偏差 |
|---|---|---|
| 1 | 零件宽度、长度 | ±1.0 |
| 2 | 加工边直线度 | $L/3000$，且不应大于 2.0 |
| 3 | 相邻两边夹角 | ±6′ |
| 4 | 加工面垂直度 | $0.025t$，$e$ 且不应大于 0.5 |
| 5 | 加工面表面粗糙度 | $\overset{50}{\bigtriangledown}$ |

**5.2.12** 焊接 H 型钢的允许偏差应符合表 28-10 的规定。

焊接 H 型钢的允许偏差（mm）　　　　　表 28-10

| 序号 | 项目 | | 允许偏差 |
|---|---|---|---|
| 1 | 截面高度 $h$ | $h<500$ | ±2.0 |
| | | $500<h<1000$ | ±3.0 |
| | | $h>1000$ | ±4.0 |
| 2 | 截面宽度 $b$ | | ±3.0 |
| 3 | 腹板中心偏移 | | 2.0 |
| 4 | 翼缘板垂直度 | | $b/100$，且不应大于 3.0 |
| 5 | 弯曲矢高 | | $L/1000$，且不应大于 3.0 |
| 6 | 扭曲 | | $h/250$，且不应大于 5.0 |
| 7 | 腹板局部平面度 | $t<14$ | 3.0 |
| | | $t\geqslant14$ | 2.0 |

**5.2.13** 焊接连接组装的允许偏差应符合表 28-11 的规定。

焊接连接制作组装的允许偏差（mm）　　　　　表 28-11

| 序号 | 项目 | | 允许偏差 |
|---|---|---|---|
| 1 | 对接 | 对口错边 | $t/10$，且不应大于 3.0 |
| | | 间隙 | ±1.0 |
| 2 | 搭接 | 搭接长度 | ±5.0 |
| | | 缝隙 | 1.5 |
| 3 | 工、十字形截面 | 高度 | ±2.0 |
| | | 垂直度 | $b/100$，且不应大于 3.0 |
| | | 中心偏移 | ±2.0 |
| 4 | 型钢错位 | 连接处 | 1.0 |
| | | 其他处 | 2.0 |
| 5 | 箱形截面 | 高度 | ±2.0 |
| | | 宽度 | ±2.0 |
| | | 垂直度 | $b/200$，且不应大于 3.0 |

**5.2.14** 端部铣平的允许偏差应符合表 28-12 的规定。

端部铣平的允许偏差（mm）　　　　　表 28-12

| 序号 | 项目 | 允许偏差 |
|------|------|----------|
| 1 | 两端铣平时构件长度 | ±2.0 |
| 2 | 两端铣平时零件长度 | ±0.5 |
| 3 | 铣平面的平面度 | 0.3 |
| 4 | 铣平面对轴线的垂直度 | $L/1500$ |

**5.2.15** 螺栓孔孔距的允许偏差应符合表 28-13 的规定。

螺栓孔孔距允许偏差（mm）　　　　　表 28-13

| 序号 | 螺栓孔距范围 | 500 | 501～1200 | 1201～3000 | 3000 |
|------|------|-----|-----------|------------|------|
| 1 | 同一组内任意两孔间距离 | ±1.0 | ±1.5 | — | — |
| 2 | 相邻两组的端部间距离 | ±1.5 | ±2.0 | ±2.5 | ±3.0 |

注：1. 在节点中连接板与一根杆件相连的所有螺栓孔为一组。
　　2. 对接接头在拼接板现侧的螺栓孔为一组。
　　3. 在两相邻节点或接头间的螺栓孔为一组，但不包括一述两款扬规定的螺栓孔。
　　4. 受弯构件翼缘上的连接螺栓孔，每米长度范围内的螺栓孔为一组。

**5.2.16** 螺栓孔孔距的允许偏差超过 5.2.14 条规定的允许偏差时，应采用与母材材质相匹配的焊条补焊后重新制孔。

**5.2.17** 对于需要进行焊前预热或热后处理的焊缝，其预热温度或后热温度应符合国家现行有关标准的规定或通过工艺试验确定。预热区在焊道两侧，每侧宽度均应大于焊件厚度的 1.5 倍以上，且不应小于 100mm；后热处理应在焊后立即进行，保温时间应根据板厚按每 25mm 板厚 1h 进行确定。

**5.2.18** 二、三级焊缝外观质量标准应符合表 28-14 的规定。三级对接焊缝应按二级焊缝标准进行外观质量检验。

二、三级焊缝外观质量标准（mm）　　　　表 28-14

| 项目 | 允许偏差 | |
|------|------|------|
| 缺陷类型 | 二级 | 三级 |
| 未焊满（指不足设计要求） | ≤0.2+0.02$t$，且≤1.0 | ≤0.2+0.04$t$，且≤2.0 |
| | 每 100.0 焊缝内缺陷总长≤25.0 | |
| 根部收缩 | ≤0.2+0.02$t$，且≤1.0 | ≤0.2+0.04$t$，且≤2.0 |
| | 长度不限 | |
| 咬边 | ≤0.05$t$，且≤0.5；连续长度≤100.0，且焊缝两侧咬边总长≤10%焊缝全长 | ≤0.1$t$，且≤1.0，长度不限 |

续表

| 项目 | 允许偏差 | |
|---|---|---|
| 弧坑裂纹 | — | 允许存在个别长度≤5.0 的弧坑裂纹 |
| 电弧擦伤 | — | 允许存在个别电弧擦伤 |
| 接头不良 | 缺口深度 0.05$t$，且≤0.5 | 缺口深度 0.1$t$，且≤1.0 |
| | 每 100.0 焊缝不应超过 1 处 | |
| 表面夹渣 | — | 深≤0.2$t$ 长≤0.5$t$，且≤20.0 |
| 表面气孔 | — | 每 50.0 焊缝长度内允许直径≤0.4$t$，且≤3.0 的气孔 2 个，孔距≥6 倍孔径 |

注：表内 $t$ 为连接处较薄的板厚。

**5.2.19**　焊缝尺寸允许偏差应符合表 28-15、表 28-16 的规定。

对接焊缝及完全熔透组合焊缝尺寸允许偏差　　　　　　表 28-15

| 序号 | 项目 | 允许偏差 | | | |
|---|---|---|---|---|---|
| | | 一、二级 | | 三级 | |
| 1 | 对接焊缝余高 $c$ | $B<20$ | 0～3.0 | $B<20$ | 0～4.0 |
| | | $B≥20$ | 0～4.0 | $B≥20$ | 0～5.0 |
| 2 | 对接焊缝错边 $d$ | $d<0.15t$，且≤2.0 | | $d<0.15t$，且≤3.0 | |

注：$B$ 为焊缝规格（mm）。

部分焊透组合焊缝和角焊缝外形尺寸允许偏差（mm）　　　表 28-16

| 序号 | 项目 | 允许偏差 |
|---|---|---|
| 1 | 焊脚尺寸 $h_f$ | $h_f≤6.0～1.5$ |
| | | $h_f>6.0～3.0$ |
| 2 | 角焊缝余高 $c$ | $h_f≤6.0～1.5$ |
| | | $h_f>6.0～3.0$ |

注：1. $h_f>8.0$ 的角焊缝其局部焊脚尺寸允许低于设计要求值 1.0mm，但总长度不得超过焊缝长度 10%。
　　2. 焊接 H 形梁腹板与翼缘板的焊缝两端在其两倍翼缘板宽度范围内，焊缝的焊脚尺寸不得低于设计值。

**5.2.20**　焊成凹形的角焊缝，焊缝金属与母材间应平缓过渡；加工成凹形的角焊缝，不得在其表面留下切痕。

**5.2.21**　焊条外观不应有药皮脱落、焊芯生锈等缺陷；焊剂不应受潮结块。

**5.2.22**　焊缝感观应达到：外形均匀、成型较好，焊道与焊道、焊道与基本金属间过渡较平滑，焊渣和飞溅物基本清除干净。

**5.2.23**　焊钉根部焊脚应均匀，焊脚立面的局部未熔合或不足 360°的焊脚应进行修补。

## 6　成品保护

**6.0.1**　型钢构件在制作与安装的各工序过程中，必须注意防止和减少构件表面的操作。

**6.0.2**　在机械矫正变形和成型过程中，应始终保持构件表面及胎模具、轧辊等工作面光洁，无异物，防止异物损伤构件表面。

**6.0.3**　禁止在非焊接区乱"打火"或焊异物，以减少电弧对工件的损伤。对于焊疤、熔合性飞溅物等必须修磨去除。

**6.0.4**　构件存放时，应放置在通风干燥的地方，构件下部应离开地面200mm以上，以防止水浸和锈蚀。

**6.0.5**　焊件坡口加工好后，不得直接放在潮湿的地上，避免坡口面锈蚀或污染。

**6.0.6**　堆放构件时，地面必须垫平，避免支点受力不均。钢梁吊点、支点应合理；宜立放，以防止由于侧面刚度差而产生下挠或扭曲。

**6.0.7**　加工或处理后的构件，在连接处的摩擦面，应采取保护措施，防止沾染脏物和油污。严禁在高强度螺栓连接处的摩擦面上作任何标记。

## 7　应注意的问题

### 7.1　应注意的质量问题

**7.1.1**　运输、堆放时，垫点不合理，上、下垫木不在一条垂直线上，或由于场地沉陷等原因造成变形。如发生变形，应根据情况采用千斤顶、氧-乙炔火焰加热或用其他工具矫正。

**7.1.2**　拼装时节点处型钢不吻合，连接处型钢与节点板间缝隙大于3mm，应予矫正，拼装时用夹具夹紧。长构件应拉通线，符合要求后再定位焊固定。长构件翻身时由于刚度不足有可能产生变形，这时应事先进行临时加固。

**7.1.3**　钢梁拼装时，应严格检查拼装点角度，采取措施消除焊接收缩量的影响，并加以控制，避免产生累计误差。

**7.1.4**　严格按1∶1的比例进行放样下料；画线号料时，要根据材料厚度和切割方法等留出焊接收缩余量和切割、刨铣等加工余量；下料前要先对材料进行矫正，并利用样板、样杆进行下料，样板、样杆的尺寸必须准确无误；制作、吊装、检查应用统一精度的钢尺；严格检查构件制作尺寸，不允许超过允许偏差。

**7.1.5**　应采用合理的焊接顺序及焊接工艺（包括焊接电流、速度、方向等）或采用夹具、胎具将构件固定，然后再进行焊接，以防止焊接后翘曲变形。减少或防止焊接变形的措施如下：

**1**　焊接时尽量使焊缝能自由变形，应该选择合理的焊接顺序，如对称法、分段逆向焊接法，跳焊法等。

**2**　钢构件的焊接要从中间向四周对称进行。先焊收缩量大的焊缝，后焊收缩量小的焊缝。

**3**　尽可能对称施焊，使产生的变形互相抵消。对称布置的焊缝由成双数焊工同时焊接。

**4**　焊缝相交时，先焊纵向焊缝，待焊缝冷却到常温后，再焊横向焊缝。

**5**　采用反变形法，在焊接前，预先将焊件在变形相反的方向加以弯曲或倾斜，以消除焊后产生的变形，从而获得正常形状的构件。

**6**　采用刚性固定法，用夹具夹紧焊件，能显著减少焊件残余变形及翘曲。

**7**　锤击法：锤击焊缝及其周围区域，或以减少收缩应力及变形。

**8**　在保证焊缝质量的前提下，尽可能采用小的电流，快速施焊，以减小热影响区和温度差，减小焊接变表和焊接应力。

**9**　对于焊接工字形的次序，应采用对角焊接法，如图 28-1 所示。

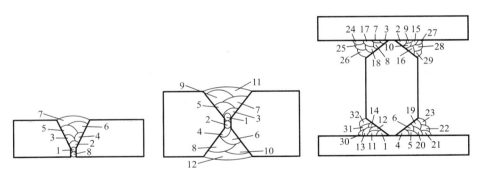

图 28-1　厚钢板分层焊

### 7.1.6　穿透焊栓钉焊接缺陷及注意事项

**1**　未熔合：栓焊后钢板金属部分未熔合，应加大电流增加焊接时间。

**2**　咬边：栓焊后钢板被电弧烧成缩径。原因是电流大、时间长，要调整焊接电流及时间。

**3**　磁偏吹：由于使用直流焊机电流过大造成。应将地线对称接在工件上，或在电弧偏向的反方向放一块铁板，改变磁力线的分布。

**4**　气孔：焊接时熔池中气体未排出而形成的。原因是板有间隙、瓷环排气不当、焊件上有杂质在高温下分解成气体等。应减小上述间隙，做好焊前清理。

**5**　裂纹：在焊接的热影响区产生裂纹及焊肉中裂纹。原因是焊件的质量总是钢板除锌不彻底或因低温焊接等到原因造成。解决的方法是，彻底除锌、焊前做栓钉的检验。温度低于−10℃要预热焊接；低于−18℃停止焊接；下雨、雪时停止焊接。当温度低于 0℃时，要求在每 100 枚中打弯两根试验的基础上，再加一根，不合格者停焊。为了保证栓钉焊接质量，栓焊工必须经过专门技术培训和试件考核，试焊件经拉伸、打弯等试验合格后，经有关部门批准方可上岗。

### 7.2　应注意的安全问题

**7.2.1**　施工管理人员和施工作业人员必须认真贯彻各项安全规定，施工前必须有安全技术措施，并向全体作业人员进行安全教育和安全技术交底。

**7.2.2**　各种用电机械必须有良好的接地或接零，必须装设漏电保护装置；所有电动机械必须是一机一闸一漏电保护，停止工作时，必须立即拉闸断电。

**7.2.3**　主要施工机具使用的安全规定

**1**　各种机具使用前必须认真检查，严禁机具带病作业。

**2**　各种机具必须按使用说明书或操作规程进行保养；对有人机固定要求的机具，必须专人开机，非岗人员不得操作。各种机具严禁超负荷作业。

**3**　冲、剪机械使用应符合下列规定：工作前离合器应放在零位；冲、剪时应单层进行，禁止将两块钢板重叠或并列剪切及冲压；多人作业时，应由一专人指挥，机械操作者只听此人指挥，以防错误操作伤人。

**4**　卷板机及平板机使用时，应符合下列安全规定：设备正常工作时，严禁作业人员在运料端或被卷入的板件上进行作业或站立；用样板检查时，必须停机后进行；当被卷板件不够整圆时，在卷制板边缘应留一定余量，以免过卷使板件下落伤人；多人作业应相互配合，统一指挥和行动。

**5**　刨边机使用时，应符合下列安全规定：刨边前，板料夹持应牢固、平稳；刨边机工作时，行走刀架两侧禁止有人停留；不得用手清理刨屑。

**6**　使用钻床时，应符合下列安全规定：钻头和工件必须卡紧固定，不准用手拿工件钻孔。钻薄工件时，工件下面应垫平整的木板；钻孔排屑困难时，进钻和退钻应反复交替进行；操作者的头部不得靠近旋转部分，禁止戴手套和用管子套在手柄上加力钻孔；摇臂旋转范围内，不准堆放物件或站立闲人。

**7**　座式砂轮机使用时，应符合下列安全规定：使用前，应检查砂轮片是否有裂纹或松动；砂轮机应有防护罩；使用时，应站在砂轮的侧面，不得两人同时使用一片砂轮，用力不得过大，以免砂轮破碎伤人；磨小件时，应用钳子夹牢，以免磨手或烫手；使用者应戴防护眼镜。

**8**　使用手电钻或手砂轮机等手持电动工具时，应符合下列安全规定：操作者袖口和衣角应扎紧、利落，使用手砂轮者应戴防护眼镜；钻头要卡紧，用力要均匀，工件必须安放稳固，以防旋转伤人；手砂轮机必须有防护罩，使用时不要用力过大，以免砂轮片破碎伤人或烧坏电机；未停止转动，不得更换钻头或砂轮片。

9　风动工具使用时，应符合下列安全规定：风管接头及阀门应完好，铲头或窝头有裂纹时禁止使用；风铲工作时，前面不准站人，更不准对人操作；操作者应戴手套及防护眼镜；铲边时，不准用手按压风门，以防铲削过程中有密闭风而将铲头打飞；更换铲头或窝头时，枪口必须朝地，禁止面对枪口，不用时，应将风管总阀门关闭，并将铲头（或窝头）取下，将膛孔堵好；风管内的空气未人净前，不得拆卸接头。

### 7.3　应注意的绿色施工问题

**7.3.1**　施工时应有可靠的屏蔽措施避免焊接电弧光外泄造成光污染；

**7.3.2**　夜间施工时不得敲击钢板，避免噪声。

## 8　质量检记录

**8.0.1**　钢材、连接材料、和涂装材料的质量证明、试验报告。

**8.0.2**　型钢构件出厂合格证。

**8.0.3**　焊缝超声波探伤报告。

**8.0.4**　焊接工艺评定报告。

**8.0.5**　型钢构件热加工施工记录。

**8.0.6**　型钢构件边缘加工施工记录。

**8.0.7**　型钢构件组装检查记录。

**8.0.8**　型钢构件焊缝外观检查记录。

**8.0.9**　型钢焊接分项工程检验批质量验收记录。

**8.0.10**　型钢构件组装及预拼装分项工程检验批质量验收记录。

**8.0.11**　焊接材料质量证明书。

**8.0.12**　焊工合格证及编号。

**8.0.13**　摩擦面抗滑移系数试验报告。

# 第 29 章　钢-混凝土组合结构钢构件安装

本工艺标准适用于钢-混凝土组合结构中钢构件的安装施工及质量验收。

## 1　引用标准

《钢-混凝土组合结构施工规范》GB 50901—2013
《钢结构工程施工规范》GB 50755—2012
《钢结构焊接规范》GB 50661—2011
《组合结构设计规范》JGJ 138—2016
《钢结构工程施工质量验收规范》GB 50205—2001
《钢结构用高强度大六角头螺栓》GB/T 1228—2006
《钢结构用高强度大六角头螺母》GB/T 1229—2006
《钢结构用高强度大六角头垫圈》GB/T 1230—2006
《钢结构用高强度大六角头螺栓、大六角螺母、垫圈技术条件》GB/T 1231—2006
《钢结构用扭剪型高强度螺栓连接副》GB/T 3632—2008
《六角头螺栓》GB/T 5782—2000
《六角头螺栓全螺纹》GB/T 5783—2000

## 2　术语（略）

## 3　施工准备

### 3.1　作业条件

**3.1.1**　熟悉工程设计文件、答疑、变更文件、施工合同要求的基础上，结合施工现场条件和安装单位的设备及技术装备编制钢构件安装方案，按规定经审核、审批和论证，并做好安装前的技术安全交底。

**3.1.2**　钢构件安装前厚钢板焊接、栓钉焊接等，应在施工前进行工艺试验，在工艺试验的基础上，确定各项工艺参数，编出各项操作工艺。

**3.1.3**　安装前应对建筑物定位轴线、标高、混凝土强度及预埋件安装质量进行复查，并放出安装定位线和控制线。

**3.1.4** 现场运输道路、安装机械行走路线和站立位置、材料临时周转场地均满足安装要求。

**3.1.5** 钢构件、零配件及施工措施所用材料进场且验收合格。

**3.1.6** 安装所用的机械设备已进场，设备安装后验收合格。

**3.1.7** 操作人员均以经过培训并取得上岗证。

### 3.2　材料及机具

**3.2.1　材料**

经检验合格的钢构件、高强螺栓、普通螺栓、与母材和焊接工艺相匹配的焊接材料。

**3.2.2　机具**

**1** 起重设备：塔式起重机、履带式起重机、汽车式起重机等。

**2** 其他机具：经纬仪、水平仪、葫芦、卷扬机、滑轮及滑轮组、电焊机、熔焊栓钉机、力矩扳手、撬棍、钢楔、千斤顶等。

## 4　施工工艺

### 4.1　工艺流程

$$\boxed{作业准备} \rightarrow \boxed{安装与校正} \rightarrow \boxed{连接固定} \rightarrow \boxed{检查验收}$$

### 4.2　作业准备

**4.2.1　地脚螺栓的安装**

**1** 定位放线，确定预埋地脚螺栓（锚栓）的位置。地脚螺栓（锚栓）的定位尺寸误差不得大于 5mm，水平高差不得超过 2mm。为保证地脚螺栓位置准确，可在钢板上钻孔，螺栓套入孔内，并用角钢做成支架后进行埋设或用角钢做成水平框（上下二道）与地脚螺栓构成框架再埋设。当地脚螺栓较多时，宜先做成牢固支架，把螺栓固定在支架上再埋设。

**2** 地脚螺栓可采用一次或二次埋设方法。对埋设精度要求较高的地脚螺栓，宜采用二次埋设方法，即在浇筑混凝土时，在埋设地脚螺栓部位预留一个方洞，同时在方洞四周的顶面上预埋铁件，在铁件上焊接固定槽钢或角钢架，在槽钢或角钢架上预留地脚螺栓孔，在铁件上焊接固定槽钢或角钢架时，必须保证螺栓丝扣长度及标高、位移值符合图纸和规范要求。预埋时，可在螺栓上设置调整标高螺母，以精确控制柱底面钢板的标高。

**3** 地脚螺栓的紧固力由设计文件规定，紧固方法和使用的扭矩必须满足紧固力的要求。螺母止退可采用双螺母紧固或用电焊将螺母与螺杆焊牢。在固定前，还需精确地弹出轴线和各螺栓的位置线，使螺栓上下垂直、水平位置精确。

**4**　混凝土浇筑完毕之后,在其初凝之前,重新对地脚螺栓的位置、标高等进行复核,纠正浇筑混凝土时产生的偏差。并将柱脚底板下的混凝土面细致抹平压实,或者在柱底板与基础面间预留 20～30mm 的空隙,用符合设计强度要求的无收缩砂浆以捻浆法垫实。

**5**　地脚螺栓外露丝扣在安装前应采取有效措施进行妥善保护,防止碰弯及损伤螺纹丝牙。

#### 4.2.2　钢构件进场质量检查

**1**　构件成品出厂时,提交材质证明和试验报告,构件检查记录,合格证书,高强螺栓摩擦系数试验,焊接无损探伤检查记录等技术文件。

**2**　构件尺寸与外观检查。根据施工图要求及现行国家标准《钢结构工程施工质量验收规范》GB 50205 中的有关规定,对构件的外形(包括:构件弯曲、变形、扭曲和碰伤等)及其尺寸(包括:长度、宽度、层高、坡口位置与角度、节点位置、高强螺栓的开孔位置、间距、孔数等),以及构件的加工精度(包括:切割面的位置、角度及粗糙度、毛刺、变形及缺陷;弯曲构件的弧度和高强螺栓摩擦面等)进行仔细检验,如有超出规定的偏差,在安装之前应设法消除掉。

**3**　焊缝的外观检查和无损探伤检查,都应符合图纸及规范的规定。其中:

(1)焊缝外观检查:当焊缝有未焊透、漏焊和超标准的夹渣、气孔者,必须将缺陷清除后重焊。对焊缝尺寸不足、间断、弧坑、咬边等缺陷应补焊,补焊焊条直径一般不宜大于 4mm。修补后焊缝应用砂轮进行修磨,并按要求重新检验。焊缝中出现裂缝时,应进行原因分析,在订出返修措施后方可返修。当裂纹界线清晰时,应从两端各延长 50mm 全部清除后再焊接。清除后用碳弧气刨和气割进行。低合金钢焊缝的返修,在同一处不得超过两次。

(2)无损探伤检查:全部熔透焊缝的超声波探伤,抽检 20%,发现不合格时,再加倍检查;仍不合格时,全数检查。超声波探伤焊缝质量及检验方法,根据设计规定标准进行。焊缝外观检查合格并对超声波探伤部位修磨后,才能进行超声波探伤。

**4.2.3**　构件应分类型、分单元及分型号堆放,使之易于清点和预检,防止倒垛。构件堆放场地应平整、坚实,排水良好。确保不变形、不损坏,并有足够的稳定性。

**4.2.4**　高强度螺栓应保存在干燥、通风的室内,避免生锈、损伤丝扣和沾上污物。使用前应进行外观检查,螺栓直径、长度、表面油膜正常,方能使用。使用过程中不得雨淋,接触泥土、油污等脏物。

**4.2.5**　安装机械的选择。

选择安装机械的前提是必须满足安装要求和工期保证。对于单层建筑,宜选用移动式起重机械；对于多层和高层建筑，多采用塔式起重机；对重型钢构件，可选用起重量大的履带式起重机。塔式起重机在选型时要充分考虑起重能力满足最大物件重量的要求。当工程需要设置几台吊装机具时，应注意机具不要相互影响。

**4.2.6 流水段的划分原则和安装顺序**

流水段的划分应按照建筑物的平面形状、结构形式、安装机械、位置等因素划分。

**1** 平面流水段的划分应考虑钢结构在安装过程中的对称性和整体稳定性。其安装顺序一般应由中央向四周扩展，以利减少和消除焊接误差。

**2** 立面流水段划分，以一层或一节钢柱内所有构件作为一个流水段，并以主梁或钢支撑安装形成框架为原则；其次是次梁、楼板的安装。

**3** 根据安装流水区段和构件安装顺序，编制构件安装顺序表。注明每一构件的节点型号、连接件的规格数量、高强度螺栓规格数量、栓焊数量及焊接量、焊接形式等。

**4.3 安装与校正**

**4.3.1 型钢柱安装与校正**

**1** 型钢柱多采用焊接对接接长、高强度螺栓连接接长或栓焊组合的接长方式。

**2** 安装前，应对建筑物的定位轴线、平面封闭角、底层柱的安装位置线、基础标高和基础混凝土强度进行检查，合格后才能进行安装。安装顺序应根据事先编制的安装顺序图表进行。

**3** 型钢柱的安装应根据钢柱的形状、断面尺寸、长度、重量和起重机的性能等具体情况确定。一般采用单机起吊，也可采取双机抬吊。

1）单机起吊采用一点立吊，吊点设置在柱顶处，即在柱顶临时焊接吊耳，上开孔作为吊装孔，吊钩通过柱中心线，易于起吊、对中和校正。对于拴接构件，也可利用柱端的螺栓孔，穿入专用吊装索具或销轴进行吊装，严禁直接穿入普通索具吊装，以防在起吊过程中磨损栓孔和索具。索具要求捆扎稳固可靠。单机吊装时需在柱子根部垫以垫木，以回转法起吊，严禁柱根拖地。

2）双机抬吊时，应尽量选用同一类型的起重机械，并对起吊点进行荷载分配，有条件时进行吊装模拟，各种起重机的荷载不宜超过其相应起重能力的80%。在操作过程中，要相互配合、动作协调，保持平衡，以防止偏重造成安全事故。

**4** 绑扎结束并检查无误后，进行起吊试机，要求慢慢起吊，当钢柱离开地面时暂停，再全面检查吊索具、卡具等，确保各方面安全可靠后，才能正式起吊。

**5** 正式起吊时应由专人统一指挥，统一口令，指挥吊车司机，将钢柱慢慢吊装到位，然后逐步调整钢柱的位置，使其底部的螺栓孔全部对准底脚螺栓，渐渐下落安装就位，临时固定地脚螺栓，校正垂直度。钢柱接长时，钢柱两侧装有临时固定用的连结板，上节钢柱对准下节钢柱柱顶中心线后，即用螺栓固定连结板临时固定。

**6**　起吊时钢柱必须垂直，尽量做到回转扶直，起吊回转过程中应避免同其他已安装好的构件相碰撞，吊索应预留有效高度。

**7**　钢柱安装到位，对准轴线、临时固定牢固后才能松开吊索。

**8**　钢柱校正：钢柱就位后，先调整标高，再调整位移，最后调整垂直度。

1）钢柱标高的调整：

柱基标高的调整：主要采用螺母调整和垫铁调整两种方法。螺母调整是在地脚螺栓上加一个调整螺母，使之上表面与柱底板标高平齐，用以控制柱底板标高；当钢柱过重时，宜采用在柱底板下加垫钢板的方法来调整柱子标高。柱底板下的预留空隙，用符合设计强度要求的无收缩砂浆以捻浆法垫实。

2）钢柱位移的调整：以下节柱顶部的实际中心线为准，安装钢柱的底部对准下节钢柱的中心线即可。校正位移时应注意钢柱的扭转。对于重型钢柱，可用螺旋千斤顶加链条套环托座沿水平方向顶校钢柱。校正后为防止钢柱位移，在柱四边用钢板定位，并用电焊固定。钢柱复校后再紧固锚固螺栓。

3）钢柱垂直度的调整：钢柱经过初校，待垂直度偏差控制在 20mm 以内方可使起重机脱钩。钢柱的垂直度用 2 台经纬仪从两个方向进行检查，如有偏差可用螺旋千斤顶或油压千斤顶进行校正，在校正过程中，应避免造成水平标高的误差。吊装过程中，必须绑扎溜绳控制钢柱摇晃，必要时还应加风缆绳做临时拉结或支撑。

4）为了控制安装误差，吊装前应先确定能控制框架平面轮廓的少数柱子（一般选择平面转角柱）作为标准柱，其垂直度偏差应校正到零。当上柱与下柱发生扭转错位时，可在连接上下柱的耳板处加垫板进行调整。

**4.3.2**　型钢梁的安装与校正

**1**　型钢梁在吊装前，应于柱子牛腿处检查标高和间距，如有超出规范规定的偏差，必须提前调整好。

**2**　吊点的位置取决于型钢梁的跨度，一般在上翼缘处焊吊耳作为吊点，用专用吊具，二点平吊或串吊。吊升过程中必须保证使钢梁保持水平状态。常用的起重机械是轮胎式或履带式起重机，对重量较大的钢梁可采用双机抬吊。

**3**　安装框架主梁时，要根据焊缝收缩量预留焊缝变形量。安装主梁时对柱子垂直度的监测，除监测安放主梁的柱子两端垂直度的变化外，还要监测相邻与主梁连接的各根柱子的垂直度的变化情况，保证柱子除预留焊缝收缩值外各项偏差均符合规范规定。

#### 4.4　连接固定

型钢构件的现场连接可采用高强度螺栓连接、熔透焊连接或栓焊组合连接。栓焊组合连接时，采用先栓后焊的顺序。

**4.4.1　型钢构件焊接连接**

**1　焊接顺序**

一般应从中间向四周扩展，采用结构对称、节点对称的焊接顺序。

**2　焊接准备**

1）工艺试验。安装前应对主要焊接接头（柱与柱、柱与梁）的焊缝进行焊接工艺试验，制定焊接材料、工艺参数和技术措施。施工期间如有可能出现负温，还应进行负温条件下的焊接工艺试验。

2）焊条选择和烘焙。焊条的选择取决于结构所用钢材的种类，对于已变质、吸潮、生锈、脏污和涂料剥落的焊条不准采用。焊接厚钢板，应选用与母材同一强度等级的焊条或焊丝。焊条和焊丝使用前必须按质量要求进行烘焙。焊条在使用前应 300～350℃ 烘箱内烘焙 1h，然后在 100℃ 温度下恒温保存。焊接时从烘箱内取出焊条，放在具有 120℃ 保温功能的手提式保温桶内带到焊接部位，随用随取，要在 4h 内用完，超过 4h 则焊条必须重新烘焙，当天用不完者亦要重新烘焙，严禁使用湿焊条。焊条烘焙的温度和时间，取决于焊条的种类。

3）气象条件检测。气象条件影响焊接质量。当电焊直接受雨雪后要根据焊接区水分情况确定是否进行电焊。当进行手工电弧焊，风速大于 5m/s（三级风）；或进行气体保护焊，当风速大于 2m/s（二级风）时，均应采取防风措施。另外，大气温度对焊缝质量有较大影响，如果大气温度低于 0℃ 时，应注意对施焊环境采取有效的保温措施；如大气温度低于 -10℃ 时，如无可靠的保温措施，应停止施焊。

4）坡口检查。柱与柱、柱与梁上下翼缘的坡口焊接，电焊前应对坡口组装的质量进行检查，如误差超过规范允许误差时应返修后再进行焊接。同时，焊接前对坡口进行清理，去除对焊接有妨碍的水分，垃圾，油污和锈等。

5）垫板和引弧板。坡口焊均用垫板和引弧板，目的是使底层焊接质量有保证。引弧板可保证正式焊缝的质量，避免起弧和收弧时对焊接件初应力和产生缺陷。垫板和引弧板应与母材一致，间隙过大的焊缝宜用紫铜板。垫板尺寸一般厚 6～8mm、宽 50mm，长度应考虑引弧板的长度。引弧板长 50mm 左右，引弧长 30mm。

**3　焊接工艺**

1）预热：厚度大于 50mm 的碳素结构钢和厚度大于 36mm 的低合金结构钢，施焊前应进行预热，焊后应进行后热。预热温度宜控制在 100～150℃；后热温度应由试验确定。预热区在焊道两侧，每侧宽度均应大于焊件厚度的 2 倍，且不应小于 100mm。环境温度低于 0℃时，预热和后热温度应根据工艺试验确定。

2）焊接：柱与柱的对接焊，应由两名焊工在两相对面等温、等速对称焊接。加引弧板时，先焊第一个两相对面，焊层不宜超过 4 层，然后切除相弧板。清理焊缝表面，再焊第二个两相对面，焊层可达 8 层，再换焊第一个两相对面，如此循环直到焊满整个焊缝。不加引弧时，应由两名焊工在相对位置以逆时针方向在距柱角 50mm 处起焊。焊完第一层后，第二层及以后各层均在离前一层起点 30～50mm 处起焊。每焊一遍应认真清渣，焊到柱角处要稍放慢速度，使柱角焊缝饱满。最后一层盖面焊缝，可采用直径较小的焊条和较小的电流进行焊接。

3）梁和柱接头的焊接，应设长度大于 3 倍焊缝厚度的引弧板。引弧板的厚度应和焊缝厚度相适应，焊完后割去引弧板时应留 5～10mm。梁和柱接头的焊缝，一般先焊梁的下翼缘板，再焊上翼缘板。梁的两端先焊一端，待其冷却至常温后再焊另一端，不宜对一根梁的两端同时施焊。

4）柱与柱、梁与柱的焊缝接头，应试验测出焊缝收缩值，反馈到钢构件制作单位，作为加工的参考。

**4　连接焊缝的检验要求**

1）设计要求全焊透的一、二级焊缝应采用超声波探伤进行内部缺陷的检验，超声波探伤不能对缺陷作出判断时，应采用射线探伤。

2）焊脚尺寸应符合设计和现行国家标准《钢结构工程施工质量验收规范》GB 50205 的要求。

3）焊缝表面不得有裂纹、焊瘤等缺陷。一、二级焊缝不得有表面气孔、夹渣、弧坑裂纹、电弧擦伤等缺陷，且一级焊缝不得有咬边、未焊满、根部收缩等缺陷。

4）焊缝观感应达到：外形均匀、成型较好，焊道与焊道、焊道与基本金属间过渡平滑，焊渣和飞溅物基本清除干净。

**4.4.2　型钢构件高强度螺栓连接**

**1　高强度连接副的验收与保管**

1）高强度螺栓连接副，由制造厂家按批配套供应，并要具有出厂质量保证书。运至工地的高强度螺栓连接副应及时按现行国家标准《钢结构工程施工质量验收规范》GB 50205 的有关规定进行验收，并对摩擦面的抗滑移系数进行复验，现场处理的摩擦面应单独进行抗滑移系数试验，并应符合设计要求。

2）其在运输、保管过程中注意保护，防止损伤螺纹。高强度螺栓连接副要按包装箱上注明的批号、规格分类、保管，并保证是室内存放，堆放不要过高，防止生锈和沾染脏物，在使用前严禁任意开箱。

**2**　高强度连接副的安装与紧固

1）高强度螺栓接头各层钢板安装时发生错孔，允许用铰刀扩大孔。一个节点中扩大孔数不宜多于该节点孔数的 1/3。扩大孔直径不得大于原孔径 2mm。严禁用气割扩大孔。

2）安装高强度螺栓时，应用尖头撬棒及冲钉对正上下或前后连接板螺孔，将螺栓自由投入。严禁用榔头强行打入或用扳手强行拧入。一组高强度螺栓宜按同一方向穿入螺孔。并宜以扳手下压为紧固螺栓的方向。

3）安装高强度螺栓时，构件的摩擦面应保持干净，不得在雨中安装。摩擦面如用生锈处理方法时，安装前应以细钢丝刷除去摩擦面上的浮锈。

4）在工字钢、槽钢的翼缘上安装高强度螺栓时，应采用与其斜面的斜度相同的斜垫圈。

5）当梁与柱接头为腹板栓接、翼缘焊接时，宜按先栓后焊的方式进行施工。

6）高强度螺栓拧紧的顺序，应从螺栓群中部开始，向四周扩展，逐个拧紧。

7）大六角头高强度螺栓施工所用扭矩扳手，班前必须校正，其扭矩误差不得大于正负 5%。

8）高强度螺栓的拧紧应分初拧和终拧，对于大型节点宜通过初拧、复拧和终拧达到拧紧，复拧扭矩等于初拧扭矩。终拧前应检查接头处各层钢板是否充分密贴。

9）大六角头高强度螺栓初拧扭矩为施工扭矩的 50% 左右。终拧扭矩等于施工扭矩，施工扭矩按《钢结构工程施工规范》GB 50205—2012 中 7.4.6 计算确定。

10）扭剪型高强度螺栓的初拧扭矩为 $0.065P_c \cdot d$。用专用扳手进行终拧，直至拧掉螺栓尾部梅花头。个别不能用专用扳手进行终拧的，取终拧扭矩为 $0.13P_c \cdot d$。

11）高强度螺栓的初拧、复拧、终拧在同一天内完成。

**3**　高强度螺栓连接的检验内容

1）高强度大六角头螺栓连接副终拧完成 1h 后、48h 内应进行终拧扭矩检查。

2）扭剪型高强度螺栓连接副终拧后，除因构造原因无法使用专用扳手终拧掉梅花头者外，未在终拧中拧掉梅花头的螺栓数不应大于该节点螺栓数的 5%。对所有梅花头未拧掉的扭剪型高强度螺栓连接副应采用扭矩法或转角法进行终拧并作标记。

3）高强螺体连接副终拧后，螺栓丝扣外露应为 2～3 扣，其中允许有 10% 的螺栓丝扣外露 1 扣或 4 扣。

4）高强度螺栓应自由穿入螺栓孔。高强度螺栓孔不应采用气割扩孔，扩孔数量应征得设计同意，扩孔后的孔径不应超过 1.2d（d 为螺栓直径）。

## 5　质量标准

### 5.1　主控项目

**5.1.1**　建筑物的定位轴线、基础轴线和标高、地脚螺栓的规格及其紧固应符合设计要求。

检查数量：按柱基数抽查 10%，且不应少于 3 个。

检验方法：用经纬仪、水准仪、全站仪和钢尺现场实测。

**5.1.2**　多层建筑以基础顶面直接作为柱的支承面，或以基础顶面预埋钢板或支座作为柱的支承面时，其支承面、地脚螺栓（锚栓）位置的允许偏差应符合表 29-1 规定：

检查数量：按柱基数抽查 10%，且不应少于 3 个。

检验方法：用经纬仪、水准仪、全站仪、水平尺和钢尺实测。

支承面、地脚螺栓的允许偏差　　　　　表 29-1

| 序号名称 | 项目 | | 允许偏差（mm） |
|---|---|---|---|
| 1 | 支承面 | 标高 | ±3.0 |
| | | 水平度 | L/1000 |
| 2 | 地脚螺栓中心偏移 | | 5.0 |
| 3 | 预留孔中心偏移 | | 10.0 |

**5.1.3**　钢构件应符合设计要求和规范的规定。运输、堆放和吊装等造成的构件变形应进行矫正。

检查数量：按构件数抽查 10%，且不应少于 3 个。

检验方法：用拉线、钢尺现场实测或观察。

**5.1.4**　设计要求顶紧的节点，接触面不应少于 70% 紧贴，且边缘最大间隙不应大于 0.8mm。

检查数量：按节点数抽查 10%，且不应少于 3 个。

检验方法：用钢尺及 0.3mm 和 0.8mm 厚的塞尺现场实测。

### 5.2　一般项目

**5.2.1**　地脚螺栓（锚栓）尺寸的偏差应符合表 29-2 的规定。地脚螺栓（锚栓）的螺纹应受到保护。

检查数量：按柱基数抽查 10%，且不应少于 3 个。

检验方法：用钢尺现场实测。

地脚螺栓（锚栓）尺寸的允许偏差（mm）　　　　表 29-2

| 序号 | 项目 | 允许偏差 |
| --- | --- | --- |
| 1 | 螺栓（锚栓）露出长度 | +30.0<br>0.0 |
| 2 | 螺纹长度 | +30.0<br>0.0 |

**5.2.2**　钢柱等主要构件的中心线及标高基准点等标记应齐全。

检查数量：按同类构件数抽查 10%，且不应少于 3 件。

检验方法：观察检查。

**5.2.3**　单层钢柱安装的允许偏差应符合表 29-3 的规定。

检查数量：按钢柱数抽查 10%，且不应少于 3 件。

检验方法：见表 29-3。

允许偏差及检验方法　　　　表 29-3

| 序号 | 项目 | | | 允许偏差 | 图例 | 检验方法 |
| --- | --- | --- | --- | --- | --- | --- |
| 1 | 柱基准点标高 | 有吊车梁的柱 | | +3.0<br>−5.0 | | 用水准仪检查 |
| | | 无吊车梁的柱 | | +5.0<br>−8.0 | | |
| 2 | 弯曲矢高 | | | $H/1200$，且不应大于 15.0 | | 用经纬仪或拉线和钢尺检查 |
| 3 | 柱轴线垂直度 | 单层柱 | $H \leqslant 10\text{m}$ | $H/1000$ | | 用经纬仪或吊线和钢尺检查 |
| | | | $H > 10\text{m}$ | $H/1000$，且不应大于 25.0 | | |
| | | 柱全高 | 单节柱 | $H/1000$，且不应大于 10.0 | | |
| | | | 柱全高 | 35.0 | | |

**5.2.4** 多层及高层钢柱安装的允许偏差应符合表 29-4 的规定。

检查数量：按钢柱数抽查 10%，且不应少于 3 件。

检验方法：见表 29-4。

多层及高层钢结构中构件安装的允许偏差（mm）　　　　表 29-4

| 序号 | 项目 | 允许偏差 | 图例 | 检验方法 |
|------|------|---------|------|---------|
| 1 | 上、下柱连接处的错口 △ | 3.0 | | 用钢尺检查 |
| 2 | 同一层柱的各柱顶高度差 △ | 5.0 | | 用水准仪检查 |
| 3 | 同一根梁两端顶面的高差 △ | $H/1000$，且不应大于 10.0 | | 用水准仪检查 |
| 4 | 主梁与次梁表面的高差 △ | ±2.0 | | 用直尺和钢尺检查 |
| 5 | 压型金属板在钢梁上相邻列的错位 △ | 15.00 | | 用直尺和钢尺检查 |

**5.2.5** 现场焊缝组对间隙的允许偏差应符合表 29-5 的规定。

检查数量：按同类节点数抽查 10%，且不应少于 3 个。

检验方法：尺量检查。

现场焊缝组对间隙的允许偏差（mm）

表 29-5

| 序号 | 项目 | 允许偏差 |
|------|------|----------|
| 1 | 无垫板间隙 | +3.0，0.0 |
| 2 | 有垫板间隙 | +3.0，−2.0 |

**5.2.6** 钢结构表面应干净，结构主要表面不应有疤痕、泥沙等污垢。

检查数量：按同类构件数抽查 10%，且不应少于 3 件。

检验方法：观察检查。

# 6　成品保护

**6.0.1** 地脚螺栓外露丝扣在安装前应采取有效措施进行妥善保护，防止碰弯及损伤螺纹丝牙。

**6.0.2** 构件应分类型、分单元及分型号堆放，使之易于清点和预检，防止倒垛。构件堆放场地应平整、坚实，排水良好。确保不变形、不损坏，并有足够的稳定性。构件在存放和运输过程中应确保摩擦面不受污染和破坏。

**6.0.3** 高强度螺栓在运输、保管过程中注意保护，防止损伤螺纹。应按包装箱上注明的批号、规格分类、保管，并保存在干燥、通风的室内，避免生锈、损伤丝扣和沾上污物。在使用前严禁任意开箱。使用过程中不得雨淋，接触泥土、油污等脏物。

# 7　注意事项

## 7.1　应注意的质量问题

**7.1.1** 首节钢柱安装后应及时进行垂直度、标高和轴线位置校正，校正合格后钢柱应可靠固定，并应进行柱底二次灌浆，灌浆前应清除柱底板与基础间的杂物。

**7.1.2** 安装柱的型钢骨架时，应先在上下型钢骨架连接处进行临时连接，纠正垂直偏差后再进行焊接或高强度螺栓固定，然后在梁的型钢骨架安装后，要再次观测和纠正因荷载增加、焊接收缩或螺栓松紧不一而产生的垂直偏差。

**7.1.3** 在梁柱接头处和梁的型钢翼缘下部，由于浇筑混凝土时有部分空气不易排出，或因梁的型钢翼缘过宽妨碍浇筑混凝土，为此要在一些部位预留排除空气的孔洞和混凝土浇筑孔。如腹板上开孔的大小和位置不合适时，征得设计者

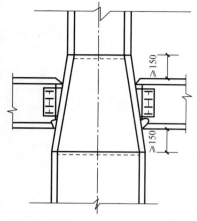

图 29-1　型钢混凝土柱变截面构造

的同意后，再用电钻补孔或用铰刀扩孔，不得用气割开孔。

**7.1.4**　型钢混凝土框架柱内型钢的接头位置应符合设计要求，并宜设置在受剪力较小处，且应便于安装操作。

**7.1.5**　型钢混凝土柱中的型钢需改变截面时，宜保持型钢截面高度不变，可改变翼缘的宽度、厚度或腹板厚度。当需要改变柱截面高度时，截面高度宜逐步过渡，且在变截面的上、下端应设置加劲肋；当变截面段位于梁柱接头时，变截面位置宜设置在两端距梁翼缘不小于 150mm 处，如图 29-1 所示。

**7.1.6**　螺栓孔眼不对时，不得任意扩孔或改为焊接，安装时发现上述问题，应报告技术负责人，经与设计单位洽商后，按要求进行处理。

**7.1.7**　安装时必须按规范要求先使用安装螺栓临时固定，调整紧固后，再安装高强度螺栓并替换。

**7.1.8**　要注意日照、焊接等温度引起的热影响，导致构件产生的伸长、缩短、弯曲所引起的偏差，施工中应有调整偏差的措施。

**7.1.9**　无框架钢梁的结构，为保证型钢柱的空间位置，应增设支撑体系予以临时固定，确保型钢柱安装、焊接后空间位置准确。

**7.2　应注意的安全问题**

**7.2.1**　在钢结构吊装时，为防止人员、物料和工具坠落或飞出造成安全事故，需铺设安全网。

**7.2.2**　为便于接柱施工，在接柱处要设操作平台，平台固定在下节柱的顶部。

**7.2.3**　为便于施工登高，安装柱子前要先将登高钢梯固定在钢柱上。为便于进行柱梁节点紧固高强度螺栓和焊接，需在柱梁节点下方安装挂篮脚手。

**7.2.4**　施工用的电动机械和设备均须接地，绝对不允许使用破损的电线和电缆，严防设备漏电。施工用电器设备和机械的电缆，须集中在一起，并随楼层的施工而逐节升高。每层楼面须分别设置配电箱，供每层楼面施工用电需要。

**7.2.5**　高空施工，当风速为 10m/s 时，如未采取措施吊装工作应该停止。当风速达到 15m/s 时，所有工作均须停止。

**7.2.6**　施工时还应该注意防火，提供必要的灭火设备和消防人员。

**7.2.7**　风力大于 5 级，雨、雪天和构件有积雪、结冰、积水时，应停止高空钢结构的安装作业。

**7.2.8**　当天安装的钢构件应形成空间稳定体系，确保安装质量和结构安全。

**7.2.9**　在高空进行高强度螺栓的紧固，要遵守登高作业的安全注意事项。拧掉的高强度螺栓尾部应随时放入工具袋内。严禁随便抛落。

**7.2.10**　在构件吊装前，应对构件重量和起吊能力进行核验，确保机械安全。

**7.2.11**　进行钢结构安装时，楼面上堆放的安装荷载应予以限制，不得超过钢梁和压型钢板的承载能力。

**7.3**　**应注意的绿色施工问题**

**7.3.1**　施工时应有可靠的屏蔽措施避免焊接电弧光外泄造成光污染。

**7.3.2**　夜间施工时不得敲击钢板，避免噪声。

# 8　质量记录

**8.0.1**　工程测量记录。

**8.0.2**　焊接质量检验报告。

**8.0.3**　施工日志。

**8.0.4**　基础复验记录。

**8.0.5**　隐蔽验收记录。

**8.0.6**　型钢结构安装检测记录。

**8.0.7**　型钢安装分项工程检验批质量验收记录。

**8.0.8**　型钢焊接分项工程检验批质量验收记录。

**8.0.9**　紧固件连接分项工程检验批质量验收记录。

# 第 30 章　钢-混凝土组合结构混凝土浇筑

本工艺标准适用于型钢混凝土结构混凝土浇筑。

## 1　引用标准

《钢-混凝土组合结构施工规范》GB 50901—2013

《混凝土结构工程施工规范》GB 50666—2011

《混凝土结构工程施工质量验收规范》GB 50204—2015

《高层建筑混凝土结构技术规程》JGJ 3—2010

《组合结构设计规范》JGJ 138—2016

## 2　术语

**2.0.1**　钢-混凝土组合楼板：在制作成型的压型钢板或钢筋桁架板上绑扎钢筋、现浇混凝土，压型钢板与钢筋、混凝土之间通过剪力连接件相结合，压型钢板与混凝土共同工作承受载荷的楼板。

## 3　施工准备

### 3.1　作业条件

**3.1.1**　型钢混凝土结构施工方案已编审完成。项目技术负责人对管理人员进行方案交底。管理人员对混凝土施工人员进行型钢混凝土浇筑的技术、安全交底。

**3.1.2**　型钢混凝土结构骨架经过监理单位的隐蔽工程验收；模架加固到位，验收合格；检验批验收合格。

**3.1.3**　混凝土浇筑申请单经监理单位签认，混凝土材料计划已报商品混凝土厂家。

**3.1.4**　混凝土浇筑前，搭设好施工马道，避免钢筋踩踏严重。

**3.1.5**　冬期施工时，按现行行业标准《建筑工程冬期施工规程》JGJ/T 104进行混凝土的配比和养护。

### 3.2　材料及机具

**3.2.1**　钢与混凝土组合结构的混凝土配合比和性能应根据设计要求和所选择的浇筑方法进行试配确定。

**3.2.2** 型钢混凝土结构的混凝土强度等级不宜小于 C30。

**3.2.3** 混凝土粗骨料最大粒径不应大于型钢外侧混凝土保护层厚度的 1/3，且不宜大于 25mm。

**3.2.4** 混凝土坍落度宜控制在 160～200mm，其扩展度≥500mm，水灰比宜控制在 0.40～0.45，且应严格控制其泌水和离析现象。

**3.2.5** 主要机具：泵车、泵管、布料机、振捣棒、平板振捣器。

## 4　操作工艺

### 4.1　工艺流程

混凝土准备 → 混凝土现场验收 → 混凝土浇筑 → 混凝土养护 → 验收

**4.2**　混凝土准备：向商品混凝土厂家根据工艺要求提供混凝土供应计划。包括混凝土强度、坍落度、扩展度、初凝时间、浇筑量、冬施出罐温度等工作性能指标。需根据结构形式、运输方式和距离、泵送高度、浇筑和振捣方式以及工程所处环境等因素确定工作性能指标，并进行试配。

### 4.3　混凝土现场验收

商品混凝土运输至现场后，要查验商品混凝土质量证明文件是否符合计划要求，并按现行国家标准《混凝土结构工程施工质量验收规范》GB 50204 的要求留设试块。

### 4.4　混凝土浇筑

**4.4.1**　混凝土浇筑前，应清除模板内的杂物，表面干燥的模板应洒水湿润。现场环境温度高于 35℃时，宜对金属模板洒水降温，洒水后不得留有积水。

**4.4.2**　根据施工图纸，结合施工实际，确定混凝土下料位置，确保混凝土浇筑有足够的下料空间，并应使混凝土充盈整个构件各部位。

**4.4.3**　型钢混凝土柱混凝土浇筑

**1**　先在柱底部填入 50～100mm 厚与混凝土配合比相同的去石子的水泥砂浆。混凝土浇筑倾落高度不得大于 6m（粗骨料粒径小于等于 25mm 时浇筑倾落的限值为 6m）；

**2**　在柱混凝土浇筑过程中，型钢周边混凝土浇筑宜同步上升，混凝土浇筑高差不应大于 500mm。

**4.4.4**　型钢混凝土梁浇筑要求

**1**　大跨度型钢混凝土梁应采取从跨中向两端分层连续浇筑混凝土，分层投料高度控制在 500mm 以内。

**2**　在型钢组合转换梁的上部立柱处，宜采用分层赶浆和辅助敲击浇筑混凝土。

**3**　型钢混凝土梁柱接头处和型钢翼缘下部，宜预留排气孔和混凝土浇筑孔。

**4.4.5**　型钢混凝土转换桁架混凝土浇筑

**1**　型钢混凝土转换桁架混凝土宜采用自密实混凝土浇筑。

**2**　若采用常规混凝土浇筑时，浇筑级配碎石（细）混凝土时，先浇捣柱混凝土，后浇捣梁混凝土。柱混凝土浇筑应从型钢柱四周均匀下料，分层投料高度不应超过 500mm，采用振捣器对称振捣。

**3**　型钢翼缘板处应预留排气孔，在型钢梁柱节点处应预留混凝土浇筑孔。

**4**　浇筑型钢梁混凝土时，工字钢梁下翼缘板以下混凝土应从钢梁一侧下料；待混凝土高度超过钢梁下翼缘板 100mm 以上时，改为从梁的两侧同时下料、振捣，待浇至上翼缘板 100mm 时再从梁跨中开始下料浇筑，从梁的中部开始振捣，逐渐向两端延伸浇筑。

**4.4.6**　钢-混凝土组合剪力墙混凝土浇筑

**1**　钢-混凝土组合剪力墙中型钢或钢板上设置的混凝土灌浆孔、流淌孔、排气孔和排水孔等应符合下列规定，如图 30-1 所示。

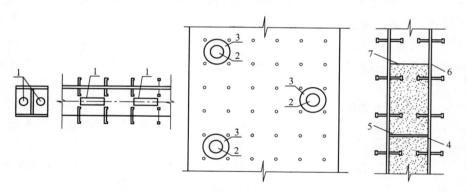

图 30-1　混凝土灌浆孔、流淌孔、排气孔和排水孔设置

1—灌浆孔；2—流淌孔；3—加强环板；4—排气孔；

5—横向隔板；6—排气孔；7—混凝土浇筑面

**2**　孔的尺寸和位置需在深化设计阶段完成，并征得设计单位同意，必要时采取相应的加强措施。

**3**　对于型钢混凝土剪力墙和带钢斜撑混凝土剪力墙，内置型钢的水平隔板上应开设混凝土灌浆孔和排气孔。

**4**　对于单层钢板混凝土剪力墙，当两侧混凝土不同步浇筑时，可在内置钢板上开设流淌孔，必要时在开孔部位采取加强措施。

**5**　对于双层钢板混凝土剪力墙，双层钢板之间的水平隔板应开设灌浆孔，并宜在双层钢板的侧面适当位置开设排气孔和排水孔；灌浆孔的孔径不宜小于 150mm，流淌孔的孔径不宜小于 200mm，排气孔及排水孔的孔径不宜小于 10mm。

**4.4.7**　钢板混凝土剪力墙的墙体混凝土浇筑宜采用下列方式：

**1**　单层钢板混凝土剪力墙，钢板两侧的混凝土宜同步浇筑。也可在内置钢板表面焊接连接套筒，并设置单侧螺杆，利用钢板作为模板分侧浇筑，如图 30-2 所示。

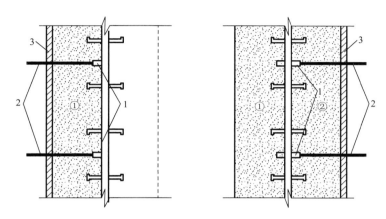

图 30-2　单钢板混凝土剪力墙分侧浇筑示意（浇筑顺序 1→2）

1—连接套筒；2—单侧螺杆；3—单侧模板

**2**　双层钢板混凝土剪力墙，双钢板内部的混凝土可先行浇筑，双钢板外部的混凝土可分侧浇筑，浇筑方法可参照单钢板混凝土剪力墙分侧浇筑的方法，如图 30-3 所示。

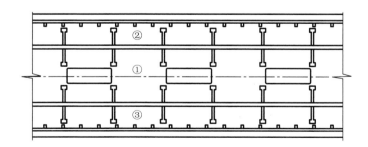

图 30-3　双钢板混凝土剪力墙混凝土浇筑示意（浇筑顺序 1→2→3）

**4.4.8**　混凝土浇筑要求

**1**　混凝土按分层浇筑厚度分别进行振捣，振捣棒前段插入前一层混凝土中，插入深度不应小于 50mm，垂直于混凝土表面快插慢拔，均匀振捣，不得碰撞型钢柱、梁，当混凝土表面无明显塌陷、有水泥浆出现，不再冒气泡时，该部位振捣结束。型钢与钢筋结合区域，选择小型振动棒辅助振捣，对梁柱接头间隙狭小处可采用钢筋钎人工插捣，加密振捣点，并应适当延长振捣时间。同时敲击梁的侧模、底模，实施外部的辅助振捣，并配备小直径振捣器。

**2**　混凝土浇筑完毕后，根据施工方案及时进行养护。水平结构的混凝土表面，应适时用木抹子抹平搓毛两遍以上。必要时，还应先用铁滚筒滚压两遍以上，以防产生收缩裂缝。

### 4.5　混凝土养护

**4.5.1**　混凝土浇筑完毕后，应及时进行保湿养护，保湿养护可采用洒水、覆盖、喷涂养护剂等方式。养护方式应根据现场条件、环境温湿度、构件特点、技术要求、施工操作等因素确定。

**4.5.2**　混凝土的养护时间应符合下列规定：

**1**　采用硅酸盐水泥、普通硅酸盐水泥或矿渣硅酸盐水泥拌制的混凝土，不得少于 7d，采用其他品种的水泥时，养护时间应根据水泥性能确定；

**2**　采用缓凝型外加剂、大量矿物掺杂合料配制的混凝土，不应少于 14d；

**3**　抗渗混凝土、强度等级 C60 及以上的混凝土，不应少于 14d；

**4**　后浇带混凝土的养护时间不应少于 14d。

**4.5.3**　洒水养护应符合下列规定：

**1**　洒水养护宜在混凝土表面覆盖麻袋或草帘后进行，也可采用直接洒水、蓄水等养护方式；洒水养护应保证混凝土表面处于湿润状态；

**2**　混凝土养护用水应与拌制用水相同；

**3**　当日最低温度低于 5℃时，不应采用洒水养护。

**4.5.4**　覆盖养护应符合下列规定：

**1**　覆盖养护宜在混凝土表面覆盖塑料薄膜、塑料薄膜加麻袋、塑料薄膜加草帘进行；

**2**　塑料薄膜应紧贴混凝土裸露表面，塑料薄膜内应保持有凝结水；

**3**　覆盖物应严密，覆盖物的层数应按施工方案确定。

**4.5.5**　喷涂养护剂养护应符合下列规定：

**1**　应在混凝土裸露表面喷涂覆盖致密的养护剂进行养护；

**2**　养护剂应均匀喷涂在结构构件表面，不得漏喷；养护剂应具有可靠的保湿效果，保湿效果可通过试验检验；

**3**　养护剂使用方法应符合产品说明书的有关要求。

**4.5.6**　柱墙混凝土养护方法应符合下列规定：

**1** 地下室底层和上部结构首层墙、柱混凝土带模养护时间不应少于 3d；带模养护结束后，可采用洒水养护方式继续养护，也可采用覆盖养护或喷涂养护剂养护方式继续养护；

**2** 其他部位柱、墙混凝土可采用洒水养护，也可采用覆盖养护或喷涂养护剂养护。

**4.5.7** 同条件养护试件的养护条件应与实体结构部位养护条件相同，并应妥善保管。

## 5　质量标准

### 5.1　主控项目

**5.1.1** 结构混凝土的强度等级必须符合设计要求。用于检查结构构件混凝土强度的试件，应在混凝土浇筑地点随机抽取。取样与试件留置应符合现行国家标准《混凝土结构工程施工质量验收规范》GB 50204 的规定。

**5.1.2** 对有抗渗要求的混凝土结构，其混凝土试件应在浇筑地点随机取样。同一工程、同一配合比的混凝土，取样不应少于一次，留置组数可根据实际需要确定。

**5.1.3** 混凝土运输、浇筑及间歇的全部时间不应超过混凝土的初凝试件。同一施工段的混凝土应连续浇筑，并应在底层混凝土初凝之前将上一层混凝土浇筑完毕，当底层混凝土初凝后浇筑上一层混凝土时，应按施工技术方案中对施工缝的要求进行处理。

### 5.2　一般项目

**5.2.1** 施工缝的位置按设计要求和施工技术方案确定。施工缝的处理应按施工技术方案执行。

**5.2.2** 后浇带的位置应按设计要求和施工技术方案确定，后浇带的混凝土浇筑应按施工技术方案进行。

**5.2.3** 混凝土浇筑完毕后，应按施工技术方案及时采取有效养护措施，并应符合现行国家标准《混凝土结构工程施工质量验收规范》GB 50204 的规定。

## 6　成品保护

**6.0.1** 浇筑混凝土过程中，要搭设专用浇筑通道进行混凝土的施工，严禁任意踩踏钢筋。

**6.0.2** 混凝土强度达到 $1.2 \text{N/mm}^2$ 前，不得在其上踩踏或安装模板及支架。

## 7　注意事项

### 7.1　应注意的质量问题

**7.1.1**　浇筑混凝土时，应由专人负责检查模板、钢筋有无移动、变形等情况，发现问题及时处理。在混凝土初凝前，再次确认型钢柱柱头位置，并调整就位。

**7.1.2**　混凝土应振捣密实，防止漏振或振捣使钢筋产生唯一；如出现蜂窝、孔洞、露筋、夹渣等缺陷，应分析产生原因，及时采取有效措施处理。

**7.1.3**　混凝土浇筑时应注意施工缝的留设，避免留在受力较大和钢筋密集处，并仔细做好施工缝的处理。

**7.1.4**　不同等级混凝土接缝处的施工，宜先浇筑高等级的混凝土，后浇筑强度低的混凝土。在交界区域设置分隔措施，分隔位置应在低强度等级的构件中，且距高强度等级构件边缘不应小于 500mm。

### 7.2　应注意的安全问题

**7.2.1**　混凝土浇筑前，应对振捣器进行试运转，操作时戴绝缘手套，穿胶鞋。振捣器不应挂在钢筋上，湿手不得接触电源开关。

**7.2.2**　浇筑单梁、柱混凝土时，操作人员不得直接站在模板或支撑上操作。

**7.2.3**　所有操作人员应正确佩戴安全帽，高空作业应正确系好安全带。夜间作业应有足够的照明。

### 7.3　应注意的绿色施工问题

**7.3.1**　应积极采用低噪声混凝土振捣器，避免噪声扰民。

**7.3.2**　及时清理洒落的混凝土。

## 8　质量记录

**8.0.1**　预拌混凝土出厂合格证。

**8.0.2**　混凝土试件强度试验报告。

**8.0.3**　混凝土工程施工记录。

**8.0.4**　混凝土浇灌申请书。

**8.0.5**　预拌混凝土交验单。

**8.0.6**　混凝土原材料及配合比设计检验批质量验收记录。

**8.0.7**　混凝土施工工程检验批质量验收记录表。

**8.0.8**　现浇混凝土结构外观及尺寸偏差检验批质量验收记录。

**8.0.9**　型钢混凝土结构混凝土分项工程质量验收记录。

# 第31章　钢管混凝土柱

本工艺标准适用于工业与民用建筑和一般构筑物的圆形、矩形钢管混凝土柱的施工。

## 1　引用标准

《钢管混凝土工程施工质量验收规范》GB 50628—2010
《钢管混凝土结构技术规范》GB 50936—2014
《钢-混凝土组合结构施工规范》GB 50901—2013
《钢结构工程施工规范》GB 50755—2012
《钢结构焊接规范》GB 50661—2011
《钢结构高强度螺栓连接技术规程》JGJ 82—2011

## 2　术语

**2.0.1**　钢管混凝土构件：在钢管内填充混凝土的构件，包括实心和空心钢管混凝土构件，截面可为圆形、矩形及多边形。

## 3　施工准备

### 3.1　作业条件

**3.1.1**　钢管混凝土施工前，施工单位应编制专项施工方案并经监理（建设）单位确认，当冬期、雨期、高温施工时应制定季节性施工技术措施。

**3.1.2**　钢管混凝土工程施工前对材料的力学性能进行复试，编制完善的焊接工艺评定报告或工艺指导手册。

**3.1.3**　钢管混凝土构件加工前由施工单位进行深化设计，深化设计文件应经原设计单位确认。

**3.1.4**　焊工必须经考试合格并取得合格证书，持证焊工必须在其考试合格项目及合格证规定的范围内施焊。

**3.1.5**　雨雪天及五级以上大风不得进行钢构件吊装和现场焊接施工。

### 3.2　材料和机具

**3.2.1**　主材：钢材、螺栓、焊钉、混凝土均符合设计和相关标准要求，做好进场检验和复试。

**3.2.2**　焊接材料：焊条、焊丝、焊剂（与主材相匹配）、二氧化碳气体。

**3.2.3**　机具：

**1**　钢构件加工设备：钢板切割设备（数控、直条切割机）、组立设备、卷板设备、铣边设备、钻孔设备（摇臂钻、数控钻床）。

**2**　焊接设备：自动埋弧焊机、手工电弧焊机、$CO_2$ 气体保护焊机、螺柱焊机、碳弧气刨。

**3**　吊装设备：塔吊、汽车吊、各种吊索、吊具。

**4**　混凝土浇筑设备、混凝土泵。

**5**　防腐防火涂装：喷涂设备、油刷、滚子。

## 4　操作工艺

### 4.1　工艺流程

钢管柱加工制作 → 钢管柱安装 → 管芯混凝土浇筑和养护 →

钢管外壁防火涂层 → 验收

### 4.2　钢管柱加工制作

**4.2.1**　钢管柱加工制作根据设计单位确认的深化设计图纸进行，加工时应根据不同的混凝土浇筑方法留置浇灌孔、排气孔、观察孔。（柱内的水平加劲肋板应设置直径不小于 150mm 的混凝土浇灌孔和直径不小于 20mm 的排气孔，用顶升法施工时，钢管壁应设置直径为 10mm 的观察排气孔）。

**4.2.2**　圆钢管可采用直焊缝钢管或螺旋焊缝钢管，钢板宜定尺采购，多节圆管柱不宜超过一条纵向焊缝。当直径较小无法卷制时，可采用无缝钢管。当钢管采用卷制方式加工成型时，可有若干个接头。

**4.2.3**　钢管卷制

**1**　下料

以管中径计算周长，下料时加 2mm 的横缝焊接收缩余量。长度方向按每道环缝加 2mm 的焊接收缩余量，采用自动或半自动切割机切割下料。

**2**　开坡口

（1）卷制钢管前，应根据要求将板端开好坡口。

（2）应采用半自动切割机切割坡口，严禁手工切割坡口。坡口切割完毕后要检查板材的对角线误差值是否在规定的允许范围内。如偏差过大，则应进行修补。

**3**　卷管

（1）应采用卷板机进行预弯和卷板，较厚钢板卷制时，先用压力机将钢板端

320

头进行预弯后再用卷板机卷制。

（2）卷管前应根据工艺要求对零件和部件进行检查，合格后方可进行卷管。卷管前将钢板上的毛刺、污垢、松动铁锈等杂物清除干净后方可卷管。

（3）卷管方向应与钢板压延方向一致。卷管内径对 Q235 钢不应小于钢板厚度的 35 倍；对 Q345 钢不应小于钢板厚度的 40 倍。

（4）卷板过程中，应保证管端平面与管轴线垂直。并根据实际情况进行多次往复卷制。

（5）卷制成型后，进行点焊，点焊区域必须清除掉氧化铁等杂质，点焊高度不准超过坡口的 2/3 深度。点焊长度应为 80～100mm。点焊的材料必须与正式焊接时用的材料相一致。

（6）卷板接口处的错边量必须小于板厚的 10%，且不大于 2mm。如大于 2mm，则要求进行再次卷制处理。在卷制的过程中要严格控制错边量，以防止最后成型时出现错边量超差的现象。

**4　焊接**

（1）焊接前，大直径钢管可另用附加钢筋焊于钢管外壁做临时固定，固定点间距以 300mm 为宜，且不少于三点。

（2）焊缝质量应符合设计要求及满足现行国家标准《钢结构工程施工质量验收规范》GB 50205 的规定。

（3）为确保连接处的焊缝质量，可在管内接缝处设置附加衬管，长度为 20mm，厚度为 3mm，与管内壁保持 0.5mm 的间隙，以确保焊缝根部的质量。

**5　探伤检验**

单节钢管卷制焊接完成后要进行探伤检验。焊缝质量等级应符合现行国家标准《钢结构工程施工质量验收规范》GB 50205 的规定。

**6　组装和焊接环缝**

（1）根据构件要求的长度进行组装。钢管接长时每个节间宜为一个接头，当钢管采用卷制成型时可有若干个接头，但最短接长长度应符合下列规定：当直径 $d \leqslant 500$mm 时最短接长不小于 500mm；当直径 $500$mm$< d \leqslant 1000$mm 时最短接长不小于直径 $d$，当直径 $d > 1000$mm 时最短接长不小于 1000mm。

（2）组装必须保证接口的错边量。一般情况下，组装应在滚轮架上进行，以调节接口的错边量。

（3）接口的间隙应控制在 2～3mm。

（4）环缝焊接时一般先焊接内坡口，在外部清根。采用自动焊接时，在外部用一段曲率等同外径的槽钢来容纳焊剂，以便形成焊剂垫。

（5）根据不同的板厚、运转速度来选择焊接参数。单面焊双面成型最关键是在打底焊接上。焊后从外部检验，如有个别成型不好或根部熔合不好，可采用碳弧气刨刨削，然后磨掉碳弧气刨形成的渗碳层，反面盖面焊接或埋弧焊（双坡口要进行外部埋弧焊）。

（6）清理验收：清理掉一切飞溅、杂物等。对临时性的工装点焊接疤痕等要彻底清除。

**4.2.4**　焊接成型的矩形钢管纵向焊缝应设在角部焊缝数量不宜超过 4 条。

**4.2.5**　钢管柱拼装应符合下列规定：

**1**　对由若干管段组成的焊接钢管柱，应先组对、矫正焊接纵向焊缝形成单元管段，然后焊接钢管内的加强环肋板，最后组对矫正，焊接环向焊缝形成的钢管柱安装的单元柱段。相邻两管段的纵缝应相互错开 300mm 以上。

**2**　钢管柱单元柱段在出厂前宜进行工厂预拼装，预拼装检查合格后，宜标注中心线，控制基准线等标记，必要时应设置定位器。

**3**　钢管柱单元柱段的管口处，应有加强环板或法兰等零件，没有法兰或加强环板的管口应加临时支撑。

**4.2.6**　钢管柱焊接应符合下列规定：

**1**　钢管构件的焊缝应采用全熔透对接焊缝，其焊缝的坡口形式和尺寸应符合现行国家标准《钢结构焊接规范》GB 50661 的规定。

**2**　钢管柱纵向焊缝应采用全熔透一级焊缝，横向焊缝可选用全熔透一级二级焊缝，圆钢管的内外加强环板与钢管壁应采用全熔透一级或二级焊缝。

**4.2.7**　钢管柱的除锈和防腐应符合设计要求，工艺同一般钢结构制作的除锈和防腐。

### 4.3　钢管柱安装

**4.3.1**　钢柱起吊前应地管端焊接区域打磨除锈，定出柱轴线与水平标高标记。钢管对接时，在对接处设置调节螺杆校正柱的垂直度，在 x、y 轴向架设 2 台经纬仪，测出柱底偏差，调整调节丝杆，使柱顶标记与柱底十字线重合，焊接环焊缝，卸去卡板，对柱身垂直度进行复测，并做好记录，以便下节柱安装调整，防止出现累积误差。

**4.3.2**　钢管柱的现场焊接形式为水平焊，施焊前焊条需烘焙，并保温 2h 后方可使用。施焊时焊条应放在电热保温筒内，随用随取。焊接采用分段分向顺序，分段施焊保持对称，防止焊接变形影响安装精度。安装后焊缝要求进行超声波探伤检测。

**4.3.3**　由钢管混凝土柱—钢筋混凝土框架梁组成的多层或高层框架结构，竖向柱安装段不宜超过 3 层。

**4.3.4**　钢管柱与钢筋混凝土梁连接时可采用下列连接方式：

**1** 在钢管上直接钻孔,将钢筋直接穿过钢管。

**2** 在钢管外侧设环板,将钢筋直接焊接在环板上,在钢管内侧对应位置设置内加劲环板。

**3** 在钢管外侧焊接钢筋连接器,钢筋通过连接器与钢管柱相连接。

#### 4.4 管芯混凝土浇筑和养护

**4.4.1** 钢管内混凝土运输、浇筑和间歇的全部时间不应超过混凝土的初凝时间,同一施工段钢管内供应连续浇筑。

**4.4.2** 管内混凝土可采用常规浇捣法,泵送顶升浇筑法或自密实免振捣法施工,当采用泵送顶升浇筑法或自密实免振捣法浇筑时,混凝土的工作性能要满足工艺要求,并加强浇筑过程管理。

**4.4.3** 采用泵送顶升法和自密实免振捣法浇筑混凝土时,浇筑前应进行混凝土的试配和编制混凝土浇筑工艺,并经过 1∶1 的模拟试验,进行浇筑质量检验,形成浇筑工艺标准,方可在工程中应用。

**4.4.4** 管内混凝土浇筑后,应对管壁上的浇灌孔进行等强封补,表面应平整并进行防腐补涂。

**4.4.5** 浇筑过程中用敲钢管来检验混凝土的密实度。

**4.4.6** 浇筑完后的混凝土管口封水养护。

#### 4.5 钢管外壁防火涂层施工

同普通钢结构防火。

## 5 质量标准

### 5.1 主控项目

**5.1.1** 钢构件加工主控项目

**1** 钢管、钢板、钢筋、连接材料、焊接材料及钢管混凝土的材料应符合设计要求和国家现行有关标准的规定。

**2** 钢管构件进场应进行验收,加工制作质量符合设计要求和合同约定。

**3** 钢材切割面或剪切面应无裂纹、夹渣、分层和大于 1mm 的缺棱。检查数量:全数检查。检验方法:观察或用放大镜及百分尺检查,有疑义时做渗透、磁粉或超声波探伤检查。

**4** 钢管构件上的钢板翅片、加劲肋板、栓钉、管壁开孔的规格和数量应符合设计要求。

**5** 钢管混凝土构件拼装方式,程序和施焊方法符合设计专项施工方案要求:构件拼装焊缝质量应符合设计要求和现行国家标准《钢结构工程质量验收规范》GB 50205 的规定,焊缝检验符合现行国家标准《钢结构焊接规范》GB 50661 的规定。

**5.1.2　钢构件安装主控项目**

**1**　埋入式钢管混凝土柱柱脚的构造，埋置深度和混凝土强度应符合设计要求。

**2**　端承式钢管混凝土柱脚的构造及连接锚固件的品种、数量、位置应符合设计要求。

**3**　钢管混凝土构件吊装顺序应符合设计要求，多层结构上节钢管混凝土构件吊装应在下节钢管内混凝土达到设计要求后进行。

**4**　钢管混凝土构件垂直度允许偏差见表 31-1。

钢管混凝土构件垂直度允许偏差　　　　表 31-1

| 序号 | 项目 | 允许偏差 |
|---|---|---|
| 1 | 单层 | $H/1000$ 且不大于 10.0mm |
| 2 | 多层及高层 | $H/2500$ 且不大于 30.0mm |

**5.1.3　钢管内混凝土浇筑主控项目**

**1**　钢管内混凝土的强度等级应符合设计要求。

**2**　钢管内混凝土浇筑应密实，无脱粘、无离析现象，其收缩性应符合设计要求。

**3**　钢管内混凝土运输、浇筑及间隙的全部时间不应超过混凝土的初凝时间，同一施工段钢管内混凝土应连续浇筑。当需要留置施工缝时应当按专项方案留置。

**4**　钢管内混凝土浇筑应密实。

**5.2　一般项目**

**5.2.1　钢管构件进场验收**

**1**　钢管构件不应有运输、堆放造成的变形、脱漆等现象。

**2**　钢管段制作容许偏差应符合表 31-2 的规定。

钢管段制作容许偏差　　　　表 31-2

| 序号 | 项目 | 允许偏差（mm） | |
|---|---|---|---|
| | | 空心钢管 | 实心钢管 |
| 1 | 端头直径 $D$ 的偏差 | $\pm1.5D/1000$ 且 $\pm5$ | $\pm1.2D/1000$ 且 $\pm3$ |
| 2 | 弯曲矢高（$L$ 为构件长度） | $L/1500$ 且不大于 5 | $L/1200$ 且不大于 8 |
| 3 | 长度偏差 | $-5$，　2 | $\pm3$ |
| 4 | 端面倾斜 | $\leqslant2$（$D<\phi600$）<br>$\leqslant3$（$D>\phi600$） | $D/1000$ 且 $\leqslant1$ |
| 5 | 钢管扭曲 | 3° | 1° |
| 6 | 椭圆度 | $3D/1000$ | |

### 5.2.2　钢管构件现场拼装

**1**　钢管构件拼装场地的平整度、控制线等控制措施应符合专项施工方案的要求。

**2**　钢管混凝土构件现场拼装焊接二、三级焊缝外观质量应符合表31-3规定。

钢管混凝土构件现场拼装焊接二、三级焊缝外观质量　　　　表31-3

| 序号 | 项目 | 二、三级焊缝外观质量标准允许偏差 | |
| --- | --- | --- | --- |
| 1 | 缺陷类型 | 二级 | 三级 |
| 2 | 未焊满 | <0.2+0.2$t$ 且不应大于 1.0 | ≤0.2+0.04$t$ 且不应大于 2.0 |
| | | 每 100.00 焊缝内缺陷总长不应大于 25.0 | |
| 3 | 根部收缩 | ≤0.2+0.02$t$ 且不应大于 1.0 | ≤0.2+0.04$t$ 且不应大于 2.0 |
| | | 长度不限 | |
| 4 | 咬边 | ≤0.05$t$ 且不应大于 0.5；连接长度≤100 且焊缝两侧总长不应大于 10%焊缝全长 | <0.1$t$ 不应大于 1.0，长度不限 |
| 5 | 弧坑裂纹 | 允许存在个别长度<5.0 的弧坑裂纹 | |
| 6 | 电弧擦伤 | 允许存在个别电弧擦伤 | |
| 7 | 接头不良 | 缺口深度 0.05$t$ 且不应大于 0.5 | 缺口深度 0.1$t$ 不应大于 1.0 |
| | | 每 1000 焊缝不应超过 1 处 | |
| 8 | 表面夹渣 | 深<0.2$t$ 长≤0.5$t$ 且不应大于 2.0 | |
| 9 | 表面气孔 | 每 50 焊缝长度允许直径≤0.4$t$ | |

**3**　钢管混凝土对接焊缝和角焊余高及错边允许偏差应符合规范表31-4要求。

焊缝余高及错边允许偏差　　　　表31-4

| 序号 | 内容 | 图例 | 允许偏差（mm） | |
| --- | --- | --- | --- | --- |
| | | | 一、二级 | 三级 |
| 1 | 对接焊缝余高 $C$ | | $B<20$ 时，$C$ 为 0~3.0；$B≥20$ 时，$C$ 为 0~4.0 | $B<20$ 时，$C$ 为 0~4.0；$B≥20$ 时，$C$ 为 0~5.0 |
| 2 | 对接焊缝错边 $d$ | | $d<0.15t$ 且不应大于 2.0 | $d<0.15t$ 且不应大于 3.0 |
| 3 | 角焊缝余高 $C$ | | $h_f≤6$ 时，$C$ 为 0~1.5；$h_f>6$ 时，$C$ 为 0~3.0 | |

注：$h_f>8.0$mm 的角焊缝其局部焊脚尺寸允许低于设计要求值 1.0mm，但总长度不得超过焊缝长度 10%。

### 5.2.3　埋入式钢管混凝土柱柱脚内有管内锚固钢筋时，其锚固筋长度、弯

钩应符合设计要求。

**5.2.4**　端承式钢管混凝土柱柱脚安装就位及锚固螺栓拧紧后，端板下应按设计要求及时灌浆。

**5.2.5**　钢管混凝土构件吊装前，应清除管内杂物，管口应包封严密。

**5.2.6**　钢管混凝土构件安装、现场拼装允许偏差分别符合表 31-5、表 31-6 的要求。

钢管混凝土构件安装允许偏差

表 31-5

| 项目 | | 允许偏差 | 检验方法 |
|---|---|---|---|
| 单层 | 柱脚底座中心线对定位轴线的偏移 | 5.0 | 吊线和尺量检查 |
| 单层 | 单层钢管混凝土构件弯曲矢高 | $h/1500$，且不应大于 10.0 | 经纬仪、全站仪检查 |
| 多层及高层 | 上下构件连接处错口 | 3.0 | 尺量检查 |
| 多层及高层 | 同一层构件各构件顶高度差 | 5.0 | 水准仪检查 |
| 多层及高层 | 主体结构钢管混凝土构件总高度差 | $\pm H/1000$，且不应大于 30.0 | 水准仪和尺量检查 |

钢管混凝土构件现场拼装允许偏差（mm）

表 31-6

| 序号 | 项目 | 允许偏差 | | 检验方法 | 图例 |
|---|---|---|---|---|---|
| | | 单层柱 | 多层柱 | | |
| 1 | 一节柱高度 | ±5.0 | ±3.0 | 尺量检查 | |
| 2 | 对口错边 | $t/10$，且不应大于 3.0 | 2.0 | 焊缝量规检查 | |
| 3 | 柱身弯曲矢高 | $H/1500$，且不应大于 10.0 | $H/1500$，且不应大于 5.0 | 拉线、直角尺和尺量检查 | |
| 4 | 牛腿处的柱身扭曲 | 3.0 | $d/250$，且不应大于 5.0 | 拉线、吊线和尺量检查 | |
| 5 | 牛腿面的翘曲 $\triangle$ | 2.0 | $L_3 \leqslant 1000$，2.0；$L_3 > 1000$，3.0 | 拉线、吊线和尺量检查 | |
| 6 | 柱低面到柱端与梁连接的最上一个安装孔距离 $L$ | $\pm L/1500$，且不应超过 ±15.0 | — | 尺量检查 | |
| 7 | 柱两端最外侧安装孔、穿钢筋孔距离 $L_1$ | — | ±2.0 | 尺量检查 | |
| 8 | 柱底面到牛腿支撑面距离 $L_2$ | $\pm L_2/2000$，且不应超过 ±8.0 | — | 尺量检查 | |
| 9 | 牛腿端孔到柱轴线距离 $L_3$ | ±3.0 | ±3.0 | 尺量检查 | |

5.2.7　钢管内混凝土施工缝的设置应符合设计要求，钢管柱对接焊口的钢管应高出浇筑施工面面 500mm 以上，防止钢管焊缝时高温影响混凝土质量。

5.2.8　混凝土浇筑后应对管口进行临时封闭。

5.2.9　钢管内混凝土浇筑后，浇灌孔、顶升孔、排气孔应按设计要求封堵，表面应平整，并进行表面清理和防腐处理。

## 6　成品保护

6.0.1　钢构件运输要有防变形措施。

6.0.2　吊装时要用吊装卡具连接吊耳，严禁用钢丝绳直接捆绑构件，防止破坏防腐涂层。

6.0.3　混凝土浇筑时浇筑孔四周要用塑料布包裹，防止钢构件外围被污染。

## 7　应注意的问题

### 7.1　应注意质量问题

7.1.1　钢管混凝土构件吊装就位后应及时校正标高、轴线、垂直度，校正合格后应及时进行固定，固定应牢固，采用地脚螺栓时应拧紧钢管柱地脚螺栓，并有防止松动措施，采用焊接的应进行临时固定之后及时按施工方案进行焊接，保证焊缝质量。

7.1.2　钢管混凝土柱拼接时为保证焊缝质量，在内壁增设对板、衬板。

7.1.3　混凝土浇筑后不得再对钢管进行任何调整。

7.1.4　浇筑孔、顶升孔、排气孔封堵应与母材等强，焊缝质量应符合设计和专项方案要求。

7.1.5　管内混凝土的浇筑质量，可采用敲击钢管的方法进行初步检查，当有异常，可采用超声波进行检测。对浇筑不密实的部位，可采用钻孔压浆法进行补强，然后将钻孔进行补焊封闭。

### 7.2　应注意的安全问题

7.2.1　钢管混凝土构件应按专项施工方案吊装，对构件吊装的吊点位置的计算，吊点位置的局部变形，滑动的防范措施等进行检查，需加固的按加固方案加固。

7.2.2　钢管混凝土构件应按吊装方案在钢管柱上标志中心线、方向线、垂直线、标高等控制线，标明吊点位置及临时支撑的位置等，以保证吊装的稳定和安全。

7.2.3　五级以上大风禁止吊装作业。

7.2.4　焊接作业应健全防火制度，完善消防设施，高空焊接要有接收火花的设施。

**7.2.5**　高空作业应在柱顶拉设安全绳，作业人员系安全带搭设可靠的操作平台，防止高空坠落。

## 7.3　应注意的绿色施工问题

**7.3.1**　施工时应有可靠的屏蔽措施避免焊接电弧光外泄造成光污染。

**7.3.2**　夜间施工时不得敲击钢板，避免噪声。

# 8　质量记录

**8.0.1**　钢构件进场检查验收记录。

**8.0.2**　钢构件拼装记录。

**8.0.3**　钢构件焊接记录。

**8.0.4**　钢构件吊装记录。

**8.0.5**　高强度螺栓扭矩检验记录。

**8.0.6**　钢材、高强度螺栓出厂合格证及复试报告。

**8.0.7**　隐蔽工程检查验收记录。

**8.0.8**　钢管构件进场验收分项工程检验批质量验收记录。

**8.0.9**　钢管混凝土构件现场拼装分项工程检验批质量验收记录。

**8.0.10**　钢管混凝土柱柱脚锚固分项工程检验批质量验收记录。

**8.0.11**　钢管混凝土构件安装分项工程检验批质量验收记录。

**8.0.12**　钢管混凝土柱与钢筋混凝土梁连接分项工程检验批质量验收记录。

**8.0.13**　钢管内钢筋骨架分项工程检验批质量验收记录。

**8.0.14**　钢管内混凝土浇筑分项工程检验批质量验收记录。

# 第32章 楼 承 板

本工艺标准适用于楼层和平台中组合楼板的压型金属板施工，也适用于作为混凝土永久性模板用途的非组合楼板的压型金属板施工。

## 1 引用标准

《钢结构工程施工规范》GB 50755—2012
《钢-混凝土组合结构施工规范》GB 50901—2013
《钢结构焊接规范》GB 50661—2011
《压型金属板设计施工规范》YBJ 216—88
《压型金属板工程应用技术规范》GB 50896—2013
《钢-混凝土组合楼盖结构设计与施工规程》YB 9238—92
《钢结构工程施工质量验收规范》GB 50205—2001
《建筑用压型钢板》GB/T 12755—2008
《电弧螺柱焊用圆柱头焊钉》GB/T 10433

## 2 术语

**2.0.1** 钢-混凝土组合板：压型钢板通过剪力连接件与现浇混凝土共同工作承受荷载的楼板或层面板。

**2.0.2** 焊钉（栓钉）焊接：将焊钉（栓钉）—板件（或管件）表面接触通电引弧，待接触面熔化后，给焊钉（栓钉）一定压力完成焊接的方法。

**2.0.3** 钢质压型楼承板：是指镀锌薄钢板压成型，其截面由梯形、倒梯形或类似形状组成的波形，在建筑工程组合楼盖中既与楼板现浇混凝土共同受力又作为永久性支承模板。

## 3 施工准备

### 3.1 作业条件

**3.1.1** 安装前应熟悉施工组织设计或施工方案对压型钢板安装的要求和方法，并对作业人员进行安全技术交底。

**3.1.2** 铺设前应割除影响安装的钢梁吊耳，清扫支承面杂物锈皮油污。

**3.1.3**　压型钢板施工前应及时办理有关楼层的钢结构安装、焊接、节点处高强度螺栓，油漆等工程的隐蔽验收。

**3.1.4**　栓钉焊接人员应持有相应的焊工证书，并经过试焊合格后方可上岗。

**3.1.5**　栓钉焊接宜使用独立的电源，电源电压器的容量应在 100 ～ 250kVA。

**3.1.6**　栓钉施焊应在压型钢板焊接固定后进行，环境温度在 0℃ 以下时不宜进行栓钉焊接。

## 3.2　材料及机具

**3.2.1**　镀锌压型钢板、栓钉、瓷环、边模、封口板；

**3.2.2**　主要机具：压型金属板成型设备、吊装机械、压型金属板切割设备（手提式砂轮切割机）、压型钢板开洞设备（等离子切割机或空心钻）、螺柱焊机、压型金属板专用吊具、手工电弧焊机、钢板对口钳（压紧压型钢板）墨斗、铅丝、塞尺、角尺、铁圆规；

**3.2.3**　常见楼承板用压型钢板板型

YX65-170-510 型（BD65 闭口型），YX48-200-600 型（600 闭口型），YX51-190-760 型（缩口型），YX76-344-688 型，YX51-240-720 型 YX75-200-600 型，KXY65-185-555 型（555 型闭口式）。

# 4　操作工艺

## 4.1　工艺流程

压型钢板制作 → 压型钢板安装 → 堵头板及封边板安装 → 栓钉焊接 → 验收

## 4.2　压型钢板制作

**4.2.1**　压型钢板制作前应根据原设计文件进行排板设计并绘制排板图，图中应包含压型钢板的规格、尺寸和数量，与主体结构的支承构造和连接详图以及封边挡板等内容。根据排板图统计制作的规格、尺寸、数量，同时排板图作为压型钢板安装的依据。

**4.2.2**　根据设计板型用专用压型钢板成型设备制作，批量加工前应进行试制，试制合格方可批量生产。压制合格的压型板按规格编号，分类码放。

**4.2.3**　压型钢板运输过程中，应采取保护措施，运输和堆放应有足够支点，以防变形。

**4.2.4**　压型钢板运输至现场，按不同材质、板型分别堆放并应与施工顺序相吻合。

## 4.3　压型钢板安装

**4.3.1**　安装前应测量放线，根据排板图在支承结构上弹出压型钢板的位置线和控制线。

**4.3.2** 需要下料，切孔的压型板选用手提式砂轮切割机或等离子弧切割机切割，严禁用乙炔氧气切割。

**4.3.3** 弯曲变形的压型钢板校正合格后方可使用。

**4.3.4** 安装时，应根据绘制的压型钢板排板图及划好的位置线按顺序安放压型钢板。铺放压型钢板时，相邻两排压型钢板端头的波形槽口应对准。板吊装就位后压型钢板铺设至变截面梁处，一般从梁中间向两端进行，至端部调整补缺；铺设等截面梁处则从一端开始，至另一端调整补缺。压型板铺设后，将两端点焊于钢梁上。

**4.3.5** 不规则面板的铺设

根据现场钢梁的布置情况放线后实测实量，按实测结果在地面平台上放样下料，试拼合格后进行铺设。

**4.3.6** 压型钢板需要搭接时，搭接部位必须设置在支撑构件上，且搭接长度应满足表 32-1 要求。

压型钢板搭接长度　　　　　　　　　　表 32-1

| 序号 | 项目 | | 搭接长度 |
|---|---|---|---|
| 1 | 截面高度＞70 | | 375 |
| 2 | 截面高度≤70 | 坡度＜1/10 | 250 |
| | | 坡度≥1/10 | 200 |

**4.3.7** 压型钢板收边做法

**1** 当压型钢板临边梁或铺设不连续时：如图 32-1。

**2** 板连续铺设跨梁时，如图 32-2。

**4.3.8** 焊接

**1** 每一片压型钢板两侧沟底均需以 15mm 直径的熔焊与钢梁固定，焊点的平均最大间距为 30cm。焊接材料应穿透压型钢板并与钢梁材料有良好的熔接。如果采用穿透式栓钉直接透过压型钢板植焊于钢梁上，则栓钉可以取代上述的部分焊点数量；但压型钢板铺设定位后，仍应按上述原则固定，熔焊直径可以改为 8mm 以上。

**2** 与钢梁的焊接不仅包括压型钢板两端头的支承钢梁，还包括跨间的次梁；如果栓钉的焊接电流过大，造成压型钢板烧穿而松脱，应在栓钉旁边补充焊点。

**4.3.9** 现场开孔及切割

**1** 需要预留孔时，需按图纸要求位置放线后切割，开孔切割后应按要求进行洞口的防护。

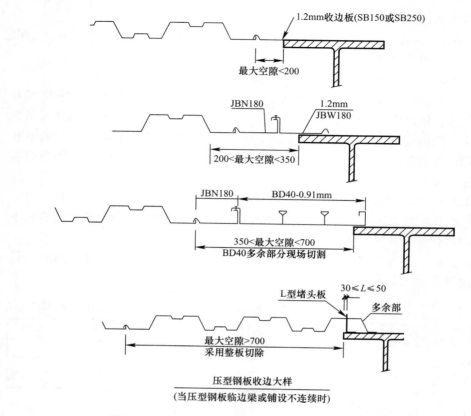

图 32-1  压型钢板临边梁或铺设不连续时的收边做法

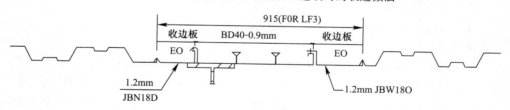

图 32-2  板连续铺设跨梁时型钢板收边做法

**2**  垂直板肋方向的预开洞有损及压型钢板的沟肋时，必须按规定补强。开孔补强的方法：

（1）圆形孔径，小于等于 800mm，或长方形开孔短边方向的尺寸小于等于 800mm 者，可以先行围模，待楼板混凝土浇筑完成后，并达到设计强度的 75% 以上再进行切割开孔开孔角隅及周边应依照钢筋混凝土结构开孔补强的方式，配置补强钢筋。如图 32-3。

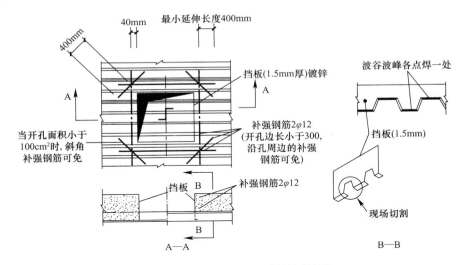

图 32-3　洞口≤800mm 时的补强措施

（2）当开圆孔直径或长方形短边方向的尺寸大于 800mm 时，应于开孔四周添加围梁。见图 32-4 压型钢板开孔≥800mm 的加强措施。

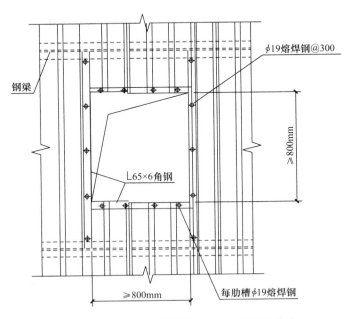

图 32-4　压型钢板开孔≥800mm 的加强措施

**4.3.10**　安装压型钢板的相邻梁间距大于压型钢板允许承载的最大跨度时，应根据施工组织设计的要求搭设支顶架。支顶架通常采用简单钢管排架支撑或桁架支撑。支顶架在混凝土达到规定强度后方可拆除。

### 4.4　栓钉焊接

**4.4.1**　首次栓钉焊接时，应进行焊接工艺评定试验，并应确定焊接工艺参数。

**4.4.2**　焊接前需进行测量放线，画出栓钉的位置。

**4.4.3**　栓钉焊接前将焊接面上的水、锈、油等有害杂质清除干净并按规定烘焙瓷环。

**4.4.4**　每班焊接作业前，应至少试焊 3 个栓钉，并应检查合格后在正式施焊。

**4.4.5**　栓钉焊接完成后目测检查焊接部位的外观，四周的融化金属以形成 $360°$ 范围内连续均匀焊圈，无外观缺陷为合格。目测检查合格的基础上进行弯曲试验抽查，用手锤打弯，栓钉弯曲 $30°$ 后焊缝和热影响区不得有肉眼可见裂纹。经弯曲试验合格的栓钉可在弯曲状态下使用，不合格的栓钉应更换，并经弯曲试验检验。

## 5　质量标准

### 5.1　主控项目

**5.1.1**　压型钢板的尺寸、形式、板厚允许偏差应符合现行国家标准《建筑用压型钢板》GB/T 12755 的要求。

**5.1.2**　压型钢板与主体结构的锚固支承长度应符合设计要求，且在钢梁上支撑长度不得少于 50mm。在混凝土梁上支撑长度不小于 75mm。端部锚固件连接可靠，设置符合设计要求。

### 5.2　一般项目

**5.2.1**　压型钢板几何尺寸应在出厂前进行抽检，对用卷板压制的钢板每卷抽检不少于 3 块；

**5.2.2**　压型钢板基材不得有裂纹，镀锌板不能有锈点；

**5.2.3**　压型钢板尺寸允许偏差：

**1**　板厚极限偏差符合原材料相应标准；

**2**　当波高小于 75mm 时，波高允许偏差 $\pm1.5$mm，当波高大于 75mm 时，波高允许偏差 $\pm2.0$mm；

**3**　波距允许偏差 $\pm2$mm；

**4**　当板长小于 10m 时，板长允许偏差 $+5$，$-0$mm，侧向弯曲值小于 8mm；

**5**　当板长大于 10m 时，板长允许偏差 $+10$，$-0$mm。

**5.2.4**　压型钢板安装应平整、顺直，板面不应有施工残留物和污物，不应有未经处理的错钻孔洞。

板缝咬口点间距不得大于板宽度的 1/2 且不得大于 400mm，整条缝咬合的应确保咬口平整，咬口深度一致。

## 6　成品保护

**6.0.1**　压型钢板在装卸、安装中严禁用钢丝绳捆绑直接起吊。

**6.0.2**　堆放应成条分散，吊放于梁上时应以缓慢速度下放，切忌粗暴的吊装动作。

**6.0.3**　应使用软吊索或在钢丝绳与板接触的转角处加胶皮或钢板下使用垫木。

**6.0.4**　铺设人员交通马道减少在压型钢板上的人员走动，严禁在压型钢板上堆放重物。

**6.0.5**　混凝土浇筑应均匀布料，不得过于集中，避免倾倒混凝土造成的冲击。

**6.0.6**　压型钢板铺设完毕、调直固定后应及时用锁口机具进行锁口，防止由于堆放施工材料或人员交通，造成压型板咬口分离。

## 7　应注意的问题

### 7.1　应注意的质量问题

**7.1.1**　应验算压型钢板在工程施工阶段的强度和挠度，当不满足要求时，应增设临时支撑、并应对临时支撑体系再进行安全性验算。临时支撑应按施工方案进行搭设。

**7.1.2**　临时支撑底部，顶部应设置宽度不小于 100mm 的水平带状支撑。

**7.1.3**　压型钢板施工质量要求波纹对直，所有的开孔、节点裁切不得用氧气乙炔焰施工，避免烧掉镀锌层。

**7.1.4**　所有的板与板、板与构件之间的缝隙不能直接透光，所有宽度大于 5mm 的缝应用砂浆、胶带等堵住，避免漏浆。

### 7.2　应注意的安全问题

**7.2.1**　在压型钢板施工以前，应根据健全安全生产管理的要求做好安全技术交底，层层落实安全生产责任制。

**7.2.2**　压型钢板必须边铺设边固定，禁止无关人员进入施工部位。

**7.2.3**　压型钢板施工楼层下方禁止人员穿行；压型钢板在人工散板时，工人必须系好安全带。

**7.2.4**　压型钢板铺设后及时封闭洞口，设护栏并作明显标识。

**7.2.5**　压型钢板铺设后周边应设防护栏杆。

**7.2.6**　做好高空施工的安全防护工作，铺设专用交通马道，在工人施工的钢梁上方安装安全绳，工人施工时必须把安全带挂在安全绳上，防止高空坠落；在施工以前应对高空作业人员进行身体检查，对患有不宜高空作业疾病（心脏病、高血压、贫血等）的人员不得安排高空作业。

**7.2.7**　压型钢板施工时两端要同时拿起，轻拿轻放，避免滑动或翘头，施工剪切下来的料头要放置稳妥，随时收集，避免坠落。非施工人员禁止进入施工楼层，避免焊接弧光灼伤眼睛或晃眼造成摔伤，焊接辅助施工人员应戴墨镜配合施工。

**7.2.8**　下一楼层应有专人监控，防止其他人员进入施工区和焊接火花坠落造成失火。

### 7.3　应注意的绿色施工问题

**7.3.1**　施工时应有可靠的屏蔽措施避免焊接电弧光外泄造成光污染。

**7.3.2**　夜间施工时不得敲击钢板，避免噪声。

## 8　质量记录

**8.0.1**　压型金属板原材料合格证及构件出厂合格证。

**8.0.2**　栓钉、焊接材料出厂合格证。

**8.0.3**　栓钉焊接记录。

**8.0.4**　压型金属板分项工程检验批质量验收记录。

**8.0.5**　焊接分项工程质量验收记录。

**8.0.6**　栓钉焊接工程检验批质量验收记录。